数据结构及其空间数据应用

谢顺平　编著

科学出版社

北京

内 容 简 介

本书为地理信息科学相关专业的数据结构教学和学习编写。全书共分8章，第 1 章介绍了数据结构的基本概念、内涵和算法分析方法；第 2～4 章讨论了线性表、栈和队列及其应用，分析了多维数组、特殊矩阵和稀疏矩阵的压缩存储方法等，还对广义表做了扼要介绍；第 5、6 章讨论了二叉树、优先队列、哈夫曼树及其应用、四叉树空间数据结构与算法，介绍了图及其存储结构、最小生成树、最短路径分析及相关算法；第 7、8 章讨论了各种查找方法、二叉查找树、B 树、R 树空间索引，探讨了各种排序方法并给出多种改进的新算法。书中给出的应用实例多数与地理信息科学有关。本书结构合理、内容翔实、视角独特、算法丰富，便于教学和自学。

本书既可作为高等院校地理信息科学相关专业本科生数据结构课程的教材或学习参考书，也可作为相关领域科技工作者的参考资料。

图书在版编目（CIP）数据

数据结构及其空间数据应用/谢顺平编著. —北京：科学出版社，2023.2
ISBN 978-7-03-074376-3

Ⅰ. ①数… Ⅱ. ①谢… Ⅲ. ①数据结构–高等学校–教材②空间信息系统–数据处理–高等学校–教材 Ⅳ. ①TP311.12②P208

中国版本图书馆 CIP 数据核字（2022）第 248469 号

责任编辑：黄　梅/责任校对：杨聪敏
责任印制：张　伟/封面设计：许　瑞

科　学　出　版　社 出版
北京东黄城根北街 16 号
邮政编码：100717
http://www.sciencep.com

北京中科印刷有限公司 印刷
科学出版社发行　各地新华书店经销
*
2023 年 2 月第 一 版　开本：787×1092　1/16
2023 年 2 月第一次印刷　印张：19 1/2
字数：460 000

定价：99.00 元
（如有印装质量问题，我社负责调换）

前　言

　　"数据结构"是计算机专业课程体系的核心课程之一,它不仅是计算机专业的必修课,也已成为其他众多涉及计算机应用和信息科学的非计算机专业本科生的热门基础课程,如国内高校的地理信息科学相关专业已将数据结构作为二年级本科生的必修或选修课程。对非计算机专业学生来说,由于计算机基础知识储备相对薄弱,学好、学精数据结构确有一定难度,如何讲授好这门课对授课教师也是一种挑战,其中教材发挥的重要作用不容忽视。本书是面向地理信息科学相关专业"数据结构"课程教学编写的实用教材,也可作为相关领域科技人员的参考书。本书涵盖数据结构的主要内容,涉及数据结构重要的知识脉络和节点,兼顾地理信息科学领域的应用特点,从激发学生的学习兴趣和主动性着眼,力求在广度与深度之间、理论方法与应用实践之间有效契合,以期能在有关学科的数据结构教学和应用实践中发挥积极作用。

　　全书共分 8 章,第 1 章介绍了数据结构的基本概念和算法分析方法;第 2 章讨论了顺序表和链表两种线性表的实现方法及其操作算法,并给出了链表在空间数据 Shapefile 图形文件读取中的应用示例;第 3 章的内容涉及栈和队列这两种最常用的数据结构,分别给出栈在表达式计算和链队在数字图像压缩处理中的应用示例;第 4 章的内容涵盖多维数组、特殊矩阵和稀疏矩阵的压缩存储方法及基本运算,还对广义表做了扼要介绍;第 5 章着重讨论了二叉树、线索二叉树、哈夫曼树构建以及哈夫曼编码和译码方法、二叉堆和四叉堆优先队列、四叉树和优势四叉树空间数据结构及其在空间数据存储中的应用等;第 6 章讨论图的表达与遍历、最小生成树、最短路径分析算法等;第 7 章讨论了各种基本的查找方法、二叉排序树查找方法和散列表查找方法,还讨论了 B 树、B+树和 R 树空间索引结构;第 8 章深入探讨了插入排序、Shell 排序、堆排序、归并排序、快速排序和基数排序等多种排序方法及其算法,并给出一些相应的改进算法,分析了各种排序算法的性能特征和适应性,对各种排序算法进行测试实验和性能比较,并给出排序算法在计算流域离散单元集水面积中的应用示例。

　　本书章节安排合理,对涉及的内容和知识点论述清晰、讨论深入、分析透彻,便于教学和自学。本书提供的算法丰富翔实,其中有一些是作者提出的新算法,所有算法均在 VC6.0 环境下经过反复实验和验证。

　　本书作者承担南京大学地理信息学科本科生的数据结构课程教学工作近 20 年,长期从事计算机在地理信息科学和地学领域的应用研究,本书既是对长期教学实践经验的总结,也不乏对数据结构相关知识的发展。考虑到本书的面向性和课程学时限制,本书在内容上有所侧重和取舍,突出基础、重点和实用性,以利于学生学好、学精、学透。如果本书如预期的那样能在相关学科数据结构教学和学习中发挥良好的参考作用,将是对作者的最大褒奖。

　　本书的编著出版及相关研究工作得到了国家自然科学基金(41671390)的资助,在此表示感谢。

　　本书教学至少安排 64 个学时，课堂教学与上机实习各占 32 个学时。从有利于透彻讲解本书涉及的知识内容考虑，如果教学课时安排允许，可酌情将课堂教学增加至 48 个学时，上机实习部分仍为 32 个学时。本书要求读者必须系统掌握 C 语言程序设计方法，由于本课程与 C++课程可能是并行教学，故不要求 C++作为预备知识，但应有初步了解。

　　因作者水平所限，加之时间尚欠充裕，书中难免存在不足和疏漏之处，敬请专家和读者指正，以便本书重印或再版前得到修正与完善。

作　者

2022 年 6 月 30 日

目　　录

第1章 绪 论

自20世纪中叶第一台计算机问世以来，计算机技术的发展日新月异，计算机应用领域已由最初单纯的数值计算拓展和深入到人类社会的几乎所有方面，推动了信息技术的革命和社会的巨大进步。早期的计算机应用主要局限于科学计算，后逐步发展到广泛应用于复杂系统控制、行业业务管理、系统仿真模拟、数据获取分析、数字图像处理、人工智能、知识系统与决策支持等诸多领域，这些应用具有显著的非数值计算特征。计算机处理的对象经历了从最初单纯的数值到后来的字符、表格、模式、状态、图形、图像、多媒体等具有一定结构的数据，处理对象的多样性和复杂性给计算机程序设计等带来极大的挑战。为了有效设计出性能优良的数据处理分析程序，必须研究待处理对象的特征、特性以及它们之间的内在逻辑关系，研究适合分析、处理的数据组织、存储和操作方法。这一需求背景促成了"数据结构"这门方法学的诞生和发展。

1.1 数据结构的基本概念

数据结构(data structure)可以简单理解为利用计算机存储、组织数据的方式与方法。数据结构针对带有结构性特征的数据集合，研究如何表达数据之间相互关系的逻辑结构以及如何实现与数据逻辑结构和数据运算相适应的物理存储结构，并设计和提供基于这种结构的一组操作运算方法及其算法。数据的逻辑结构和物理存储结构是数据结构的两个密切相关的方面，同一逻辑结构可以采用不同的物理存储结构实现，算法的设计取决于数据的逻辑结构，而算法的实现依赖于指定的物理存储结构。

有关数据结构的定义很多，具有典型代表性的有：①数据结构是一门研究非数值计算程序设计问题中计算机操作对象、对象间关系和施加在对象上一些操作的方法学。②数据结构按照某种逻辑关系将一批数据有效地组织起来，以有效合理的存储方式将它们存储在计算机中，并提供了定义在数据上的操作、运算集合。③数据结构是带有结构特性数据元素的集合，它研究数据的逻辑结构和数据的物理结构以及它们之间的相互关系，并对这种结构定义相适应的运算，设计出相应的算法，并确保经过这些运算以后所得到的新结构仍保持原来的结构类型。数据结构是构造复杂软件系统的基础方法，它的核心技术是分解与抽象。

数据结构是为应对日益增加的非数值计算问题而生的。今天计算机面对的求解问题有90%以上属于非数值计算问题，非数值计算已成为计算机应用的主流，其各种事务处理需求远远超过数值计算需求，处理的数据量非常庞大，数据之间的关系十分复杂，数据的控制和访问成为计算机资源的主要负荷。我们知道数值计算是使用计算机求解数学问题，进行精确或近似计算的方法与过程，它主要研究如何利用计算机更好地解决各种纯数学问题和应用数学问题，可能涉及迭代公式、大型线性或非线性方程组、复杂模型等。而非数值计算的处理对象包括自然界和人类社会的一切事物，如文字、表格、语言、事件、知识、事物的运动过程、状态的演变过程等，其处理和求解的问题很多无法用数学方程和数学模型加以描述。下面通过三个例子说明非数值计算问题中不同结构的数据对象。

首先，看一个地图多边形图形表达与分析问题的例子。图 1.1 所示为一个具有 8 个区域、10 个多边形的图形，每个区域边界由多条关联链段首尾连接闭合而成，含分离岛屿的区域边界可能由多个多边形组成，复杂的区域边界可能还含有称之为"洞"的内嵌多边形。

图 1.1 地图多边形图形

为了对地图多边形图形进行分析处理，这里参照 DIME 模型(双重独立地图编码)组织和表达矢量多边形图形及其空间拓扑关系，以无冗余数据存储方式记录多边形边界链段，相邻多边形的共同边界链段只存储一次。链段作为构成区域多边形边界的基本要素由一组坐标表示，所有链段的坐标集合统一存储在一个顺序表中，如图 1.2 所示，左侧的关系和索引表除了指示每条链段在坐标顺序表中的起始位置和坐标数外，还通过链段的左区码和右区码表达链段与区域多边形的拓扑关系。可以看出，构成区域边界的多边形是一组有序的链段，构成链段的是一组有序的坐标对。因此，无论是链段-区域多边形之间还是链段坐标之间，都存在一种简单的线性关系，逻辑上适合采用线性结构表达。

基于上述线-面拓扑关系，可以生成其他的拓扑关系，如点-线拓扑关系、点-面拓扑关系、面-线拓扑关系(图 1.3)、面-面拓扑关系等，在此基础上还可以对多边形图形的面积进行量算，对多幅多边形图形进行空间叠置等空间分析处理。

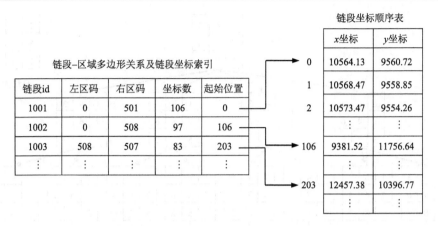

图 1.2 链段-区域多边形关系及链段坐标索引表

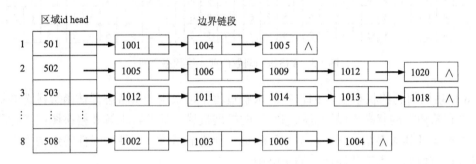

图 1.3 区域多边形边界链段表

其次，看一个状态空间表达与搜索求解 8 格拼图问题的例子。在一个 3×3 的 9 个网格中摆放 1~8 八个数字，空出一个格子，可以借助空格左右或上下移动邻近的数字，问题是找到一个合法的移动序列使网格中的数字分布呈现出某种目标格局。与 8 格拼图类似的还有 15 格拼图、24 格拼图、35 格拼图等复杂问题，图 1.4 给出了 8 格拼图问题的 1 种初态和 4 种目标状态，可选择其中 1 种目标状态(如终态 1)进行问题求解。

图 1.4 8 格拼图问题的 1 种初态和 4 种目标状态

在人工智能中求解这类问题采用状态空间搜索方法，就是将问题的初态作为树或有根图的根结点，将初态所有可能的后继状态作为其下一层的扩展状态，初态指向后继状态的箭头表示对应的合法移动操作，在不产生已有状态的前提下继续向下扩展，直至出现目标状态，从初态到目标状态的路径即为问题的解。图 1.5 所示为上述 8 格拼图问题的前 4 层状态空间。

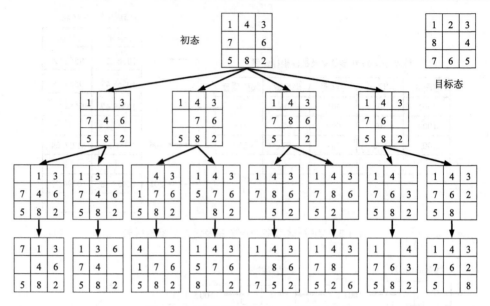

图 1.5　8 格拼图问题的前 4 层状态空间

　　8 格拼图问题的状态数为 9!，实际求解过程中可采用一个状态评估函数挑选并扩展那些"有希望"的状态，以降低状态空间的扩展规模。显然，求解 8 格拼图问题过程中的数据对象及其关系结构——状态空间就是一种树形结构，这种非线性的结构也应用到计算机行棋博弈等人工智能问题的求解中。

　　最后，再看一个城市路网空间最短路径分析问题的例子。从城市道路上的某点 A 出发驱车到目的地 B，如图 1.6 所示，基于城市道路网系统，现要寻找一条行车路程最短的路径。求解这类问题首先需将城市道路网抽象成带权图(网络)的形式，再以适当的结构存储在计算机中。图是由顶点集合及顶点间的连接关系集合组成，图中的顶点代表城

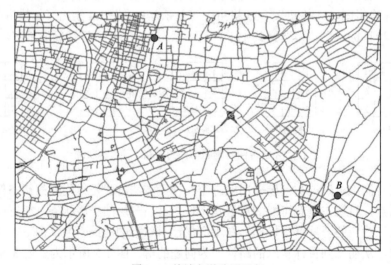

图 1.6　某城市道路网局部

市路网中的交通节点(道路汇集点或端点)，两个顶点间的连接关系(权值)用对应两个交通节点之间的一段道路长度表示。在此基础上，使用网络最短路径分析 Dijkstra 算法搜索获得点 A 到点 B 的最短路径，包括这条路径的长度和经过的道路路段序列。当然，该问题还可以扩展到求区域内任意两点之间的最优路径问题，包括通行时间最优(交通阻抗最小)、运输成本最优、通行代价最优等。

　　显然，这一问题面对的数据对象是城市路网中的交通节点和节点之间连接关系或连接强度。由于这种关系具有显著的结构特征，适合采用图模型这类数据结构表达和分析。图模型用于描述自然界和人类社会中的大量事物和事物之间的关系，带权图(即网络)可用于研究电网、交通网络、通信网络以及运筹学中的一些重要课题。

　　通过上面三个例子可以看出，非数值计算问题面对的数据对象或操作对象以及它们之间的关系有的具有线性特性，有的具有非线性特征，对于前者适合采用诸如线性表、队列和栈等一类的数据结构，对于后者适合采用诸如树、图等一类的数据结构。因此，数据结构是研究如何表达非数值计算程序设计问题中操作对象、对象间关系以及相适应的对象运算与操作方法的科学。由此可见，数据结构与程序设计之间有密不可分的关系，正像图灵奖获得者尼古拉斯·沃斯在他的经典著作中指出的那样："程序的构成和数据结构是两个不可分割的联系在一起的问题。"关于数据结构对程序设计的重要基础作用，另一位图灵奖获得者托尼·霍尔有句名言："不了解施加在数据上的算法，就无法构造数据；反之，算法的结构和选择却常常在很大程度上依赖于作为基础的数据结构。"

　　20 世纪 70 年代末 80 年代初，国内高校计算机专业相继开设"数据结构"课程，并作为程序设计方法学、操作系统、编译原理、数据库、软件工程等课程的重要基础。随着计算机应用领域的扩大，"数据结构"已不仅是计算机专业的核心课程，也成为其他涉及信息科学和技术的非计算机专业(如地理信息科学各专业)的必修或选修课程。

1.2　基 本 术 语

1. 数据

　　数据(data)简言之是信息的载体，是信息在计算机中的表示形式或编码形式，是描述客观世界各种事物的数字、字符以及所有能输入到计算机并能够被计算机识别、存储和加工处理的符号集合的总称。例如通过专业设备接收、采集、探测到的天文信息、气象信息、水文信息、环境信息、地震信息、潮汐信息等，必须表示成具有一定格式和精度的数据形式才能被计算机所输入接受和分析处理。科学计算程序处理的对象是整数、实数或复数(实数对)，文字处理软件处理的对象是字符串，地形分析软件处理的对象是数字高程模型等。

2. 数据元素

　　数据元素(data element)是数据的基本单位，也是计算机访问和处理的基本单位，数据元素也可简称为元素、记录、结点等。数据元素可以为简单元素，如整型、实型、字符型数据元素，也可以是由若干数据项构成的复合元素，如学生注册信息表中的学生记录包括学号、姓名、性别、民族、出生日期、出生地、院系、专业等信息；水文管理软件处理的水文站点观测记录包括水位、流速、流向、流量、水温、含沙量、水质等信息；气象分析中心处理的气象台站的观测记录包括气温、气压、湿度、降水量、蒸发量、风向、风速等。

3. 数据项

数据项(data item)是具有独立含义的数据，是数据元素中的最小标识单位或不可分割最小成分，也称为字段或域(field)。对于简单数据元素，数据元素本身就是其唯一的数据项；对于复合数据元素，如上述学生记录中的学号等、水文观测记录中的水位等、气象观测记录中的降水量等均是所在数据元素的数据项。

4. 数据对象

数据对象(data object)是具有一定关系且性质相同数据元素的集合，如用于描述客观事物发展演变过程的某一数据元素序列。当然，如果单个数据元素能够完整描述客观实体或事物，则也可称为数据对象。从面向对象程序设计角度来看，数据对象是类的实例。在类的声明中包括其所有属性(成员数据)和可用的操作定义，所以数据对象是属性集合和方法集合构成的封装体。

5. 抽象数据类型

抽象数据类型(abstract data type，ADT)是描述数据结构的一种理论工具，它使人们能够独立于程序的实现细节来理解数据结构的特性，抽象数据类型的主要作用是数据封装和信息隐藏，让实现与使用相分离。数据及其相关操作的结合称为数据封装，即隐藏对象的属性和实现细节，仅对外公开接口。抽象数据类型也可看作是对数据类型的进一步抽象，即把数据类型和数据类型上的运算结合并封装在一起。可以看出，抽象数据类型的概念与面向对象方法的思想是一致的。抽象数据类型独立于运算的具体实现，使用户程序只能通过抽象数据类型定义的某些操作来访问其中的数据，实现了信息隐藏。抽象数据类型定义的过程和函数以该抽象数据类型的数据所应具有的数据结构为基础。

抽象数据类型由用户定义，是用于表示应用问题的数据模型。抽象数据类型不像 C 语言中结构类型及其操作那样，数据结构和数据相关操作分别定义，而是把数据成分和一组相关操作封装在一起。在面向对象的程序设计语言 C++、Java 中抽象数据类型可以用"类"直接描述，而在 C 语言中没有适当的机制描述抽象数据类型。

顾及本书读者的适用面，本书不要求读者必须完全掌握 C++或 Java 程序设计语言，但需有所了解，本书在以后章节中将不采用抽象数据类型描述的形式定义数据结构及其算法。考虑到算法描述的严谨性、完整性和可读性，本书中的算法采用 C/C++描述，涉及部分 C++的非面向对象特征、概念及功能，如函数原型接口风格、函数名重载、函数参数的缺省值、函数的引用参数、new 和 delete 运算符、const 类型说明符、显式类型转换等。

1.3　数据结构的内涵

　　数据结构的内涵体现在三方面，即表示数据元素之间的逻辑关系的逻辑结构；实现数据元素及其关系机内表示的存储结构；定义施加在这类数据结构上的运算或操作。

1.3.1　数据的逻辑结构

　　数据元素之间可能存在一种或多种特定的关系，数据结构就是相互之间存在某类特定关系数据元素的集合，数据元素之间逻辑关系的描述或表达架构称为数据的逻辑结构。显然，数据的逻辑结构面向问题域中的数据元素及其关系表达，是数据元素之间相互关联、相互作用的方式或存在形式，它与数据元素内容和元素个数无关。数据的逻辑结构大致可分为集合结构、线性结构、树状结构、图状结构等 4 种，如图 1.7 所示。

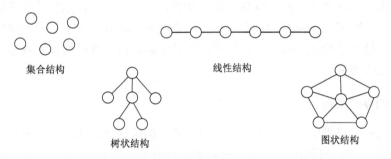

　　　　　　　　图 1.7　不同的数据逻辑结构中数据元素及之间的关系

　　(1)集合结构。在这种结构中所有数据元素除了"同属于一个集合"的关系外，不存在其他关系。例如，某个临时组建的篮球队中的所有队员、某个旅行团中的所有团员等。由于集合结构的数据元素没有固定的关系，是一种元素关系极为松散的结构，因此，可借助其他结构表示。

　　(2)线性结构。在这种结构中数据元素之间构成一个有序序列，除第一个元素外，每个元素的前面都有一个称之为"直接前驱"的相邻元素；除最后一个元素外，每个元素的后面都有一个称之为"直接后继"的相邻元素。例如，某一时刻某个排队购物队列中的所有人、某个时刻某机场等待起飞的所有航班、某条高速公路某个方向上的所有服务区等。

　　(3)树状结构。在这种结构中数据元素之间存在一种分支与层次关系，除根结点元素外，每个结点元素都与上一层的一个父结点元素关联，父结点元素作为分支前驱元素；除终端结点元素外，每个结点元素与其处于下一层的多个孩子结点元素关联，结点的孩子结点元素数目不限，呈现出一对多的分支扩展关系。例如，一个家族的家谱就是典型的树状结构，家族的老祖宗处于树状结构的根部，家族的第二代处于树状结构的第二层，老祖宗的孙辈处于树状结构的第三层，树状结构第 i 层上的结点元素代表这一家族的第 i 代晚辈，且从第二层开始各层上的每个结点元素都与其在上一层的父结点元素存在对应关系。在前面例举的 8 格拼图问题的求解中，面向解搜索的状态空间就是完全以树状结构展开的。

(4)图状结构。在这种结构中任意两个结点之间都可能相关，即结点之间的邻接关系可以是任意的。图呈现出由结点间多对多关系形成的非线性逻辑结构，每个元素的直接前驱和直接后继数目都不限。例如，在一个计算机网络中，各个网络设备之间是由线路连接起来的，如果把连接看成是网络设备之间的关系，那么一个计算机网络的拓扑结构就形成了一个图状结构。在民航网络中，通航城市机场之间由航线连接，如果把任意两个城市间是否通航以及航路的距离看成是它们之间的关系，则民航网络的拓扑结构就形成了一个图状结构。图状结构被用于描述各种复杂的数据对象及其关系，在自然科学、社会科学和人文科学等许多领域有着非常广泛的应用。

数据的逻辑结构也可以划分为线性结构和非线性结构两大类，线性结构的逻辑特征是除首元素外，每个元素都有一个直接前驱，除末元素外，每个元素都有一个直接后继，线性结构主要包括线性表、栈、队列、优先队列、串等；非线性结构的逻辑特征是数据元素之间存在一对多或多对多的关系，一个结点元素可能有一至多个直接前驱和一至多个直接后继，这类结构主要包括树、图等，树是空间结点及其扩展性的表达，图是空间结点及其连通性的表达。

1.3.2　数据的存储结构

数据结构在计算机中的表示称为数据的存储结构或物理结构，涉及所有数据元素以及元素之间关系的机内表示。实现这种表示有两种最基本的存储结构或方法，即顺序存储结构和链式存储结构，在此基础上，还扩展有索引存储和散列存储两种结构或方法。顺序存储和链式存储是适用于内存的结构，索引存储和散列存储是适用于外存与内存交互的结构。

(1)顺序存储。顺序存储借助元素在存储器中的相对位置来表示数据元素间的逻辑关系，就是在一块连续的存储区域相继存放元素结点，把逻辑上相邻的结点存储在物理位置上相邻的存储单元里，结点间的逻辑关系由它们存储单元的邻接性来体现。顺序存储结构也称为顺序存储方式，一般采用与结点元素类型一致的结构类型数组来描述。

(2)链式存储。链式存储借助指示元素存储地址的指针表示数据元素间的逻辑关系，这是一种具有较好灵活性和扩展性的存储结构，它不要求逻辑上相邻的结点在物理位置上相邻，结点间的逻辑关系由首结点位置和每个结点附加的指针或链域值来表达，一个结点的指针指向其逻辑上相邻结点(直接后继或直接前驱)的存储单元，即一个结点的链域存放了逻辑上相邻结点的单元地址。链式存储结构也称为链接式存储方式。

(3)索引存储。索引存储借助建立的单级或多级索引表提高对数据结点表的检索和访问效率，按索引密度分为两类，一类为稠密索引，即每个结点在索引表中都有一个索引项，索引项的地址指示结点所在的存储位置；另一种为稀疏索引，即一组结点在索引表中只对应一个索引项，索引项的地址指示一组结点的起始存储位置。索引存储是为了加速数据检索而建立的一种直接或邻近指引机制，面向数据结点表高效检索的索引表由一组索引项组成，每个索引项都包含逻辑指针。对单级索引而言，通过该指针可以直接定位到数据或数据所在子块；对多级索引而言，通过该指针可以定位到下一级索引表，通过多级索引最终定位到数据或数据所在子块，从而加速数据检索过程。索引存储通常采用树结构来组织索引，索引结构形成后，根据在系统运行时索引结构是否变化，又分为静态索引结构和动态索引结构。

(4) 散列存储。利用数据之间的差异性构造数据空间到存储地址空间的映射，实现数据的高效存储与访问。散列存储通过设计与数据关键字值分布特征相适应的散列函数实现，可以基于顺序存储方式，也可以基于顺序存储与链式存储相结合的存储方式。在这种结构中，通过将数据结点的关键字代入散列函数直接映射计算出该结点的存储地址，从而实现对数据的快速存储和访问。

1.3.3 数据的运算与操作

数据的运算与操作面向问题域中可能涉及的各种事务，定义在数据结构上的操作集提供了操纵数据结构的各种运算，不同数据结构的操作集也有所不同，但大多数数据结构都具有创建、销毁、查找、插入、删除、更新、遍历、度量等一些常用的基本运算或操作。

创建操作构建属于数据结构的一个实例，为其申请开辟存储空间，对它的所有结构分量赋值。如创建一个具有 16 个顶点、33 条边的邻接表有向带权图(网络)，利用输入的 16 个顶点标识符创建顶点表，利用输入的 33 条边的起点、终点及权值创建每个顶点的边表，对邻接表有向带权图数据结构的相关分量赋值。

销毁操作撤销属于数据结构的一个实例，清除和释放数据结构中的所有通过动态分配获得的存储空间，相关指针或分量赋空标志值等。例如，销毁一棵链式二叉树，需按某种次序释放二叉树的所有结点空间，二叉树的根指针赋空。

查找操作也称搜索运算，根据给定值在数据结构的一个实例中搜索关键字等于给定值的首个结点元素(记录)，返回该结点的位置或结点元素值。例如，在一个学校的学生名册线性表中查找一个具体学生的记录。

插入操作将新元素插入到数据结构一个实例中的指定位置。例如，在一个三维坐标线性表中指定位置插入一个空间坐标点元素。

删除运算对数据结构一个实例中的指定元素实施删除。例如，在一个链式二叉树中删除值等于给定值的结点元素。

更新操作对数据结构一个实例中的指定元素以新值实施更新。例如，在一个邻接矩阵有向带权图中对一条指定边的权值实施更新。

遍历操作按顺序访问数据结构一个实例中的每一个结点元素，且每个结点元素只访问一次。例如，按深度优先搜索规则遍历一个有向图的结点集合。

度量运算对数据结构一个实例中符合给定条件的结点元素进行计数统计。例如，度量一棵链式四叉树中叶子结点的数量，度量一棵二叉树中具有两个孩子结点的数量等。

1.4　算法与算法分析

1.4.1　算法的基本概念

算法(algorithm)是指对特定问题求解步骤的完整准确描述，是实现解题全过程指令的有限序列，算法表示用系统的方法描述解决问题的策略与机制。一般而言，算法能够对所有规范、合理的输入，在有限时间内获得所要求或预期的输出。面向同一问题求解的不同算法可能会花费不同的时间、空间来完成同样的任务，这就是不同算法性能和效率的差异性，一个算法的性能优劣可以用空间复杂度与时间复杂度来衡量。

算法的描述形式主要有自然语言、高级程序设计语言(如 Pascal、类 Pascal、Java、Ada、C、C++等语言)、流程图、盒图(NS 图)、问题分析图(PAD)，各种描述形式对算法的描述能力、描述的严谨性和规范性都存在一定的差异。

自然语言描述算法较为灵活和通俗易懂，但描述应满足严谨性和无歧义性要求，对把握描述语言准确和精炼表达算法机制的能力要求很高，不适合结构和控制复杂的算法描述。而高级程序设计语言虽然严谨，但受语法方面的限制，其灵活性不足。因此，许多教科书中采用的是以一种计算机语言为基础，适当添加某些功能或放宽某些限制而得到的一种类语言。这些类语言既具有计算机语言的严谨性，又具有灵活性，同时也容易以具体的程序设计语言实现，因而被广泛接受，如类 Pascal 语言、类 C++语言、类 C 语言等。

流程图描述的算法具有清晰、简洁、形象、易于理解的特点，适合表达选择结构和循环结构，不依赖于任何具体的计算机和计算机程序设计语言，有利于不同环境的程序设计。盒图是一种结构流程图，它是一种在流程图中完全去掉流程线，全部算法写在一个矩形阵内，在框内还可以包含其他框的流程图形式。NS 图几乎是流程图的同构，任何 NS 图都可以转换为流程图，而大部分的流程图也可以转换为 NS 图。NS 图具有形象直观、功能域明确、可读性好的优点，很容易确定局部和全局数据的作用域，可以表示嵌套关系及模块的层次关系，符合结构化程序设计(SP)方法。

问题分析图是一种由左往右展开的二维树状结构，PAD 图的控制流程为自上而下，从左到右执行。主要优点是结构清晰、层次分明、图形标准化、可读性强，有利于贯彻结构化程序设计方法，支持逐步求精的设计思想，易于向高级语言程序转换或自动化转换。

1.4.2　算法的重要特性

一个合格的算法必须具备以下 5 个重要特性。

(1)有穷性(finiteness)：一个算法无论有多么复杂，必须在执行有限步骤之后结束。算法的有穷性表明一个算法所包含的操作步骤不能是无限的，事实上有穷性通常指在合理的范围之内。如果一个算法运行需要历经 10 年才能结束，虽然运行时间不是无穷，但却超过了合理的限度，故也不能视为满足有穷性的有效算法。

(2)确定性(certainty)：算法的每一步必须是确切定义且无二义性，算法中的每一个步骤都不含有任何可能导致误解的"歧义性"。算法必须是由一系列具体步骤组成，并且每一步都能够被计算机所理解和执行，在任何条件下，算法只有一条执行路径，对相同的输入只能得出相同的输出。

(3)可行性(feasibility)：可行性就是指算法的每一个步骤都能够有效地执行，并得到确定的结果，算法描述的操作可通过有限的运算实现，能有效解决一类问题。从另一层面理解，算法可行性首先要求算法必须完全正确；其次，算法执行所占用的内存空间等计算机资源是可以满足的，算法执行所耗费的时间是可接受或符合要求的。一个算法具有可行性表明执行该算法有效求解一类问题获得预期结果的系统代价是可承受的。

(4)输入(input)：一个算法有零个或多个外部输入，所谓输入是指在执行算法时需要从外界取得必要的信息，算法通常是在数据上运行的，获取输入数据是算法运行的前提。零个外部输入并不代表算法没有接受输入，而是输入的数据预先被安排或隐藏在算法当中。

(5)输出(output)：一个算法有一个或多个输出，输出就是执行算法所得到的结果，获得处理或解算结果是运行算法的目的，算法输出结果的形式有多种，如数值、路径、图形、图像、动作等，没有输出的算法是没有实际意义的。

1.4.3 算法设计的基本方法

算法设计的基本方法主要包括穷举法、迭代法、递推法、递归法、回溯法、分治法、贪心法、动态规划、分界定枝法等，下面对其中一些方法做简单介绍。

1. 穷举法

穷举法是一种在问题有限的解空间内按照一定的策略搜索问题解的算法。采用穷举法首先需要确定问题解(状态)空间的定义、解空间的范围和正确解的判定条件，然后通过一定策略——列举或展开问题所有可能解，同时判断和验证其是否是问题真正的解，直至搜索到问题正确解为止。显然，穷举法依赖计算机的强大计算和搜索能力，在穷尽问题每一种可能解的过程中，逐一判断并识别出问题的正确解。穷举法适用于无明显求解规律可循的场景，根据解空间的特点选择适当合理的搜索策略，有时可通过采用剪枝法(α剪枝或β剪枝)缩减解空间的规模来提高搜索效率。计算机棋局博弈中所采用的状态空间搜索方法就是穷举法的典型应用。

2. 迭代法

迭代法是一种用变量的原值迭代计算出新值的过程，迭代法从问题解的一个初始估计出发，通过一系列迭代演算精确或近似获得问题解。采用迭代法前需确定迭代变量、建立由变量的前一个值推出其下一个值的迭代公式(关系式)、给出控制迭代过程结束的条件。其中迭代公式的建立是解决迭代问题的关键，它影响到迭代的收敛性。最常见的迭代法是牛顿迭代法和二分法，其他还包括最速下降法、共轭迭代法、最小二乘法、线性规划、单纯型法、罚函数法、遗传算法、模拟退火算法等。

3. 递推法

递推法是指从已知的初始条件出发，依据某种递推关系，逐次推出所要求的各中间结果及最后结果。其中初始条件或由问题本身给定，或通过对问题的分析与化简后确定。递推法分为顺推和逆推两种，从已知条件出发逐步推到问题结果为顺推；从问题出发逐步推到已知条件为逆推。无论顺推还是逆推，建立递推式即建立相邻数据项之间的递推关系是关键。递推法广泛运用于数学领域，是数值计算常用的重要算法之一。著名的斐波那契数列的前 n 项就可通过递推法获得。

4. 递归法

递归法的思想是将一个复杂问题的解归纳为由一个至若干个较为简单同类问题的解获得，对每一个较简单问题的解再归纳为由更简单的一个至若干同类问题的解获得，继续这个过程直到最简单的问题获解，然后通过上述过程的逆过程倒推出问题的解。递归法须包含调用自身的递归过程和明确的递归结束条件。递归分为递推和回归两个阶段，递推阶段不断把复杂问题的求解分解为若干较简单子问题的求解，使问题逐渐从未知解向已知解方向推进，最终获得最简单问题的解，此时递推阶段结束；回归阶段按照递推的逆过程从已知解出发，逐一获得上层问题的解，最后回到递推的开始处结束回归阶段，原问题获解。

5. 回溯法

回溯法是一种选优搜索法，又称为深度优先试探法，它按选优条件向前搜索，以达到目标。但当探索到某一步时，发现原先选择并不优或无希望达到目标，就退回一步重新选择，这种走不通就退回再换别的路线探测的技术称为回溯法，满足回溯条件的某个状态的点称为回溯点。对很难归纳出一组简单递推公式或显式求解步骤求解或不能穷举可能解的一类问题，回溯法是一种有效的方法。回溯法是穷举法的一种优化，具有相对更高的效率。

6. 分治法

分治法是将一个难以解决的规模较大问题，分解成一系列规模较小的同类问题分别进行求解进而得到问题解的方法。分治法一般由三步组成，首先第一步将问题分解成若干子问题，子问题与原问题的性质和形式相同；第二步对每一个子问题分别进行求解；第三步合并所有子问题的解获得问题的解。需要注意的是，分治法可以通过递归法实现，此时问题是逐层分解；也可以不通过递归法实现，此时问题是一次分解。另外，递归法不一定是分治法，只有包含两个及以上递归机制的递归法才成为分治法。

1.4.4 算法评价要素

一个优秀算法首先应满足正确性，在此基础上还应具备尽可能高的可读性、健壮性、运行效率以及对存储空间的低依赖性，这是算法设计追求的目标，这些特征已成为衡量和评价算法性能的标准和算法设计的基本原则。

(1) 正确性(correctness)。算法正确性指算法中不含有任何显性或隐性的逻辑错误，算法对所有可能的合法输入都能计算出正确和满足要求的结果。

(2) 可读性(readability)。算法的可读性是指人们对算法阅读理解的难易程度，可读性高的算法便于交流、调试、修改和维护。通常采用规范格式描述、附加说明和注释行等方法可以提高算法的可读性。

(3) 健壮性(robustness)。健壮性是指一个算法对不合理数据输入和意外情况的适当反应和处置能力，也称为容错性。健壮性好的算法能够判断和区分输入是否合理和规范，并能做出相应的处理，具有较高的运行稳定性。

(4) 高效率和低空间依赖性。算法的效率通常指算法为完成问题求解而花费的时间，无论什么问题的求解算法，追求尽可能高的解题效率一直是催生算法创新的动力，也是评价一个算法是否优良的重要指标。在算法分析中，算法效率以时间复杂度(性)来评价。算法对存储空间的依赖程度是反映算法性能的另一个重要因素，在算法分析中，算法的空间依赖性以空间复杂度(性)来评价。好的算法一般具有低空间依赖性特征，当然，算法效率和空间依赖性有时是一对矛盾，有的算法效率的提高是以增加空间开销为代价，有的算法降低对存储空间的依赖是以增加执行时间为代价。

1.4.5　算法的时间复杂度

解决同一问题的算法可能有多个，这些算法所采用的求解方法和策略机制可能有所不同，导致算法之间存在性能差异，在实际测试中，有的算法性能表现优秀，有的算法性能表现平庸，有的算法性能表现低劣。从上述对算法评价要素的讨论可知，算法的效率主要是从算法执行时间进行考察，度量一个算法程序执行时间通常有两种方法，即实验测试方法和分析估算方法。

实验测试方法首先采用某种程序设计语言编写实现待测试算法集的程序，并利用编程语言环境提供的取当前时间功能函数，在测试程序运行中先后取得算法执行的开始时间和结束时间，进而获得算法的实际执行时间。在同一台计算机上针对不同数据规模的问题，对多个算法进行测试，根据记录的测试性能数据对这些算法进行比较与评价。显然，这种方法极易受到计算机软硬件环境条件的影响，采用不同的计算平台和编译系统都会造成算法测试结果的差异，有时可能还会不同程度掩盖算法自身的优劣，所以采用绝对执行时间衡量算法执行效率存在一定弊端。通常，实验测试作为验证算法性能分析结果的手段。

分析估算方法撇开计算机软硬件及其性能因素对算法优劣评价的影响，认为一个算法性能的优劣取决于该算法本身的好坏，将算法的执行时间看成只依赖算法处理问题的规模，通过对算法控制结构和处理机制的详细分析，基于对算法中基本操作执行频度的估计，建立算法处理时间与问题规模 n 之间的关系映射函数 $T(n)$，并据此对算法性能进行评价。

一个算法是由控制结构和原操作构成的，控制结构包括顺序、分支和循环三种，原操作指固有数据类型的操作，算法执行的时间取决于其控制结构控制执行原操作的次数。

为了便于比较面向同一问题求解的不同算法，通常从算法中选取对所处理问题来说是最基本操作的原操作，如算法中的比较、移动、交换、乘运算、除运算等，以算法中原操作的重复执行次数作为算法执行时间的度量。例如，两个 $n \times n$ 矩阵相乘算法的控制结构是一个三重循环结构，其中最内部循环的循环体语句为第一个矩阵的 i 行 k 列元素与第二个矩阵的 k 行 j 列元素乘积的累加，可将其中两个元素的乘运算看成是矩阵相乘问题的基本操作，其重复执行次数为 n^3。显然，算法的执行时间与基本操作乘运算的执行次数 n^3 成正比，记作 $T(n) = O(n^3)$。

如果一个计算问题的规模是 n，把求解这个问题的某算法所需计算时间看成是 n 的函数，记作 $T(n)$，则 $T(n)$ 为该算法的时间复杂度（time complexity），算法的时间复杂度刻画了算法运算量与问题规模之间的映射关系；当 $n \to \infty$ 时，时间复杂度的极限称为算法的渐进时间复杂度。算法效率分析更关注的是渐进时间复杂度，由于它刻画了算法面对大数据量场景时的解题能力和效率，算法的时间复杂度指标越低，其性能越好。

通常，算法的时间复杂度就是指算法的渐进时间复杂度，算法的渐进时间复杂度以大写字母 O 加上后面一对圆括号中的最简函数式 $f(n)$ 表示，即 $O(f(n))$，也称为大 O 表示法，其中 $f(n)$ 为取算法时间函数中去掉系数的最高阶项或关键项。

假设 $T(n)$ 和 $f(n)$ 是定义在自然数域上的两个函数，如果存在两个正常数 c 和 n_0，使得对所有的 $n \geq n_0$，都有 $T(n) \leq c \cdot f(n)$ 成立，则 $T(n) = O(f(n))$。

下面再次结合 $n \times n$ 矩阵乘法算法的例子加以说明，算法测试函数如算法程序 1.1 所示。这里如果把 $n \times n$ 矩阵乘法算法函数 matrix_multiple 中每条语句的一次执行作为一次原操作，则原操作总的执行次数为

$$T(n) = n + 1 + n(n+1) + n^2 + n^2(n+1) + n^3 = 2n^3 + 3n^2 + 2n + 1$$

对于函数式 $T(n) = 2n^3 + 3n^2 + 2n + 1$ 和函数式 $f(n) = n^3$，存在两个正常数 $c = 3$ 和 $n_0 = 4$，使得对所有的 $n \geq n_0$，都有 $T(n) < c \cdot f(n) = 3n^3$ 成立，则有 $T(n) = O(n^3)$，所以 $n \times n$ 矩阵乘法算法的时间复杂度为 $O(n^3)$，与上述基于乘运算原操作的分析结果一致。显然，算法的时间复杂度是刻画算法处理数据规模 n 所需基本运算次数的最简等阶函数表达。

算法程序 1.1

```
typedef int** matrix;   //整型矩阵数组类型定义
void matrix_multiple(matrix a, matrix b, matrix c, int n)
{// n×n矩阵a和b相乘算法
    for(int i=0; i<n; i++) {            //执行n+1次
        for(int j=0; j<n; j++) {        //执行n(n+1)次
            c[i][j]=0;                  //执行n²次
            for(int k=0; k<n; k++)      //执行n²(n+1)次
            c[i][j]+=a[i][k]*b[k][j];   //执行n³次
        }
    }
}
void printmat(matrix mat, int n)        //n×n矩阵输出
{
```

```
        cout<<"输出"<<n<<'*'<<n<<"矩阵"<<endl;
        for(int i=0;i<n; i++) {
            for(int j=0; j<n; j++) cout<<mat[i][j]<<" ";
            cout<<endl;
        }
}
void main()  //n×n矩阵相乘算法测试函数
{
    int n;  //矩阵的行列数
    cout<<"输入矩阵的行列数:";
    cin>>n;
    int **a=new int*[n];
    int **b=new int*[n];
    int **c=new int*[n];
    for(int k=0; k<n; k++) {
        a[k]=new int[n];
        b[k]=new int[n];
        c[k]=new int[n];
    }   //开辟存储3个矩阵的动态二维数组
    for(int i=0; i<n; i++) {  //矩阵数组自动赋初值
        for(int j=0; j<n; j++) {
            a[i][j]=(j<=i)?i*n+j+1:0;
            b[i][j]=(j>=i)?i*n+j+1:0;
        }
    }
    printmat(a, n);  //输出矩阵a
    printmat(b, n);  //输出矩阵b
    matrix_multiple(a, b, c, n);  //矩阵a与矩阵b相乘结果赋给矩阵c
    printmat(c, n);  //输出矩阵c
    for(k=0; k<n; k++) {  //释放矩阵数组空间
        delete [] a[k];
        delete [] b[k];
        delete [] c[k];
    }
    delete [] a;
    delete [] b;
    delete [] c;
}
```

算法的时间复杂度按优到劣有常数阶 $O(c)$、对数阶 $O(\log_2 n)$、线性阶 $O(n)$、线性对数阶 $O(n\log_2 n)$、1.5 方阶 $O(n^{1.5})$、平方阶 $O(n^2)$、立方阶 $O(n^3)$、指数阶 $O(2^n)$、指数阶 $O(3^n)$、阶乘阶 $O(n!)$ 等，显然，这是基于当 n 充分大时，相应函数 $f(n)$ 之间满足以下关系：

$$c < \log_2 n < n < n\log_2 n < n^{1.5} < n^2 < n^3 < 2^n < 3^n < n!$$

其中，c 为正常数且与数据规模 n 无关。时间复杂度为常数阶、对数阶、线性阶和线性对数阶的算法都属于性能十分优秀的算法，是算法设计追求的性能指标，而高次方阶、指数阶和阶乘阶的算法是无适用价值和无法接受的无效算法。从表 1.1 中可以看出，相对于线性阶算法原操作的执行次数，不同时间复杂度算法原操作的执行次数差异很大，高次方阶、指数阶和阶乘阶时间复杂度算法的处理时间随数据规模增长的速率十分惊人。

表 1.1　相对于线性阶算法不同时间复杂度算法原操作的执行次数

n	$\log_2 n$	$n\log_2 n$	$n^{1.5}$	n^2	n^3	2^n	$n!$
4	2	8	8	16	64	16	24
8	3	24	22.63	64	512	256	40320
16	4	64	64	256	4096	65536	2.1×10^{13}
32	5	160	181.02	1024	32768	4.3×10^9	2.64×10^{35}
128	7	896	1448.15	16384	2097152	3.4×10^{38}	3.86×10^{215}
1024	10	10240	32768	1048576	1.07×10^9	∞	∞
16384	14	229376	2.1×10^6	2.68×10^8	4.4×10^{12}	∞	∞

表 1.2 中列出几种不同时间复杂度算法处理能力随计算机速度提升的变化情形，可以看出，高次方阶、指数阶时间复杂度算法单位时间内处理的数据量对计算机速度提升量不敏感，而线性阶和线性对数阶算法单位时间内处理的数据量的增长基本与计算机速度的增长保持一致。

表 1.2　不同时间复杂度算法处理能力随计算机速度提升的变化

算法	时间复杂性	1s 处理的最大输入量	1min 处理的最大输入量	1h 处理的最大输入量	原单位时间内处理的数据量	提速 10 倍单位时间内处理的数据量	提速 10000 倍单位时间内处理的数据量
A_1	n	1000	6×10^4	3.6×10^6	S_1	$10S_1$	$10^4 S_1$
A_2	$n\log_2 n$	140	4893	2×10^5	S_2	约为 $9S_2$	约为 $9000S_2$
A_3	n^2	31	244	1897	S_3	$3.16S_3$	$100S_3$
A_4	n^3	10	39	153	S_4	$2.15S_4$	$21.54S_4$
A_5	2^n	9	15	21	S_5	$S_5 + 3.3$	$S_5 + 13.32$

一般而言，算法的时间复杂度是指最坏情形下的时间复杂度，即算法的时间复杂度的度量是基于算法面临的最坏情形的分析结果。当然，如果最坏情形出现的概率非常低，可以分别分析算法在最理想情形下、最坏情形下和一般情形下各自的时间复杂度，并根据各种情形出现的概率确定综合的时间复杂度。图 1.8 所示为不同时间复杂度算法的处

理执行时间与数据规模 n 之间关系曲线示意图。

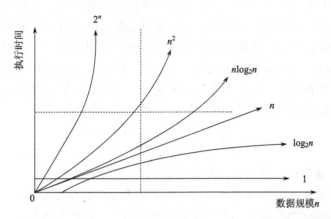

图 1.8 不同时间复杂度算法处理执行时间与数据规模的关系曲线

1.4.6 算法的空间复杂度

空间复杂度(space complexity)是对一个算法在运行过程中临时占用存储空间大小的度量。算法执行期间所需要的存储空间包括算法代码所占空间、处理数据所占空间和算法执行过程中所需要的额外空间,衡量算法的空间复杂度主要考虑算法在运行过程中所需要的存储空间的大小,用一个函数描述,以算法处理的问题规模 n 作为自变量,刻画算法所占空间与问题规模之间的映射关系。

如果一个计算问题的规模是 n,把求解这个问题的某算法所需空间看成是 n 的函数,记作 $S(n)$,则 $S(n)$ 为该算法的空间复杂度;当 $n \to \infty$ 时,空间复杂度的极限称为算法的渐进空间复杂度。如直接插入排序的空间复杂度是 $O(1)$,递归算法仅维持递归机制的空间复杂度为 $O(n)$。

分析一个算法所占用的存储空间要从各方面综合考虑。通常,问题数据所占用的存储空间对求解该问题的不同算法是相同的,它不随算法不同而改变,不同算法对存储空间的依赖差异在于算法本身所占存储空间和算法处理所需存储空间的不同。不同算法的代码长度不一,有时相差还很大,如递归算法代码一般比较简短,算法目标程序所占用的存储空间较少,但算法运行时系统为维持递归机制需要一个堆栈存储算法相关进程信息,最多隐式占用与堆栈最大深度成正比的临时存储单元;如以非递归形式实现该算法,虽然算法代码可能比较长,算法目标程序占用的存储空间较多,但运行时需要的存储单元较少。

算法在运行过程中临时占用的存储空间随算法的处理策略和机制不同而异,有的算法只占用少量的临时工作单元,而且不随问题规模的大小而改变,这种算法的空间复杂度是常数阶,即 $S(n)=O(1)$;有的算法需要占用的临时工作单元数与解决问题的规模 n 有关,它随着 n 的增大而增大,如这种关系是线性的,则 $S(n)=O(n)$。例如归并排序算法的空间复杂度是 $O(n)$,基于递归机制的快速排序算法的空间复杂度是 $O(\log_2 n) \sim O(n)$。

　　算法的时间复杂度和空间复杂度往往是相互影响的。当追求一个较好的时间复杂度时，可能会借助于较多额外存储空间的支持，这就使得算法的空间复杂度性能变差；反之，当追求一个较好的空间复杂度时，可能会以牺牲算法的时间复杂度为代价，导致占用较长的运行时间。其实，算法的所有性能之间都存在着或多或少的相互制约。因此，当设计一个算法时，要综合考虑算法的各项性能，顾及算法应用对性能指标要求的侧重点，同时考虑算法的调用频率、面临的数据规模、可能面对的各种数据情形、算法运行平台环境等各方面因素，才能够设计出综合性能比较理想的算法。

习　　题

1. 什么是数据结构？简述学习和研究数据结构的意义。
2. 数据结构主要包括哪三方面的内容？并简述它们之间的关系。
3. 数据的逻辑结构包括哪几类？各类逻辑结构具体包括哪些？
4. 数据存储结构有哪几种实现方法？
5. 算法的评价要素主要有哪些？
6. 什么是算法的时间复杂度？简述其度量方法。

第 2 章 线 性 表

线性表是最简单和最常用的一种数据结构。一个线性表是 n 个具有相同特性的数据元素的有限序列,线性表是其他很多数据结构的基础结构。无论是在栈和队列结构中,还是在树状结构和图形结构等复杂数据结构中,都能看到线性表所发挥的重要作用,在实际的各类简单和复杂问题的计算机求解中,线性表是应用最为广泛和频繁的一类数据结构。因此,掌握线性表结构可为学好数据结构课程的后续内容奠定良好的基础。

2.1 线性表的基本概念

2.1.1 线性表的定义和特点

1. 线性表的定义

线性表(linear list)是由 $n(n \geqslant 0)$ 个数据元素 $a_1, a_2, a_3, \cdots, a_n$ 组成的有限序列,其中数据元素个数 n 为表的长度,当 $n=0$ 时表为空表,非空的线性表($n>0$)可记作:

$$L=(a_1, a_2, a_3, \cdots, a_n)$$

这里 L 为线性表名,表示为数据元素的非空有限集合。线性表的第一个元素称为表头(head),最后一个元素称为表尾(tail)。

线性表是最基本和最简单的数据结构,它在堆栈、队列、树和图等很多线性和非线性数据结构得到广泛应用。

2. 线性表的特点

线性表结构的特点首先体现在它是一个有限序列,即表中元素数目是有限而不是无限的;其次,表中元素相继排列,表中元素的次序有先后之分。另外还有以下几点特点:①存在唯一被称作"开始结点"的数据元素;②存在唯一被称作"终端结点"的数据元素;③除开始结点外,集合中每个数据元素均只有一个直接前驱;④除终端结点外,集合中每个数据元素均只有一个直接后继;⑤表中元素的序号与逻辑位序是一致的,它决定元素间的前驱、直接前驱、后继和直接后继的逻辑关系。

3. 线性表的实现

线性表主要有顺序表和链表两种实现方式,顺序表采用一维数组存储实现,也称为以存储向量实现的线性表,表中元素物理存储顺序与它们的逻辑顺序一致,存储位置相邻的元素逻辑顺序上也相邻;链表由一系列单向或双向链接的元素结点构成,表中结点的存储空间采用动态申请获得,元素间通过指针实现链接并确定它们的逻辑顺序,表中元素的存储位置与元素间的逻辑顺序无关。

2.1.2　线性表的基本操作

线性表的操作有很多，下面仅列出一些线性表的常规操作，有的操作适合顺序表，有的操作适合链表。

1. 初始化线性表 InitList(&L)

构造一个空的线性表 L，设置相关参数初值。

2. 销毁线性表 DestroyList(&L)

调用条件：线性表 L 已存在。

操作结果：销毁线性表 L，若为动态数组实现的顺序表，则释放表空间；若为链表，则释放所有结点空间。

3. 取线性表长度 ListLength(&L)

调用条件：线性表 L 已存在。

操作结果：返回线性表长度，若表空，则返回值为 0。

4. 线性表元素插入 ListInsert(&L, i, e)

调用条件：线性表 L 已存在，且 $1 \leqslant i \leqslant$ 表长+1，插入元素 e 的类型与表元素类型一致。

操作结果：若表未满，则在表 L 的第 i 个元素前插入元素 e，表 L 的长度增 1，返回插入成功标志值 true；否则，返回 false。

5. 线性表元素删除 ListRemove(&L, i, &e)

调用条件：线性表 L 已存在且非空，$1 \leqslant i \leqslant$ 表长。

操作结果：将表 L 的第 i 个元素值赋予引用参数 e，并将该元素从表 L 中删除，表的长度减 1。若删除成功，则返回标志值 true；否则，返回 false。

6. 按序号查找线性表元素 ListSearch(&L, i, &e)

调用条件：线性表 L 已存在且非空，$1 \leqslant i \leqslant$ 表长。

操作结果：查找表 L 的第 i 个元素，若查找成功，将其值赋予引用参数 e，返回标志值 true；若查找失败，返回 false。

7. 按关键字值查找线性表元素 ListFind(&L, key, &e)

调用条件：线性表 L 已存在且非空。

操作结果：顺序查找表 L 中首个关键字等于 key 的元素，若查找成功，将其值赋予引用参数 e，返回标志值 true；若查找失败，返回 false。

8. 取序号为 i 的元素地址 LocateElem(&L, i)

调用条件：线性表 L 已存在且非空，$1 \leqslant i \leqslant$ 表长。
操作结果：查找表 L 的第 i 个元素，若查找成功，返回该元素的地址；若查找失败，返回 NULL。

9. 取关键字为 key 的元素地址 ElemAddress(&L, key)

调用条件：线性表 L 已存在。
操作结果：查找表 L 中首个关键字等于 key 的元素，若查找成功，返回该元素的地址；若查找失败，返回 NULL。

10. 遍历线性表 Traverse(&L)

调用条件：线性表 L 已存在。
操作结果：按次序访问表中所有元素且每个元素仅访问一次。

11. 线性表排序 Sorting(&L)

调用条件：线性表 L 已存在。
操作结果：按关键字值的大小对线性表的所有元素进行递增或递减排序。

2.2 顺序存储的线性表

2.2.1 顺序存储方法

线性表的顺序存储就是按照表元素的逻辑顺序将所有元素依次存储在一块连续的存储空间中，即用一组地址连续的存储单元存储线性表中一组连续的数据元素。显然，在顺序存储中元素的存储位置反映了元素在集合中的位序关系，逻辑顺序相邻的元素在存储位置上也相邻。假设顺序存储的线性表单个元素占用的存储空间为 l 字节，则线性表中第 i 个元素 a_i 的存储地址 LOC(a_i) 和其直接后继元素 a_{i+1} 的存储地址 LOC(a_{i+1}) 满足下列关系：

$$\text{LOC}(a_{i+1}) = \text{LOC}(a_i) + l$$

以此可以推出线性表中第 i 个元素 a_i 的存储地址与线性表首元素 a_1 的存储地址之间的关系：

$$\text{LOC}(a_i) = \text{LOC}(a_1) + (i-1) \times l$$

我们知道，大多数高级程序设计语言都支持定义和使用各种类型的一维数组，而一维数组具有显著的线性结构特征，所以线性表的顺序存储一般采用与表数据元素类型一致的一维数组实现，前提是将数组的线性关系与线性表的线性关系一一对应，用一维数组实现的线性表通常称为顺序表或向量表。

图 2.1 给出了具有 n 个元素顺序表的数组存储示意，其中数组名为 data，数组的容

量为 maxsize+1，数组的 0 下标单元空置，元素从 1 下标单元开始存储，第 i 个元素存储在数组的 i 下标单元中，数组最后一个存储单元的下标为 maxsize。对表中的第 $i(2 \leqslant i \leqslant n)$ 个元素 data[i]，其直接前驱为 data[$i-1$]，对第 $i(1 \leqslant i \leqslant n-1)$ 个元素 data[i]，其直接后继为 data[$i+1$]。

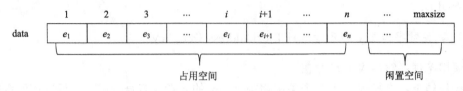

图 2.1　顺序表的数组存储示意

2.2.2　顺序表的结构定义及初始化

顺序表有两种实现方式，一种是采用静态数组存储线性表，另一种是采用动态数组存储线性表。从灵活性的角度看，动态数组顺序表更好、适应性更强且应用更为便利。动态数组顺序表的结构表包括数组指针、表当前元素计数（表长）和表最大容量等。

在顺序表结构定义中，data 为数组指针，顺序表初始化操作时 data 将被赋予按指定容量规模创建成功的数组存储空间的首地址，此后 data 便可以作为数组名使用；length 为线性表的当前长度，也就是当前线性表的元素计数，其初始化值为 0，创建顺序表操作、顺序表的插入元素操作和删除元素操作将导致 length 的更新；maxsize 为数组的容量，也就是数组允许最多存储的元素数量，maxsize 在初始化时获得由形参传递的指定值，并作为创建数组空间和判断表满的依据。下面给出顺序表初始化函数 InitList、求表长函数 ListLength、判表空函数 ListEmpty 和清除顺序表函数 DestroyList 的算法描述。

算法程序 2.1

```
struct SeqList  //顺序表结构类型定义
{
    ElemType *data;  //存储空间首地址(指针)
    int length;      //表长
    int maxsize;     //表空间容量
};
void InitList(SeqList &L, int SIZE)      //建立一个空的顺序表
{
    L.data=new ElemType[SIZE+1];         //创建存储向量
    L.length=0;        //置空表标志
    L.maxsize=SIZE;
}
int ListLength(SeqList &L)  //取表长
{
    return L.length;
}
```

```
bool ListEmpty(SeqList &L)  //判表空
{
    return L.length<=0;    //返回布尔值true或false
}
void DestroyList(SeqList &L)  //清除顺序表
{
    delete [] L.data;
    L.length=0;
    L.maxsize=0;
}
```

2.2.3 顺序表的基本操作

1. 元素插入

顺序表元素插入操作指在顺序表未满且插入位置有效的前提条件下，在表的第 i 个元素前面插入一个元素 x，插入元素完成后，原来的第 $i-1$ 个元素变为插入元素 x 的直接前驱，原来的第 i 个元素变为插入元素 x 的直接后继，顺序表长度也由原来的 n 增加到 $n+1$，这种方式的插入操作也称为前插操作。因为顺序表中逻辑相邻的元素为储存空间上也相邻，所以除非插入位置为 $n+1$，否则在实施插入元素前首先需将从表尾元素到第 i 个元素间的所有元素相继后移一位，以便为插入元素腾出一个单元空间，然后将插入元素存入其中。顺序表的插入操作如图 2.2 所示，两表中数据元素的角标均为插入前的角标。

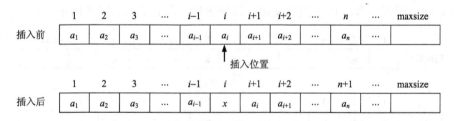

图 2.2 在顺序表中第 i 元素 a_i 前插入元素 x 示意

算法程序 2.2

```
bool ListInsert(SeqList &L, int i, ElemType e) //在第i个元素之前插入元素e
{
    if(L.length>=L.maxsize)  return false;    //表溢出
    else if(i==L.length+1) {  //插入到表尾
        L.length++;
        L.data[L.length]=e;
    }
    else if(i>=1&&i<=L.length) {  //插入到表中
        for(int k=L.length; k>=i; k--) L.data[k+1]=L.data[k];
        L.data[i]=e;
```

```
        L.length++;
    }
    else return false;  //位置i无效
    return true;
}
```

从以上算法可以看出，顺序表元素插入操作的时间消耗主要花费在部分元素的移动上，而需移动元素的数量取决于元素插入的位置，插入位置愈靠前，需要移动的元素就愈多。显然，在第 i 个元素($1 \leqslant i \leqslant n+1$)前插入一个元素需要移动的元素数量为 $m_i = n-i+1$，假设表的每个合法插入位置(共 $n+1$ 个)插入元素的机会或概率相等，第 i 元素前插入一个元素的概率为 p_i，则在顺序表中插入一个元素平均所需移动的元素数量为

$$AM = \sum_{i=1}^{n} p_i m_i = \sum_{i=1}^{n} \frac{1}{n+1}(n-i+1) = \frac{1}{n+1} \times \frac{n(n+1)}{2} = \frac{n}{2}$$

可以看出，在顺序表中插入一个元素平均要移动表中一半的元素，当顺序表长度 n 较大时，实施插入操作的效率很低。

2. 元素删除

顺序表元素删除操作指在指定的第 i 个元素存在条件下将其从表中删除，删除元素完成后，原来的第 $i-1$ 个元素的直接后继变为原来的第 $i+1$ 元素，顺序表长度也由原来的 n 减少到 $n-1$。同样，为满足顺序表中逻辑相邻的元素在储存空间上也相邻条件，除非删除元素位置为 n，否则需将从第 $i+1$ 个元素到表尾元素间的所有元素相继前移一位，显然，删除元素在后面元素的首次前移时即被覆盖。当然，删除元素在被覆盖前可以赋给保存它的引用型参数，以便提取使用。顺序表的删除操作如图 2.3 所示。

图 2.3　在顺序表中删除第 i 元素 a_i 示意

算法程序 2.3
```
bool ListRemove(SeqList &L, int i, ElemType &e) //删除表中第i个元素
{
    if(L.length<=0) return false;    //表空
    if(i<1 || i>L.length) return false; //位置i无效
    else {
        e=L.data[i];
        for(int k=i+1; k<=L.length; k++)
            L.data[k-1]=L.data[k];    //删除元素后前移
        L.length--;
```

```
            return true;
        }
    }
```

同样，顺序表元素删除操作的时间消耗主要花费在部分元素的移动上，需移动元素的数量取决于删除元素的位置。显然，删除第 i 个元素（$1 \leqslant i \leqslant n$）需要前移后面元素的数量为 $m_i = n - i$，假设表中每个元素被删除的概率相等，则删除一个元素平均所需移动的元素数量为

$$\text{AM} = \sum_{i=1}^{n} p_i m_i = \sum_{i=1}^{n} \frac{1}{n}(n-i) = \frac{1}{n} \times \frac{n(n-1)}{2} = \frac{n-1}{2}$$

可以看出，在顺序表中删除一个元素平均需要移动表中接近一半的元素，当顺序表长度 n 较大时，实施删除操作的代价很大。

3. 按值查找定位

如果顺序表元素类型为 int 或 double 等简单类型，本操作就是按表中元素值进行查找和定位；如果顺序表元素类型为结构体组合类型，该操作就是指按元素的指定字段值（关键字）查找并定位元素。这里给出更为多见的结构体类型顺序表的按关键字查找定位算法，假设关键字类型 KeyType 定义为 int 整型，算法查找成功时返回元素在顺序表中的位置下标，查找失败时返回–1。

算法程序 2.4

```
typedef int KeyType;
int ListSearch(SeqList &L, KeyType key)  //按关键字查找或定位
{
    for(int i=1; i<=L.length; i++) {
        if(key==L.data[i].key) return i;  //查找成功
    }
    return -1;  //查找失败
}
```

查找顺序表元素的时间消耗主要花费在元素的比较上，参与比较的元素数量取决于待查找元素所处的位置。显然，查找不存在元素的比较次数为 n，待查找元素为第 i 个元素（$1 \leqslant i \leqslant n$）需要比较元素的数量为 $c_i = i$，假设表中每个元素查找概率相等，则查找一个元素平均所需比较的元素数量为

$$\text{AC} = \sum_{i=1}^{n} p_i c_i = \sum_{i=1}^{n} \frac{1}{n} \times i = \frac{1}{n} \times \frac{n(n+1)}{2} = \frac{n+1}{2}$$

通过以上操作算法的性能分析，可以得出顺序表的元素插入、元素删除和元素查找算法性能的时间复杂度均为 $O(n)$。

4. 顺序表的合并

普通的合并操作在顺序表 Lc 存储容量允许的条件下将顺序表 La 和 Lb 合并至 Lc 中，其中表 La 的元素拷贝至表 Lc 的前部，表 Lb 的元素拷贝至表 Lc 的后部，合并成功的前

提条件是 La 和 Lb 两表的长度之和小于等于顺序表 Lc 的存储容量 Lc.maxsize。需要指出，上述合并操作为非有序合并，既不要求参与合并的两表 La 和 Lb 为有序表，也不产生有序的合并表，除非参与合并两表表间有序且各自表内也有序。显然，长度分别为 n_1 和 n_2 两个顺序表的普通合并操作的时间复杂度为 $O(n_1+n_2)$。

算法程序 2.5

```
bool ListMerge(SeqList &La, SeqList &Lb, SeqList &Lc) //顺序表的合并
{
    if(La.length+Lb.length>Lc.maxsize) return false;
    for(int i=1; i<=La.length; i++) {
        Lc.data[i]=La.data[i];
    }
    for(i=1; i<=Lb.length; i++) {
        Lc.data[La.length+i]=Lb.data[i];
    }
    Lc.length=La.length+Lb.length;
    return ture;
}
```

5. 有序顺序表的合并

有序合并要求参与合并的两个顺序表 La 和 Lb 均为有序表，即各表的元素均按关键字递增排列，合并产生的顺序表 Lc 也为有序表。算法使用初值为 1 的整型变量 i、j、k 分别作为表 La、Lb 和 Lc 当前元素的下标，循环地判断 i 和 j 所指元素是否均存在，若存在，则将两元素中关键字较小者复制到 Lc 的当前位置，更新复制元素所在表和表 Lc 的当前元素下标，循环继续；否则，结束循环。将 La 和 Lb 两表中含有未参与合并元素一表里的遗留元素复制到表 Lc 中。顺序表的有序合并算法具有重要的应用价值，它是归并排序算法的基础。

算法程序 2.6

```
bool OrderMerge(SeqList &La, SeqList &Lb, SeqList &Lc) //有序顺序表的合并
{
    if(La.length+Lb.length>Lc.maxsize) return false;
    for(int i=1, j=1, k=1; i<=La.length&&j<=Lb.length; k++) {
        if(La.data[i].key<Lb.data[j].key) Lc.data[k]=La.data[i++];
        else Lc.data[k]=Lb.data[j++];
    }
    while(i<=La.length) Lc.data[k++]=La.data[i++];
    while(j<=Lb.length) Lc.data[k++]=Lb.data[i++];
    Lc.length=La.length+Lb.length;
    return ture;
}
```

在有序合并算法中，for 循环的结束条件是其中一个表的元素已全部参与了合并，另

一表中部分元素参与了合并，其循环和比较的次数是两表中参与合并的元素数目之和，后面只有一个 while 循环将含有未参与合并元素的另一顺序表中剩余元素复制到目标顺序表中，故两个顺序表有序合并操作的时间复杂度仍然为 $O(n_1+n_2)$。

2.2.4　顺序表的特点和适用性

顺序表优势在于创建相对方便，表中元素的逻辑顺序与其空间存储顺序一致；可支持对表中元素进行随机访问，表中元素存取和更新速度快；若按关键字对顺序表中元素预先进行递增排序处理，则有序顺序表可以支持快速的折半查找方法。但是，顺序表也存在一些固有的不足，如表空间大小预先固定，限制其扩展性；插入操作和删除操作需要大量的元素移动开销，不适合用作具有频繁插入和删除操作特征的线性表，应对表增扩和缩减变化的适应性和灵活性差等，而链表可以克服顺序表的上述不足。

2.3　链式存储的线性表

2.3.1　链式存储方法

线性表的链式存储就是采用一系列相继链接的结点存储线性表的元素，也称线性表的链表实现。链表结点包括数据域和指针域，数据域存储数据元素，指针域存储逻辑上直接相邻元素对应结点的地址。创建线性链表时按照表元素的逻辑顺序依次将各个元素存储在为其单独申请和分配的结点空间值域内，并将当前元素结点的地址存储在其直接前驱元素对应结点的指针域，形成结点相继指向的单向线性链表。如果需要，还可以为结点增设前驱指针并使其指向直接前驱元素对应结点，形成双向链表。显而易见，线性表元素之间的相邻逻辑关系通过链表结点的邻接指针表达，线性表元素的逻辑顺序关系则是通过链表中指向首结点的指针和沿结点的后继指针形成的链接顺序反映。

由于链表各结点存储空间动态分配的随机性，链表中元素的存储空间位置与元素间的逻辑顺序无关，表中元素结点存储位置不具备连续和线性特征。线性链表的优点主要体现在具有良好的可扩展性和灵活性，适合预先无法确定其规模的线性表存储；便于元素结点的插入和删除，对执行插入操作和删除操作频率高的线性表适应性强。线性链表不支持对元素的随机存取，查找和访问某个表元素必须从表的首结点开始顺序搜索，即使按元素关键字有序排列的链表也无法支持折半查找。

支持动态申请内存和指针的高级程序设计语言是实现动态线性链表的前提，如果所采用编程环境不支持动态申请内存和指针，还可以采用一维数组静态链表实现存储线性表，但其扩展性和顺序表一样受到限制。

2.3.2　单向链表及其结构定义

单向链表是指表中结点通过向后单向链接形成的链表，由存储 n 个数据元素对应的 n 个结点构成，若表中所存元素个数 $n=0$，则为空表。如图 2.4 上图所示，单向链表结点结构包含有两个域，即数据域 data 和直接后继指针域 next，数据域的类型与所存线性表元素类型一致，存储数据元素；指针域存储直接后继元素结点的位置信息(地址)，称为链或指针，表中最后一个元素结点的指针值为空值 NULL，作为判断表尾结点的依据，在 C/C++中符号常数 NULL 的值被定义为 0。单向链表 $L=(e_1, e_2, e_3, \cdots, e_n)$ 的最初存储结构如图 2.4 下图所示，其中 head 为指向单向链表首结点的头指针，作为搜索和访问单向链表的入口，若表为空，则 head=NULL。

图 2.4　单向链表结点结构和不带头结点单向链表的结构示意

　　非空的单向链表由一系列相继链接的结点组成，结点作为非空单向链表构成的基本单位，除了具备存储线性表单个元素数值的功能以外，还通过指针兼备了链接直接后继结点的能力。

　　单向链表有不带头结点的单向链表和带头结点的单向链表之分，其中后者在常规操作一致性方面优势明显，应用较为普遍。单向链表可以采用头插法创建，也可以采用尾插法创建。头插法总是将新增元素插入到表的头部位置，表中现有结点的顺序与它们插入到表中的顺序正好相反；尾插法总是将新增元素放在表的尾部，表中现有结点的顺序与它们插入到表中的顺序相同。单向链表的查找操作有按序数查找和按值查找两种方式，两种查找都是从表的第一个结点开始沿后继指针顺序搜索满足条件的结点。

　　以下给出单向链表结点的结构类型定义，其中 LinkNode 被定义为结点类型符，LinkList 被定义为结点指针类型符。结点类型结构体包括元素数据分量 data 和直接后继指针分量 next，其中前者的类型为 ElemType，后者的类型为 LinkNode*。

　　单向链表通过一个被称之为头指针的 LinkList 类型变量作为"入口"指针，如指针变量 head、L、LA、LB 等，通过头指针就可以对其标识和指向的单向链表进行搜索和访问。若 p 为指向单向链表中某个元素结点的指针，该结点存储的表元素为 $p\text{->}data$，存储的直接后继结点地址为 $p\text{->}next$。

算法程序 2.7

```
typedef struct LinkNode        //单链表结点类型定义符
{
    ElemType data;             //数据域
    LinkNode *next;            //直接后继指针域
} *LinkList;
```

2.3.3　不带头结点单向链表

　　如图 2.4 所示，作为最初的单向链表结构，不带头结点单向链表的特点是表中结点数目与元素数目完全一致，没有多余结点设置，头指针 head 直接指向链表的第一个结点，其初始化值为 NULL，表示为空表。显然，在这种结构单向链表的首结点和中间及尾部结点存在差异，中间及尾部结点都具有前驱结点，而首结点无前驱结点，首结点被头指

针 head 指向，其他结点被其前驱结点的指针域指向，判断这种链表是否为空的依据是 head
是否为空。以下为不带头结点单向链表的创建、插入和删除操作算法。

1. 头插法创建单向链表算法

头插法顾名思义就是新增结点始终插入在表头一端的方法，该方法通过将首结点指
针 head 指向的结点交由新增结点的指针域指向，更新 head 指向新增结点实现。头插法
创建不带头结点单向链表的过程为：①先将定义的单向链表首结点指针head初始化为空；
②按顺序依次为一个元素创建一个新的结点，其数据域赋予元素值，其指针复制 head 指
针的指向，使插入前表的首结点成为插入结点的直接后继，head 指针更新为指向新结点，
使插入结点成为新的首结点；③重复上述过程②直至所有元素对应结点创建完毕。

图 2.5 分别展示了空链表、头插法插入第一个元素 e_1 对应结点、头插法插入元素 e_1，
e_2，…，e_{i-1} 对应结点后插入元素 e_i 对应结点的情形。显然，头插法创建单向链表的每次操
作，指针 head 都变更为指向新插入的结点，单向链表中元素的排列顺序与创建过程中插
入元素结点的顺序相反。

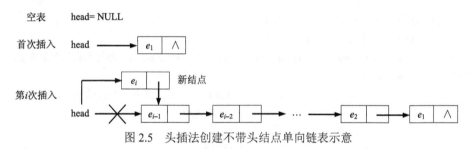

图 2.5　头插法创建不带头结点单向链表示意

算法程序 2.8

```
void CreateList_HI (LinkList &head, ElemType e[], int n)
{ //头插法建立单向链表
    head=NULL;
    for(int i=1; i<=n; i++) {
        LinkNode *newnode=new LinkNode;        //分配结点空间
        newnode->data=e[i];                    //赋新结点元素值
        newnode->next=head;                    //新结点指向原首结点
        head=newnode;                          //头指针指向新首结点
    }
}
```

2. 尾插法创建单向链表算法

尾插法就是新增结点始终插入并链接到链表尾部的方法，该方法借助一个增设的尾
结点指针 rear，将新增结点链接到尾结点的指针域上，并将新增结点作为新的尾结点。
尾插法创建不带头结点单向链表过程为：①首先将定义的单向链表首结点指针 head 和尾
结点指针 rear 初始化为空；②按顺序依次为一个元素创建一个新的结点，若当前表为空，

指针 head 和 rear 共同指向新结点；否则，尾结点的指针域指向新结点，尾指针更新为指向新结点。新结点数据域赋予元素值；③重复以上步骤②直至所有元素的对应结点创建完毕；④将尾结点的指针域置为空值。图 2.6 展示了采用尾插法按顺序插入元素 e_1，e_2，$\cdots$，e_{i-1} 结点后，尾插法插入元素 e_i 对应结点的情形。

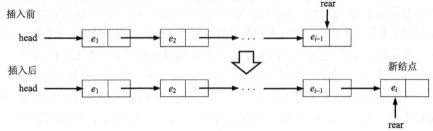

图 2.6　尾插法创建不带头结点单向链表示意

算法程序 2.9

```
void CreateList_RI(LinkList &head, ElemType e[], int n)  //尾插法建立单向链表
{
    LinkNode *rear=head=NULL;
    for(int i=1; i<=n; i++)  {
        if(head==NULL) head=rear=new LinkNode; //为首元素分配新结点
        else {
            rear->next=new LinkNode; //为后继元素分配结点并链接到尾
            rear=rear->next;  //更新尾指针
        }
        rear->data=e[i]; //新结点赋元素值
    }
    if(rear!=NULL) rear->next=NULL;
}
```

3. 单向链表结点插入算法

单向链表的结点插入操作通常指在链表的第 i 个结点前插入一个新增元素对应结点。具体操作过程为：若插入位置 $i=1$，即新结点插入在链表的首部，此时操作与头插法完全一致，如图 2.5 所示；若新结点插入在链表的中间或尾部，插入位置 i 满足 $1<i$ $\leqslant n+1$，则需要从链表的第一个结点开始向后搜索到第 $i-1$ 个结点 prenode，该结点为第 i 个结点的直接前驱，将新结点的后继指针指向原第 i 个结点 prenode->next，结点 prenode 的后继指针更改为指向新结点，从而使新增结点插入并链接到单向链表中的指定位置。图 2.7 给出了插入元素 x 对应结点到不带头结点单向链表中间位置 i 的操作示意。

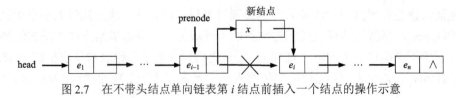

图 2.7　在不带头结点单向链表第 i 结点前插入一个结点的操作示意

算法程序 2.10

```
bool Insert(LinkList &head, int i, ElemType e) //在位置i上插入结点
{
    if(i<1 || head==NULL&&i>1) return false;    //无效插入位置
    else if(i==1) { //首结点前插入
        LinkNode *newnode=new LinkNode;          //申请结点空间
        newnode->data=e; //赋新结点元素值
        newnode->next=head; //新结点指向p结点
        head=newnode;
    }
    else {
        LinkNode *prenode=head;
        for(int k=2; prenode->next!=NULL&&k<i; k++) //搜索第i结点直接前驱
            prenode=prenode->next;
        if(prenode->next==NULL&&k<i) return false; //插入失败
        LinkNode *newnode=new LinkNode; //分配结点空间
        newnode->data=e; //赋新结点元素值
        newnode->next=prenode->next; //新结点指向p结点
        prenode->next=newnode;
    }
    return true;
}
```

4. 单向链表结点删除算法

　　单向链表的结点删除一般指删除链表中的第 i 个结点，并且取得删除结点所存的元素值。具体过程为：①若删除结点位置 $i=1$，即删除链表的首结点，此时先将删除结点地址 head 保留到指针 p，首结点指针 head 更改为指向 p 的后继结点，使首结点从链表中脱离；若删除中间或尾部结点，删除结点位置 i 满足 $1<i\leqslant n$，则需从链表的第一个结点开始一直搜索到第 $i-1$ 结点 prenode，显然它为待删除结点的直接前驱，将待删除结点地址 prenode->next 保留到指针 p，prenode 结点的后继指针更改为指向 p 的直接后继，从而使待删除结点 p 从链表中脱离；②取待删除结点 p 的元素值后将其释放删除。图 2.8 给出了从不带头结点单向链表中删除中间元素 e_i 对应结点的操作示意。

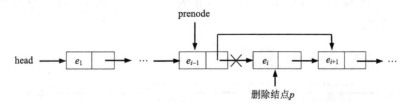

图 2.8　从不带头结点单向链表中删除第 i 个结点操作示意

算法程序 2.11

```
bool Remove(LinkList &head, int i, ElemType &e) //删除第i个结点
{
    if(head==NULL || i<1) return false; //表空或无效删除位置
    LinkNode *p;
    if(i==1) { //删除首结点
        p=head;
        head=p->next;
    }
    else {
        LinkNode *prenode=head;
        for(int k=2; prenode->next!=NULL&&k<i; k++) //搜索第i结点直接前驱
            prenode=prenode->next;
        if(prenode->next==NULL) return false; //删除失败
        p=prenode->next;
        prenode->next=p->next;  //从链表中剔除p结点
    }
    e=p->data;
    delete p; //释放该结点空间
    return true;
}
```

从以上链表的结点插入和结点删除操作及其算法可以看出，由于不带头结点单向链表的首结点不像其他结点那样存在直接前驱结点，这就使得结点的插入和删除等操作在单向链表的首部实施与在中间和尾部实施存在明显的差异，表现出常规操作处理的位置不一致性。为克服这一弊端，引入了带头结点的单向链表。

2.3.4 带头结点单向链表

带头结点的单向链表就是在上述单向链表的第一个元素结点前面增设一个结点，称其为头结点，它在创建单向链表初始化时首先被生成。头结点的数据域一般空置不用，当链表非空时，其指针域存储首元素结点的地址；当链表空时，头结点的指针为空值NULL，这也是判断这种单向链表是否为空的依据。头结点的设置客观上为链表的第一个元素结点(首结点)安排了一个虚拟的直接前驱结点，使单向链表中所有元素结点都具有一个形式上的直接先驱结点并被其指针域指向。图 2.9 展示了空和非空两个带头结点单向链表的结构。

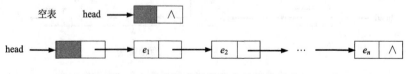

图 2.9 带头结点单向链表的结构示意

为单向链表设置头结点的好处和优势有以下几点：①链表的头指针指向稳定，始终指向链表初始化时创建的头结点，不会因为链表中有元素结点插入或删除而改变；②在单向链表的不同位置实施结点插入或结点删除时所面对的情形及处理方法是相同的，可实现不同位置链表常规操作处理的一致性；③只要从头结点开始，就能搜索到包括第一个元素结点在内任何元素结点的实际或虚拟直接前驱结点，便于涉及两个相邻结点之间的操作处理。

1. 头插法创建单向链表算法

带头结点单向链表的头插法创建算法可更简洁地实现，除首元素结点外每个元素结点的插入都变成了在头结点与后继结点之间的插入。头插法创建带头结点单向链表的过程为：①首先为单向链表头指针 head 创建一个供其指向的头结点，头结点的指针域赋NULL；②按顺序依次为一个元素创建一个新的结点，其数据域赋元素值，其指针复制头结点的后继指针(head->next)，使插入前表中的首结点成为插入结点的直接后继，head->next 更新为指向新结点，插入结点成为新的首结点；③重复过程②直至所有元素对应结点创建完毕。

图 2.10 展示了头插法按顺序插入元素 $e_1, e_2, \cdots, e_{i-1}$ 对应结点后插入元素 e_i 对应结点的情形。如果所实现线性表的元素逻辑顺序为 $e_1, e_2, \cdots, e_n$，则头插法创建单向链表时插入元素的顺序应该为 $e_n, e_{i-1}, \cdots, e_2, e_1$。

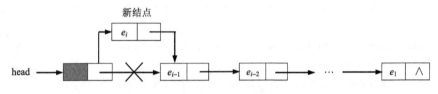

图 2.10 头插法创建带头结点单向链表示意

算法程序 2.12

```
void CreateList_HI(LinkList &head, ElemType e[], int n)
{ //头插法创建带头结点单向链表
    head=new LinkNode;                      //创建头结点
    head->next=NULL;
    for(int i=1; i<=n; i++) {
        LinkNode *newnode=new LinkNode;     //分配结点空间
        newnode->data=e[i];                 //赋新结点元素值
        newnode->next=head->next;           //新结点指向原首结点
        head->next=newnode;                 //头指针指向新首结点
    }
}
```

2. 尾插法创建单向链表算法

尾插法创建带头结点单向链表首先创建一个头结点,头结点最初由头指针 head 和尾指针 rear 指向,按次序为每一个插入的元素分配一个新结点并赋对应元素值,每创建一个新结点都链接到当前链表的尾部,更新尾指针 rear 指向新结点,所有元素结点尾插完成后,将尾结点的后继指针(rear->next)置为空值。

图 2.11 分别展示了采用尾插法创建单向链表时插入第一个元素 e_1 对应结点和按顺序插入元素 $e_1, e_2, \cdots, e_{i-1}$ 结点后插入元素 e_i 对应结点的情形,尾插法创建的带头结点单向链表中元素结点的排列顺序与创建时元素的插入顺序一致。

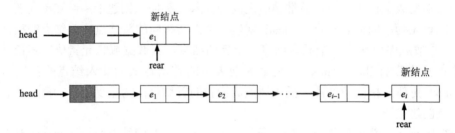

图 2.11　尾插法创建带头结点单向链表插入首结点和第 i 个结点示意

算法程序 2.13

```
void CreateList_RI(LinkList &head, ElemType e[], int n)
{
    LinkNode *rear=head=new LinkNode; //创建头结点
    for(int i=1; i<=n; i++) {
        rear->next=new LinkNode;  //为第i元素分配新结点
        rear=rear->next;  //更新尾指针
        rear->data=e[i];  //新结点赋元素值
    }
    rear->next=NULL; //设置尾结点标志
}
```

3. 带头结点单向链表基本运算

带头结点单向链表结构的诸多优点,使其成为规范和最常用的单向链表结构,下面就对这种结构单向链表的 10 余种常规操作与运算方法及其实现算法进行详细介绍,并在最后给出了其中一些典型操作的应用测试程序。

1)求单向链表长度

与顺序表结构中存在存储表元素数量的统计分量不同,链表结构一般没有这一统计分量,其表中的元素数量需要通过对整个链表的元素结点进行搜索和计数获得。搜索借助一个初始指向首元素结点的当前元素结点指针 p,对向后搜索过程中每一个遇到的元素结点进行计数,当最后的尾结点统计完毕后,就得到单向链表长度,算法的时间复杂

度为 $O(n)$。

算法程序 2.14
```
int LinkListSize(LinkList &head) //求链表长度
{
    LinkNode *p=head->next; //指针p初始指向首结点
    for(int count=0; p!=NULL; count++) p=p->next; //有效元素结点计数
    return count; //返回链表长度
}
```

2)取单向链表中第 i 个结点元素值

为取得单向链表中第 i 个结点元素值，需从链表的首元素结点开始向后搜索到第 i 个结点，如果该结点存在，则通过引用参数取其元素值，返回取值成功逻辑标志值 true；否则，返回取值失败逻辑标志值 false。本操作算法仍采用循环搜索指向第 i 个结点的指针 p，循环退出后通过判断 p 指针的状态确定搜索成功与否。算法的执行频度在搜索取值成功时为 $i-1$，否则为 n，假设取每个元素值概率均等，则算法时间复杂度为 $O(n)$。

算法程序 2.15
```
bool GetElement(LinkList &head, int i, ElemType &e) //取第i个结点元素值
{
    LinkNode *p=head->next;  //指针p初始指向首结点
    for(int k=1; p!=NULL&&k<i; k++) p=p->next;  //定位第i个结点p
    if(p==NULL) return false; //第i个元素不存在，取值失败
    e=p->data; //取元素值
    return true; //取值成功
}
```

3)取单向链表中第 i 个结点的地址

本操作与取单向链表中第 i 个结点元素值的操作算法相似，其算法直接利用搜索第 i 结点的循环退出后当前结点指针 p 的指向作为返回的地址值。这是因为若搜索第 i 个结点成功，循环退出时指针 p 指向第 i 结点；若搜索第 i 结点失败，循环退出时指针 p 正好为空值 NULL，两种情形下指针 p 的指向均是正确的返回值。

算法程序 2.16
```
LinkList Location(LinkList &head, int i) //取链表结点地址
{
    LinkNode *p=head->next; //指针p初始指向首结点
    for(int k=1; p!=NULL&&k<i; k++) p=p->next;  //定位第i个结点地址p
    return p; //返回搜索结果
}
```

4)取单向链表中值为 x 结点的地址

与上述算法搜索机制类似，本算法通过 while 循环从首个元素结点开始向后搜索一个元素值等于给定值 x 的结点，若因搜索成功退出，指针 p 指向首个值为 x 的结点，若因搜索失败而退出，指针 p 为空，故两种情形下指针 p 均可作为正确的返回值。上述两个取地址算法的时间复杂度均为 $O(n)$。

算法程序 2.17

```
LinkList Position(LinkList &head, ElemType x) //定位单向链表中值为x结点
{
    LinkNode *p=head->next; //指针p初始指向首结点
    while(p!=NULL&&p->data!=x) p=p->next;  //定位值相符结点地址p
    return p; //返回搜索结果
}
```

5）单向链表结点插入

由于头结点的存在，带头结点单向链表的所有元素结点都具有逻辑或形式上的直接前驱，这就使得在单向链表的第 i 个元素结点前插入一个元素结点的操作变得简单。从链表的头结点开始向后搜索第 $i-1$ 个结点 prenode，该结点为第 i 个结点的直接前驱，将新结点的后继指针指向第 i 个结点 prenode->next，结点 prenode 的后继指针更改为指向新结点，从而使新增结点被有效链接到单向链表中的指定位置。图 2.12 给出了插入元素 x 对应结点到带头结点单向链表中间位置 i 的操作示意。

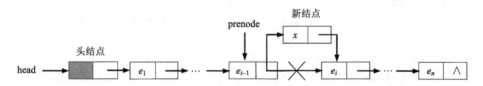

图 2.12　在带头结点单向链表第 i 结点前插入一个结点的操作示意

算法程序 2.18

```
bool Insert(LinkList &head, int i, ElemType e) //在位置i上插入结点
{
    if(i<1) return false; //i为无效位置、插入失败
    LinkNode *prenode=head; //前驱指针初始指向头结点
    for(int k=1; prenode->next!=NULL&&k<i; k++) //搜索第i结点的前驱
        prenode=prenode->next;
    if(prenode->next==NULL&&k<i) return false; //i大于表长n+1，插入失败
    LinkNode *newnode=new LinkNode; //新结点
    newnode->data=e;                      //新结点赋元素值
    newnode->next=prenode->next;          //新结点指向插入位置上结点
    prenode->next=newnode;                //前驱结点后继指针指向新结点
    return true; //插入成功
}
```

由于需要从头结点起搜索指定位置结点的前驱，在单向链表中所有位置被插入元素结点概率均等假设下，平均插入一个元素结点的时间复杂度为 $O(n)$。

6）单向链表结点删除

在带头结点单向链表中删除第 i 个结点的操作同样得到简化，从链表的头结点开始向后搜索第 $i-1$ 个结点 prenode，该结点为指定删除结点的直接前驱，使用指针 p 指向待

删除结点 prenode->next，prenode 结点的后继指针更改为指向 p 的直接后继，其结果使得待删除结点 p 从链表中脱离，取待删除结点 p 的元素值并将该结点释放删除。图 2.13 给出了删除带头结点单向链表中第 i 个结点的操作示意。

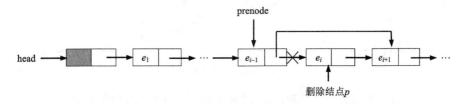

图 2.13 从带头结点单向链表中删除第 i 个结点操作示意

算法程序 2.19

```
bool Remove(LinkList &head, int i, ElemType &e) //删除第i个结点
{
    if(i<1) return false; //i为无效位置
    LinkNode *prenode=head; //待删结点前驱指针初始指向头结点
    for(int k=1; prenode->next!=NULL&&k<i; k++)  //搜索第i结点的前驱
        prenode=prenode->next;
    if(prenode->next==NULL) return false; // i大于表长n，删除失败
    LinkNode *p=prenode->next;  //指针p指向待删除结点
    prenode->next=p->next;  //将p结点从链表中脱离
    e=p->data; //取元素值
    delete p;  //释放该结点空间
    return true;
}
```

与插入元素结点操作中前驱搜索为主要执行时间开销相同，在同样假设条件下，删除操作算法的时间复杂度也为 $O(n)$。

7) 在指针 p 所指链表结点前插入一个元素 x

如果我们已由指针 p 得到单向链表中某个元素结点的地址，当需要在该结点前插入一个元素结点时，本操作正好可提供相应的功能。为避免从单向链表的头结点开始搜索 p 结点直接前驱结点的时间开销，这一优化策略在面对长链表时尤为必要，可在 p 结点和其直接后继结点之间插入一个新结点，这很容易实现，只需将新结点的后继指针指向 p 结点的直接后继，新结点作为 p 结点新的直接后继。假设 p 结点中的元素为 e_i，将元素 e_i 复制到新结点中，再将插入元素 x 存储在 p 结点，为恢复指针 p 与所指结点元素的逻辑对应关系，更新指针 p 指向新结点，以形式上新结点的后插操作实现逻辑上元素结点的前插操作。图 2.14 给出了在指针 p 所指链表结点前插入一个元素 x 结点前后情形示意。

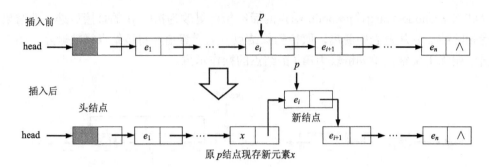

图2.14　在指针 p 所指链表结点前插入一个元素 x 结点的操作示意

算法程序 2.20

```
bool Insert(LinkList &head, LinkList &p, ElemType x)
{
    if(p==NULL || p==head) return false; //p结点不存在或为非元素结点
    LinkNode *newnode=new LinkNode; //创建新结点
    newnode->data=p->data;
    newnode->next=p->next;   //新结点取代p结点
    p->next=newnode; //新结点作为原p结点后继
    p->data=x;       //原p结点存储插入元素
    p=newnode;       //p指向元素不变
    return true;
}
```

由于以上插入算法无须搜索 p 结点的前驱，无论实施插入操作的单向链表长度有多长，该算法只执行函数中的 8 条语句，故算法的时间复杂度为 $O(1)$。

8)删除指针 p 所指向的结点

这里分两种情形讨论：①待删除结点为单向链表尾结点的情形，此时需从链表的头结点开始向后搜索 p 结点的直接前驱 prenode，通过 prenode->next=p->next 操作将 p 结点从单向链表中脱离，取其元素值后删除该结点。②待删除结点为单向链表非尾结点的情形，此时待删除结点存在直接后继结点，可以利用它优化删除操作。首先将 p 结点的直接后继所存元素复制到 p 结点，以 p 结点取代其直接后继，再将直接后继结点从链表中脱离，然后将其删除。图 2.15 给出了删除指针 p 所指链表中的非尾结点操作前后情形示意。

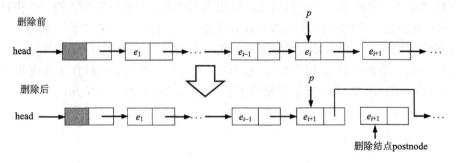

图 2.15　删除指针 p 所指非尾结点的操作示意

算法程序 2.21

```
bool Remove(LinkList &head, LinkNode *p) //删除P结点
{
    if(p==NULL || p==head) return false; //p结点不存在或为非元素结点
    else if(p->next==NULL) { //删除结点为尾结点情形
        LinkNode *prenode=head; //直接前驱指针初始化
        while(prenode->next!=p) { //搜索p结点的直接前驱
            prenode=prenode->next;
            if(prenode==NULL) return false; //搜索失败，表中无p结点
        }
        prenode->next=p->next; //p结点从链表中脱离
        delete p; //释放p结点
    }
    else { //删除结点存在直接后继结点的情形
        LinkList postnode=p->next; //直接后继结点指针
        p->data=postnode->data; //后继结点存储元素复制到p结点
        p->next=postnode->next; //直接后继结点从链表中脱离
        delete postnode; //释放结点空间
    }
    return true; //删除成功
}
```

当删除结点为尾结点时，算法循环体部分执行频度为 $n-1$；当删除结点为非尾结点时，算法 else 分支部分执行频度为 1，假设每个元素结点被删除的概率相等，前种情形的概率为 $1/n$，后种情形的概率为 $(n-1)/n$，可见算法的时间复杂度仍为 $O(1)$。

9) 两个有序单向链表合并

两个带头结点有序单向链表 LA 和 LB 的合并操作过程为：①首先创建目标链表 LC 头结点；②分别使用初始指向 LA 和 LB 两个链表首元素结点的指针 pa 和 pb；③若 pa 和 pb 所指当前结点均存在,则将两表当前结点元素中的较小者复制到一个新创建的结点并将其尾插到目标链表 LC 中，更新较小元素结点指针指向其直接后继；④继续步骤③直至循环结束，将含有未参与合并元素结点复制到表 LC 中，目标链表尾结点后继指针赋 NULL。

算法程序 2.22

```
void SortMerge(LinkList &LA, LinkList &LB, LinkList &LC) //有序链表的归并
{
    LinkNode *pa=LA->next; //pa指向表A的首结点
    LinkNode *pb=LB->next; //pb指向表B的首结点
    LinkNode *pc=LC=new LinkNode; //为表C创建头结点;
    while(pa!=NULL&&pb!=NULL) { //表A和表B当前元素结点均存在
        pc->next=new LinkNode; //为表C创建新结点
        pc=pc->next;
        if(pa->data<=pb->data) { //将两元素中的较小者复制到表C
```

```
                pc->data=pa->data;  //复制表A当前元素到表C当前结点
                pa=pa->next;
            }
            else{
                pc->data=pb->data;  //复制表B当前元素到表C当前结点
                pb=pb->next;
            }
        }
    while(pa!=NULL) {  //将表A存在的遗留元素结点复制到表C
        pc->next=new LinkNode;
        pc=pc->next;
        pc->data=pa->data;
        pa=pa->next;
    }
    while(pb!=NULL) {  //将表B存在的遗留元素结点复制到表C
        pc->next=new LinkNode;
        pc=pc->next;
        pc->data=pb->data;
        pb=pb->next;
    }
    pc->next=NULL;  //赋表C尾结点标志
}
```

假设参与合并两个有序链表的长度分别为 n_1 和 n_2，合并算法为完成有序目标链表 n_1+n_2 结点生成操作的两个循环体的执行频度为 n_1+n_2，故算法的时间复杂度为 $O(n_1+n_2)$。

10）清除单向链表

清除单向链表操作通过重复地删除当前链表中存在的首结点实现，直到链表中的元素结点全部被删除，然后删除链表的头结点，将头指针指向赋空值 NULL。

算法程序 2.23

```
void DestroyList(LinkList &head)  //清除单向链表
{
    while(head->next!=NULL) {  //当前链表首结点存在即删除
        LinkNode *p=head->next;  //指向首结点
        head->next=p->next;  //p结点脱离链表
        delete p;  //释放p结点
    }
    delete head;  //删除头结点
    head=NULL;
}
```

11）输出单向链表

从第一个结点元素开始遍历单向链表中的每一个结点元素并输出。

算法程序 2.24

```
void PrintLinkList(LinkList &head)  //输出单向链表
{
    cout<<"链表长度:"<<LinkListSize(head)<<endl;
    LinkNode *p=head->next;  //指针p指向首元素结点
    while(p!=NULL)  {
        cout<<p->data<<endl; //输出所有元素结点
        p=p->next;
    }
}
```

12) 单向链表测试

测试函数调用尾插法创建两个有序链表 LA 和 LB 并输出,在不破坏有序性前提下分别对两表进行元素插入和元素删除并输出结果,最后合并两有序链表并输出合并结果。

算法程序 2.25

```
void main()  //链表常规操作测试主函数
{
    ElemType e;
    ElemType a[]={0, 70, 50, 40, 30, 20, 10};
    ElemType b[]={0,15,18,25,35,38,58,66,78,88,99};
    LinkList LA, LB, LC;
    CreateList_HI (LA, a, 6);  //头插法创建单向链表A
    PrintLinkList(LA);  //输出表A
    CreateList_RI (LB, b, 10);  //尾插法创建单向链表B
    PrintLinkList(LB);  //输出表B
    Insert(LA, 6, 60);  //在表A第6个元素结点前插入元素60
    PrintLinkList(LA);  //输出表A
    Remove(LB, 7, e);  //删除表B第7个元素并取其值给e
    PrintLinkList(LB);  //输出表B
    SortMerge(LA, LB, LC);  //有序链表A和B合并
    PrintLinkList(LC); //输出表C
    DestroyList(LA);
    DestroyList(LB);
    DestroyList(LC);
}
```

2.3.5 循环链表

如果将不带头结点单向链表尾结点的指针域用来存储链表首结点的地址,使尾结点的后继指针由原来的 NULL 改为指向首结点,就构成单向循环链表。同样,如果带头结点单向链表尾结点的指针域用来存储链表头结点的地址,使尾结点的后继指针改为指向头结点,就构成带头结点单向循环链表。循环链表结构中所有结点链接形成一个闭环,从循环链表中任何结点出发均能搜索到表中的所有结点,这对需要周而复始地对链表进行搜

索和处理是有利的。不带头结点单向循环链表的判空条件为头指针 head==NULL，带头结点单向循环链表的判空条件为头结点的后继指针 head->next==head（图 2.16）。

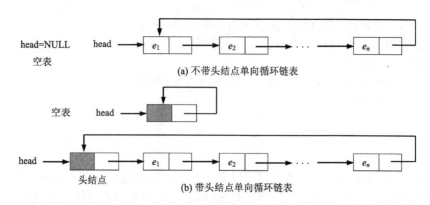

(a) 不带头结点单向循环链表

(b) 带头结点单向循环链表

图 2.16　两种单向循环链表的结构示意

1. 循环链表的创建和常规操作算法

由于前面给出的单向链表的创建和常规操作算法已经充分考虑到对循环链表的最大适应性，所以对这些算法只需做最小限度的修改就可以面向循环链表。具体需将操作算法中判断当前结点 p 不是尾结点的条件由 p->next!=NULL 改为 p->next!=head，判断指针指向元素结点的条件由 p!=NULL 改为 p!=head，头结点和尾结点的后继指针赋空修改为指向头结点，即 head->next=NULL 改为 head->next=head；rear->next=NULL 改为 rear->next=head。

对 2.3.3 节中不带头结点单向链表头插法创建算法做面向单向循环链表改造，需增加使用一个尾指针 rear 指向第一个插入的结点，当头插循环结束后 rear 所指结点被推至表尾成为尾结点，将其后继指针指向首结点 head；对尾插法创建算法做面向相应循环链表改造，需在尾插循环结束后，将存在的尾结点的后继指针指向首结点 head。对不带头结点单向链表的结点插入算法和结点删除算法做面向相应循环链表改造，需将其中 for 循环语句中判断指针 prenod 指向非尾结点由 prenode->next!=NULL 更改为 prenode->next!=head；在 if 语句中判断指针 prenod 指向尾结点由 prenode->next==NULL 更改为 prenode->next== head。

对 2.3.4 节中创建带头结点单向链表算法做面向相应单向循环链表改造，只需对头插法创建算法中的赋值语句 head->next=NULL 改为 head->next=head；对尾插法创建算法中的赋值语句 rear->next=NULL 改为 rear->next=head。对 2.3.4 节中带头结点单向链表常规操作算法做面向相应单向循环链表改造，只需将算法的循环语句、if 语句和赋值语句中出现的 NULL 更改为相应的链表头结点指针 head 即可；对有序链表合并算法 while 循环中出现的 pa!=NULL 改为 pa!=LA，pb!=NULL 改为 pb!=LB，将最后 pc->next=NULL 改为 pc->next=LC，以构成目标单向链表的循环。

2. 仅带尾指针的单向循环链表

如果循环链表只使用一个指向为尾结点的指针 rear，就变成仅带尾指针的循环链表，其好处是链表指针在直接指向尾结点的同时，又可兼顾对头结点和首结点的间接指向。对不带头结点循环链表，其首元素结点为 rear->next；对带头结点循环链表，其头结点为 rear->next，其首元素结点为 rear->next->next，这极大方便了在循环链表尾部插入结点或链接合并其他循环链表的操作，这种链表判空的条件为 rear->next==rear。图 2.17 给出仅带尾指针单向循环链表结构示意。

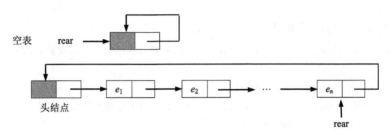

图 2.17　仅带尾指针且具有头结点的单向循环链表结构示意

仅带尾指针单向循环链表的创建和常规操作算法可在上述单向循环链表相应算法基础上做适当修改获得，常规操作算法函数首先借助定义的头指针 head 获得单向循环链表头结点的指向 rear->next，其他部分稍作适应性修改，尤其须注意对于插入操作，若结点插入在链表尾部，则尾指针需更新指向新的尾结点；同样，若删除操作删除的是尾结点，尾指针须更新指向尾结点的直接前驱。下面以几个典型常规操作为例给出其算法。

算法程序 2.26

1）尾插法建立仅带尾指针单向循环链表

```
void CreateLink_RI(LinkList &rear, ElemType e[], int n)  //尾插法建立单链表
{
    LinkNode *head=rear=new LinkNode; //创建头结点
    for(int i=1; i<=n; i++) {
        rear->next=new LinkNode; //新结点由尾结点链接
        rear=rear->next;  //更新尾指针
        rear->data=e[i];  //新结点赋元素值
    }
    rear->next=head;  //构成循环
}
```

2）在循环链表第 i 个结点前插入元素 x 结点

```
bool Insert(LinkList &rear, int i, ElemType x) //在位置i上插入结点
{
    LinkNode *head=rear->next;
    if(i<1 || head==rear&&i>1) return false; //i为无效位置
    LinkNode *prenode=head;
```

```
    for(int k=1; prenode->next!=head&&k<i; k++) //定位第i个结点的前驱
        prenode=prenode->next;
    if(prenode->next==head&&k<i) return false; //第i个结点不存在且i>n+1
    LinkNode *newnode=new LinkNode; //新结点
    newnode->data=x;                        //新结点赋元素值
    newnode->next=prenode->next;        //新结点指向插入位置上结点
    prenode->next=newnode;                  //前驱链接新结点
    if(newnode->next==head) rear=newnode; //插入结点为尾结点时更新尾指针
    return true; //插入成功
}
```

3) 删除循环链表第 *i* 个结点

```
bool Remove(LinkList &rear, int i, ElemType &e) //删除第i个结点
{
    LinkNode *head=rear->next;
    if(head==rear || i<1) return false; //表空或i为无效位置
    LinkNode *prenode=head;
    for(int k=1; prenode->next!=head&&k<i; k++)  //定位第i个结点的前驱
        prenode=prenode->next;
    if(prenode->next==head) return false; //第i结点不存在，删除失败
    LinkNode *p=prenode->next; //指向待删除结点
    prenode->next=p->next;      //p结点从链表中脱离
    e=p->data;  //取元素值
    if(p==rear) rear=prenode;   //待删除结点为尾结点时更新尾指针
    delete p; //删除并释放p结点空间
    return true;
}
```

4) 取循环链表第 *i* 个结点的元素值

```
bool GetElement(LinkList &rear, int i, ElemType &e) //取第i个结点元素值
{
    LinkNode *head=rear->next;
    LinkNode *p=head->next;
    for(int k=1; p!=head&&k<i; k++)  p=p->next;  //定位第i个结点
    if(p==head) return false; //第i个结点不存在
    e=p->data;  //取元素值
    return true;
}
```

2.3.6　双向链表

　　双向链表是由同时具有直接后继链接和直接前驱链接功能结点构成的链表，双向链表的结点具有 prior 和 next 两个指针域，其中指针 prior 指向直接前驱结点，指针 next 指向直接后继结点。若指针 *p* 指向双向链表中某个结点，则结点 *p* 的直接前驱结点为

p->prior，直接后继结点为 *p*->next，显然，在 *p* 结点前插入一个结点或删除 *p* 结点就变得十分方便。对带头结点的双向链表而言，如果它的尾结点的直接后继指针不为空，而是指向头结点，它的头结点的直接前驱指针不为空，而是指向尾结点，就构成双向循环链表，如图 2.18 所示。

无论从双向循环链表的哪个结点出发，既能沿后继链接指向搜索到表中所有结点，也能沿前驱链接指向搜索到表中所有结点。循环双链表结构具有对称性，即任何结点直接前驱的直接后继和直接后继的直接前驱都是该结点（*p*->prior->next=*p*=*p*->next->prior）。

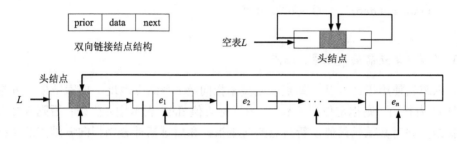

图 2.18　双向链接结点结构和带头结点双向循环链表结构示意

下面给出双向循环链表结构定义和几个典型的面向双向循环链表创建和常规操作的算法，包括尾插法创建双向循环链表、在指定序号结点前插入元素结点、删除指定序号结点、在指针 *p* 所指结点前插入元素结点、删除指针 *p* 所指结点等操作算法。

1. 双向循环链表结构定义

```
typedef struct DLinkNode
{
    ElemType data;  //数据域
    DLinkNode *prior; //直接前驱指针(简称前驱指针)
    DLinkNode *next;  //直接后继指针(简称后继指针)
} *DLinkList;
```

2. 尾插法创建双向循环链表

首先创建头结点并最初交由定义的头指针 head 和尾指针 rear 共同指向，对为每一个元素创建的新结点，将其先由尾结点的后继指针指向，并对新结点赋元素值，其前驱指针指向原尾结点，从而完成与原尾结点的相互链接，更新尾结点指针指向新结点。所有元素结点创建和相邻结点相互链接完成后，将尾结点后继指针指向头结点，头结点前驱指针指向尾结点，从而构成双向循环链。

算法程序 2.27

```
DLinkList CreateDLink_RI(ElemType e[], int n)
{
    DLinkNode *head,*rear;
    head=rear=new DLinkNode; //创建头结点
```

```
for(int i=1; i<=n; i++)  {
    rear->next=new LinkNode;  //新结点由前驱指向
    newnode->data=e[i];    //新结点赋元素值
    newnode->prior=rear;   //新结点前驱指针指向原尾结点
    rear=rear->next;        //更新尾结点
}
rear->next=head;  //构成后向循环
head->prior=rear;  //构成前向循环
return head;  //返回尾结点指针
}
```

3. 在第 i 结点前插入元素 x 结点

插入算法使用指针 p 从首结点开始搜索指向第 i 个结点地址，搜索结果若 p 指向头结点且 $i>$表长+1，则指定位置 i 无效，返回标志值 flase 表示插入失败；否则为插入元素创建新结点并对其赋元素值，新结点的前驱指针和后继指针分别指向 p 结点的直接前驱和 p 结点，p 结点直接前驱的后继指针指向新结点，p 结点的前驱指针指向新结点，从而将新元素结点有效加入到双向循环链表中，返回标志值 true 表示插入成功(图 2.19)。

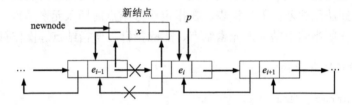

图 2.19　向双向循环链表第 i 结点前插入元素 x 结点示意

算法程序 2.28

```
bool Insert(DLinkList &head, int i, ElemType x)
{
    if(i<1) return false; //i为无效位置
    DLinkNode *p=head->next;
    for(int k=1; p!=head&&k<i; k++)  p=p->next;  //定位第i个结点
    if(p==head&&k<i) return false; //第i个结点p不存在且i>n+1
    DLinkNode *newnode=new DLinkNode; //创建新结点
    newnode->data=x;  //新结点赋元素值
    newnode->next=p;   //新结点后继指针指向插入位置上结点p
    newnode->prior=p->prior;  //新结点前驱指针指向结点p的前驱
    p->prior->next=newnode;  //结点p前驱的后继指针指向新结点
    p->prior=newnode;            //结点p的前驱指针指向新结点
    return true;  //插入成功
}
```

与单向链表和单向循环链表的相应插入算法相同，本算法的时间复杂度为 $O(n)$。

4. 删除第 i 结点并提取其元素值

删除指定结点算法通过搜索使指针 p 指向第 i 个结点,若所指元素结点不存在,返回删除失败逻辑标志;若 p 所指元素结点存在,为使其从双向链表中脱离,只需将 p 结点直接前驱的后继指针指向 p 的直接后继,p 结点直接后继的前驱指针指向 p 的直接前驱,取得结点存储的元素值后将其删除,返回删除成功逻辑标志(图 2.20)。

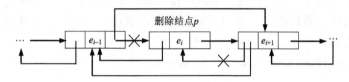

图 2.20 删除双向循环链表第 i 结点示意

算法程序 2.29

```
bool Remove(DLinkList &head, int i, ElemType &e)
{
    if(i<1) return false; //i为无效位置
    DLinkNode *p=head->next;
    for(int k=1; p!=head&&k<i; k++)  p=p->next;  //定位第i个结点
    if(p==head) return false; //第i个元素结点p不存在
    p->prior->next=p->next;  //p结点前驱的后继指针指向p的后继
    p->next->prior= p->prior; //p结点后继的前驱指针指向p的前驱
    e=p->data;  //取元素值
    delete p;    //删除p结点
    return true;  //插入成功
}
```

与单向链表和单向循环链表的相应删除算法相同,本算法的时间复杂度为 $O(n)$。

5. 在指针 p 指向结点前插入元素 x 结点

创建新结点并对其赋元素值,为使插入新结点在 p 结点的直接前驱和 p 结点之间,需将新结点前驱指针指向 p 结点的直接前驱,新结点后继指针指向 p 结点;还需将 p 结点直接前驱的后继指针指向新结点,p 结点的前驱指针指向新结点,从而使得新元素结点有效链接到双向循环链表的指定位置。

算法程序 2.30

```
void Insert (DLinkNode *p, ElemType x)
{
    DLinkNode *newnode=new DLinkNode;  //创建新结点
    newnode->data=x;  //新结点赋插入元素值
    newnode->prior=p->prior;  //新结点前驱指针指向p结点的前驱
    newnode->next=p;  //新结点后继指针指向p结点
    p->prior->next=newnode;  //p结点前驱的后继指针指向新结点
```

```
        p->prior=newnode;  //p结点的前驱指针指向新结点
}
```
由于无须通过循环搜索 p 结点的直接前驱,本插入算法的时间复杂度为 $O(1)$。

6. 删除指针 p 指向结点

双向链表同样使得删除指针 p 所指元素操作变得十分简单,为使 p 结点在不破坏双向链表的前提下从表中脱离,需将 p 结点直接前驱的后继指针指向 p 结点的直接后继,p 结点直接后继的前驱指针指向 p 结点的直接前驱,取得结点存储的元素值后将其删除。

算法程序 2.31
```
void  Remove(DLinkNode *p, ElemType &e)
{
        p->prior->next=p->next;    //p结点前驱的后继指针指向p结点的后继
        p->next->prior=p->prior;   //p结点后继的前驱指针指向p结点的前驱
        e=p->data; //取元素值
        delete p; //删除p结点
}
```
同样,本删除操作算法无须通过循环搜索 p 结点的直接前驱,其时间复杂度为 $O(1)$。

2.3.7　静态链表

在不支持动态申请分配类型数据存储空间的一类高级程序设计语言环境中,动态链表无法实现,一种变通的方法是采用具有下标指针的一维数组实现链表,称之为静态链表。静态链表存储在一维数组中,其扩展自然受到数组长度的限制。单向静态链表元素结点之间的链接借助于结点具有的指向直接后继元素所在单元的下标指针,因此静态链表结点结构与动态链表结点结构类似,只不过静态链表结点的存储实体为数组单元。静态链表结点结构由一个数据域 data 和直接后继指针域 next 两个分量组成,数据域 data 类型与所存元素类型一致,指针域 next 类型为整型。

静态链表的首元素结点所处数组单元下标位置标识有两种方式,一种采用整型首结点指针 head 指向,数组从 0 下标开始的所有单元均可存放链表元素;另一种将数组下标为 0 单元作为“头结点”使用,其数据域不用,而 next 指针指向静态链表的首元素结点在数组中的位置,数组从下标 1 单元开始的所有单元可存放链表元素。静态链表中元素的逻辑顺序通过从首元素结点开始并由结点的直接后继指针相继链接出的元素结点序列表达,链接序列的最后一个元素结点的指针 next= −1。

即使在支持动态内存分配的高级程序设计语言环境中,如在 C/C++语言开发平台,静态链表也时有采用,而且用于实现静态链表的一维数组还可以采用动态数组,以增加灵活性,具体采用哪种形式链表关键为是否有利于解决问题和便于算法实现。图 2.21 给出带头指针静态链表存储元素结点序列 $\{e_1, e_2, e_3, e_4, e_5, e_6, e_7, e_8, e_9, e_{10}\}$ 的示意和元素结点地址链接顺序示意,图 2.22 给出预设头结点静态链表存储元素结点序列 $\{e_1, e_2, e_3, e_4, e_5, e_6, e_7, e_8, e_9\}$ 的示意和元素结点地址链接顺序示意。

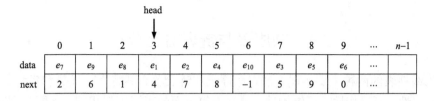

图 2.21 带头指针静态链表示意和元素结点地址链接顺序

	0	1	2	3	4	5	6	7	8	9	…	n
data		e_5	e_8	e_2	e_6	e_3	e_1	e_9	e_4	e_7	…	
next	6	4	7	5	9	8	3	−1	1	2	…	

0 → 6 → 3 → 5 → 8 → 1 → 4 → 9 → 2 → 7

图 2.22 具有 9 个元素静态链表示意和元素结点地址链接顺序

下面为 C/C++语言描述的带 head 指针静态链表结构定义，SlinkNode 被描述成结点结构类型符，SlinkList 被描述成静态链表结构类型符，在后面的算法函数中就可以用类型符 SlinkList 定义静态链表。

```
#define MAXSIZE 1000  //数组最大单元数
struct SlinkNode {  //静态链表结点结构类型
     ElemType data;
     int next;
};
struct SlinkList {  //静态链表结构类型
     int head;  //首结点位置
     SlinkNode  SL[MAXSIZE];  //结点数组(向量)
     int length;  //表中元素数目
};
```

下面为 C/C++语言描述的预设"头结点"静态链表结构定义。

算法程序 2.32

```
#define MAXSIZE 1000  //数组最大单元数
struct SlinkNode {  //静态链表结点结构类型
     ElemType data;
     int next;
};
struct SlinkList {  //静态链表结构类型
     SlinkNode  SL[MAXSIZE+1];  //结点数组(向量)
     int length;  //表中元素数目
};
```

2.4　顺序表与链表对比分析

作为线性表的两种主要实现方法,顺序表和链表各有其特点、优势和劣势,在适用性、可扩展性、可操作性、可维护性、灵活性等方面的表现不尽相同。下面从空间存储、使用效率、常规操作维护、语言环境支持等几个方面进行比较。

1. 从空间存储考虑

顺序表的存储通过一维数组实现,无论是静态定义的数组,还是动态空间分配创建的数组,数组一经生成其存储单元数就固定不变,并作为顺序表长度的上限。如果实际存储的数据元素数量略低并接近于实现顺序表的数组容量,则可获得接近 1 的理想存储密度,存储密度表示所存数据占用存储量除以存储结构所占的存储容量,是反映空间结构利用率的衡量指标。但如果无法预先确定将要面对的数据规模,将面临两难选择。如果静态定义或动态创建的数组容量不足,顺序表在面对相对较大的数据量时将出现溢出并使相关操作失败,即使是重新动态创建更大容量的替代数组,数据元素的转移时间代价也影响顺序表使用的效率;若静态定义或动态创建的数组容量过大,尽管能降低顺序表溢出发生的概率,但同时也降低甚至严重降低了顺序表的存储密度,造成存储空间不必要的浪费。

链表的存储是通过分别产生的元素结点实现的,而结点空间由动态分配获得,只要计算机可分配的内存空间足够大,就不会产生溢出。另外,链表还具有较好的伸缩灵活性,非常适合表达长度变化频繁的线性表,如队列和堆栈。尽管链表的结点需要链接指针开销,但没有其他额外的空间开销,且整个链接结构所占用的空间与所存元素占用空间的比例是固定的。显然,当单个元素存储字节长度远大于单个指针占用字节长度时,可以获得较为理想的稳定存储密度。

如果线性表数据元素规模相对固定,顺序表和链表均可使用;如果所面对的线性表长度变化大,或实际长度难以估计,动态链表将是最好的选择。

2. 从存取访问和查找时间考虑

由于顺序表是由向量数组实现的,数组单元空间呈线性和连续分布,逻辑上相邻的元素在存储空间上也相邻,因而它是一种可随机存取的结构,对表中任何位序结点都可以在 $O(1)$ 时间内直接访问存取。顺序表的顺序查找时间复杂度为 $O(n)$,但如果顺序表的记录已完成按关键字有序排序预处理,则可支持时间复杂度为 $O(\log_2 n)$ 的折半查找操作。此外,顺序表还支持基于地址映射计算的散列存储与查找方法等。

由于链表中的结点空间分配的随机性和结点空间分布可能的离散性,元素在逻辑顺序中的位序与所在结点空间位置不存在线性关系,因此无法支持随机存取访问。无论是按位序还是按关键字值对链表元素进行访问或查找,必须从链表的首元素结点开始沿直接后继链接指针逐个地向后搜索,直到搜索到待访问或查找的元素,访问和查找一个元素平均要搜索表中一半数量的结点,其时间复杂度为 $O(n)$,这是链表相比较于顺序表所显现的劣势。

3. 从常规操作适应性和效率考虑

线性表的元素插入和删除是最为常用的操作，线性表的扩展也可看成是插入操作的结果。从顺序表一侧看，完成一次这类操作需要对表中一半的数据元素进行移动，以维持顺序表的本质特征，时间复杂度为 $O(n)$，如果面向的应用需要频繁地实施此类操作，顺序表将表现出低效率和低适应性。从链表一侧看，在指定元素位序位置处插入和删除元素，时间开销主要花费在搜索指定元素结点或其直接前驱上，平均而言需要搜索表中一半的结点，时间复杂度为 $O(n)$；如果已知插入位置元素或删除元素的地址，则这类操作总的时间复杂度为 $O(1)$；对双向链表而言，实施插入和删除操作的时间复杂度均为 $O(1)$。总体来看，链表对插入和删除操作具有较高适应性和效率，非常适合具有高频增删操作特征的应用。

4. 从语言环境和灵活性考虑

不是所有的程序设计语言都支持指针和动态内存分配，在指针和动态链表无法实现的语言环境中，尽管有静态链表可作为替代选择，但也同样受到类似顺序表面对的限制和不足，因此语言环境对采用哪种形式线性表具有关键作用。从这个意义上评价，顺序表结构对语言环境具有较强的普适性。

从应对线性表扩充、拆分和归并这类操作来看，链表比顺序表更具灵活性和可操作性。扩展到线性表的新增元素可能插入到表的头部，也可能插入到中间或尾部的任何位置，显然这在链表中很容易实现，基本无溢出风险且时间代价低，而顺序表则可能需要移动大量的数据，且受到可能出现表溢出的限制；实现线性表的拆分和归并操作是链表结构最擅长的操作，链表由结点链接构成的链路可以任意断链拆分和链接组装，而顺序表却不具备这种能力。因此链表在可扩展性和灵活性方面均远胜于顺序表。

2.5 链表的应用

2.5.1 一元多项式加法运算

一元多项式通常表示为 $F(x)=a_0+a_1x+a_2x^2+\cdots+a_nx^n$，如果考虑多项式中每一个可能存在的指数项，多项式系数项可用线性表 A 表示：$A=(a_0, a_1, a_2,\cdots,a_n)$，其中 a_i 表示变元 x 指数为 i 项的系数，实际遇到的多项式变元指数可能不连续，有时后项指数较前项指数有较大的跃升，如多项式 $8-15x^2+x^{11}+x^{27}$，因此用线性表 A 表示结构会造成很大的浪费。假设具有 m 项的一元多项式变元的指数序列为 $\{e_0, e_1, e_2, e_3, \cdots, e_m\}$，且满足 $0 \leqslant e_0 < e_1 < e_2 < e_3 < \cdots < e_m$，可用数据域含系数和指数两个数据项的二元组线性表 $PL=\{(c_1, e_1), (c_2, e_2), \cdots, (c_m, e_m)\}$ 表示，其中 c_i 为多项式中变元指数为 e_i 项的系数。显然，采用有序单向链表存储 PL 最为合适。下面为一元多项式链表的结构描述，其中 **PolyNode** 被定义为多项式结点类型，**PolyLinkList** 被定义为多项式结点指针类型。

```
typedef struct PolyNode
```

```
{
    double coef;
    int exp;
    PolyNode *next;
} *PolyLinkList;
```

下面给出多项式 A 和多项式 B，首先实现多项式 A 和 B 的单向链表存储，并基于链表多项式方法，对 A 和 B 实施加法运算，并将运算结果存储在单向链表 C 中，多项式单向链表 A、B 和 C 如图 2.23 所示。

$$A = 5 + 11x - 8x^5 + 21x^{13}$$
$$B = 7x + 8x^5 - 17x^{10}$$
$$C = A + B = 5 + 18x - 17x^{10} + 21x^{13}$$

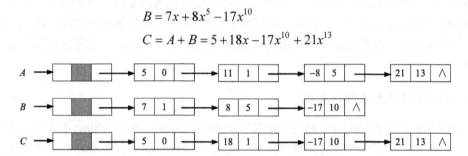

图 2.23　多项式链表 A 和 B 及加法运算的结果多项式链表 C

下面为实现基于单向链表的多项式加法运算的算法，包括尾插法建立多项式单向链表算法函数 CreatePolyList、多项式加法函数 PolyAdd、多项式参数输出函数和主函数。

算法程序 2.33

```
struct PolyParam  //多项式分项参数
{
    double coef;  //系数
    int exp;  //指数
};
void CreatePolyList(PolyLinkList &head,PolyParam pce[], int n)
                            //尾插法建立多项式单链表
{
    PolyNode *rear=head=new PolyNode;  //创建头结点
    for(int i=0; i<n; i++)  {
        rear->next=new PolyNode;  //新结点由前驱指向
        rear=rear->next;
        rear->coef=pce[i].coef;  //赋新结点系数值
        rear->exp=pce[i].exp;    //赋新结点指数值
    }
    rear->next=NULL;
}
void PolyAdd(PolyLinkList &LA, PolyLinkList &LB, PolyLinkList &LC)
{
```

```
    PolyNode *pc, *pa, *pb;
    pa=LA->next;
    pb=LB->next;
    LC=pc=new PolyNode;  //创建头结点
    while(pa!=NULL && pb!=NULL) {
        if(pa->exp==pb->exp) { //指数相等
        double coef=pa->coef+pb->coef; //系数相加
        if(fabs(coef)>0.0) {        //系数和不为0
            pc->next=new PolyNode;  //分配新结点空间
            pc=pc->next;
            pc->coef=coef;
            pc->exp=pa->exp;
        }
        pa=pa->next;
        pb=pb->next;
        }
        else {  //指数不相等
            pc->next=new PolyNode; //分配新结点空间
            pc=pc->next;
            if(pa->exp>pb->exp) { //A多项式当前项指数大
                pc->coef=pb->coef; //复制A当前项
                pc->exp=pb->exp;
                pb=pb->next;        //指向B多项式下一结点
            }
            else { //B多项式当前指数大
                pc->coef=pa->coef; //复制B当前项
                pc->exp=pa->exp;
                pa=pa->next;
            }
        }
    }
    PolyNode *p=(pa!=NULL)?pa:pb;
    while(p!=NULL) {  //复制当前项指针非空多项式的剩余项
        pc->next=new PolyNode;
        pc=pc->next;
        pc->coef=p->coef;
        pc->exp=p->exp;
        p=p->next;
    }
    pc->next=NULL;
}
void PrintPolyList(PolyLinkList &head)
```

```
{
    PolyNode *p=head->next;
    cout<<"Polynomial parameters"<<endl;
    while(p!=NULL) {
        cout<<"("<<p->coef<<","<<p->exp<<")"<<endl;
        p=p->next;
    }
}
void main()
{
    PolyParam a[]={{5,0},{11,1},{-8,5},{21,13}};
    PolyParam b[]={{7,1},{8,5},{16,10}};
    PolyLinkList LA,LB,LC;
    CreatePolyList(LA, a, 4);
    PrintPolyList (LA);
    CreatePolyList(LB, b, 3);
    PrintPolyList (LB);
    PolyAdd(LA, LB, LC);
    PrintPolyList (LC);
}
```

2.5.2　Shapefile 图形文件的读取

Shapefile 文件是美国环境系统研究所(ESRI)研制的 ArcGIS 系统格式文件,符合矢量数据文件工业标准。Shapefile 将空间特征表中的非拓扑几何对象和属性信息存储在数据集中,特征表中的几何对象存储在以坐标点集表示的图形文件——SHP 文件中,Shapefile 文件并不含拓扑数据结构。一个 Shapefile 文件主要包括三个文件:一个主(坐标)文件(*.shp)、一个索引文件(*.shx)和一个 dBASE(*.dbf)属性表。主文件是一个直接存取、变长度记录的文件,其中每个记录描述构成一个地理特征(feature)的所有 vertices 坐标值;在索引文件中,每条记录包含对应主文件记录距离主文件头开始的偏移量;dBASE 文件存储每一个 feature 的特征属性。

Shapefile 坐标文件(*.shp)由固定长度的文件头和后面的变长度空间数据记录组成。文件头由 100 字节的说明信息组成(表 2.1),包括文件的长度、Shape 类型、整个 Shape 图层的范围等,这些信息构成了空间数据的元数据。在导入空间数据时首先要读入文件头获取 Shape 文件的基本信息,并以此信息为基础建立相应的元数据表。而变长度空间数据记录是由固定长度的记录头和变长度记录内容组成,其记录结构基本类似,每条记录都由记录头和记录内容即空间坐标对组成。记录头的内容包括记录号(record number)和坐标记录长度(content length)两个记录项,Shapefile 文件中记录的起始编号为 1,记录内容包括目标的几何类型(ShapeType)、坐标范围、子目标个数、目标坐标点数、子目标坐标起址、精度为 double 的点坐标记录集合,几何类型编号如表 2.2 所示。记录内容和格式因要素几何类型的不同而有所变化,记录主要包括空 Shape 记录、点记录、线记录和多边形记录,具体的记录头和内容结构如表 2.3 和表 2.4 所示。

表 2.1 Shapefile 坐标文件文件头信息

字节	类型	用途	位序
0~3	int32	文件编号(永远是十六进制数 0x0000270a)	Big
4~23	int32	五个没有被使用的 32 位整数	Big
24~27	int32	文件长度,包括文件头(用 16 位整数表示)	Big
28~31	int32	版本号	Little
32~35	int32	图形类型	Little
36~67	double	最小外接矩形(MBR),也就是一个包含 Shapefile 之中所有图形的矩形。以四个浮点数表示,分别是 X 坐标最小值,Y 坐标最小值,X 坐标最大值,Y 坐标最大值	Little
68~83	double	Z 坐标值的范围。以两个浮点数表示,分别是 Z 坐标的最小值与 Z 坐标的最大值	Little
84~99	double	M 坐标值的范围。以两个浮点数表示,分别是 M 坐标的最小值与 M 坐标的最大值	Little

表 2.2 Shapefile 文件所支持的几何类型

编号	几何类型
0	Null Shape(表示这个 Shapefile 文件不含坐标)
1	Point(表示 Shapefile 文件记录的是点状目标,但不是多点)
3	PolyLine(表示 Shapefile 文件记录的是线状目标)
5	Polygon(表示 Shapefile 文件记录的是面状目标)
8	MultiPoint(表示 Shapefile 文件记录的是多点,即点集合)
11	PointZ(表示 Shapefile 文件记录的是三维点状目标)
13	PolyLineZ(表示 Shapefile 文件记录的是三维线状目标)
15	PolygonZ(表示 Shapefile 文件记录的是三维面状目标)
18	MultiPointZ(表示 Shapefile 文件记录的是三维点集合目标)
21	PointM(表示含有 Measure 值的点状目标)
23	PolyLineM(表示含有 Measure 值的线状目标)
25	PolygonM(表示含有 Measure 值的面状目标)
28	MultiPointM(表示含有 Measure 值的多点目标)
31	MultiPatch(表示复合目标)

表 2.3 线状目标和面状目标的记录头信息

字节	类型	用途	字节序
0~3	int32	记录编号(从 1 开始)	Big
4~7	int32	记录长度(以 16 位整数表示)	Big

表 2.4 线状目标和面状目标的记录内容

记录项	数值	数据类型	长度	个数	位序
几何类型(ShapeType)	3(表示线状目标) 5(表示面状目标)	int 型	4	1	Little

记录项	数值	数据类型	长度	个数	位序
坐标范围(Box)	表示当前线或面目标的坐标范围	double 型	32	4	Little
子线段/子环个数 （NumParts）	表示构成当前线目标的子线段的 个数或面状目标的子环个数	int 型	4	1	Little
坐标点数(NumPoints)	表示构成当前线或面目标所包含 的坐标点个数	int 型	4	1	Little
Parts 数组	记录了每个子线段或子环的坐标 在 Points 数组中的起始位置	int 型	4×NumParts	NumParts	Little
Points 数组	记录了所有的坐标信息	Point 型	根据点个数来 确定	NumPoints	Little

下面以 Shapefile 坐标文件(*.shp)为例，给出结合应用单向链表和顺序表存储从*.shp文件中读取的线对象和面对象的算法程序。由于坐标文件头信息中没有几何目标记录总数的信息，无法预先确定几何目标线性表的长度，故采用单向链表存储最为适宜。在几何目标记录内容的前段存有子目标个数和目标坐标点数，线状目标或面状目标结构PolyLine 描述中包括几何类型、坐标范围、记录号、子目标数及其坐标数、子目标起始位置顺序表和子目标坐标顺序表等分量，两个顺序表均采用动态数组实现。线状目标或面状目标链表结构由目标元素和后继指针构成，GeoLinkNode 描述为几何目标链表结点结构类型符，GeoLinkList 定义为几何目标链表结点指针类型符。

测试主函数调用 ReadShape 函数读取面状或线状类型图形的 Shapefile 坐标文件，通过引用参数获得文件头信息和记录数、子线段或子环数、坐标总数等统计结果，输出统计结果和各几何目标记录的相关信息。

算法程序 2.34

```
#include "iostream.h"
#include "stdio.h"
struct SHAPEHEAD  //Shapefile文件头信息结构
{
        int FileCode;    //Shapefile坐标文件代码
        int Unused[5];   //备用段(20个字节)
        int FileLen;     //文件长度
        int Version;     //版本号
        int ShapeType;   //几何类型
        double Xmin;
        double Ymin;
        double Xmax;
        double Ymax;
        double Zmin;
        double Zmax;
        double Mmin;
        double Mmax;
```

```
};
struct Point  //点坐标结构
{
    double x;
    double y;
};
struct PolyLine  //几何目标结构
{
    int ShapeType;    //几何类型
    double Range[4];   //坐标范围
    int RecordNo;      //记录号
    int NumParts;      //子线段/子环总数
    int NumPoints;     //线/面目标的坐标总数
    int *PartsAdd;     //子线段/子环起始位置顺序表首址
    Point *Points;     //线面目标坐标顺序表首址
};
typedef struct GeoLinkNode  //几何目标链表结构
{
    PolyLine obj;       //线目标
    GeoLinkNode *next;  //后继指针
} *GeoLinkList;
void DestroyList(GeoLinkList &head)
{
    while(head->next!=NULL) {
        GeoLinkNode *p=head->next;
        delete [] p->obj.Points;
        head->next=p->next;
        delete p;
    }
    delete head;
    head=NULL;
}
unsigned long OnChangeByteOrder(int d)  //变换位序
{
    return ((d&0xFF)<<24)|((d>>24)&0xFF)|((d&0xFF00)<<8)|((d&0xFF0000)>>8);
}
GeoLinkList ReadShapeFile(char FileName[], SHAPEHEAD &HeadInfo, ShapeParm
&Count)
{
    FILE *fp=fopen(FileName,"rb");  //以二进制读方式打开文件
    if(fp==NULL) return NULL;        //文件不存在返回
    fread(&HeadInfo.FileCode,sizeof(int),1,fp);  //读文件代码
```

```
fread(HeadInfo.Unused,sizeof(int),5,fp);
fread(&HeadInfo.FileLen,sizeof(int),1,fp);      //读文件长度
fread(&HeadInfo.Version,sizeof(int),1,fp);      //读版本号
fread(&HeadInfo.ShapeType,sizeof(int),1,fp);    //读几何类型
fread(&HeadInfo.Xmin,sizeof(double),1,fp);      //读图形左下角X坐标
fread(&HeadInfo.Ymin,sizeof(double),1,fp);      //读图形左下角Y坐标
fread(&HeadInfo.Xmax,sizeof(double),1,fp);      //读图形右上角X坐标
fread(&HeadInfo.Ymax,sizeof(double),1,fp);      //读图形右上角Y坐标
fread(&HeadInfo.Zmin,sizeof(double),1,fp);
fread(&HeadInfo.Zmax,sizeof(double),1,fp);
fread(&HeadInfo.Mmin,sizeof(double),1,fp);      //读测量值范围
fread(&HeadInfo.Mmax,sizeof(double),1,fp);
HeadInfo.FileCode=ChangeByteOrder(HeadInfo.FileCode); //位序转换
HeadInfo.FileLen=ChangeByteOrder(HeadInfo.FileLen);   //位序转换
if(HeadInfo.ShapeType!=3&&HeadInfo.ShapeType!=5) { //非面线目标退出
    fclose(fp);
    return NULL;
}
GeoLinkList head, rear;      //链表首尾结点指针
head=rear=new GeoLinkNode; //首尾指针指向头结点
int RecLength;   //记录长度
PolyLine curve;  //面线目标变量
Count.Links=Count.Coords=0; //链段总数和坐标总数初始化
while(fread(&curve.RecordNo, sizeof(int),1,fp)>0) { //读记录号
    fread(&RecLength, sizeof(int),1,fp);            //读记录长度
    curve.RecordNo=ChangeByteOrder(curve.RecordNo); //记录号位序转换
    fread(&curve.ShapeType,sizeof(int),1,fp); //读目标几何类型
    fread(&curve.Range,sizeof(double),4,fp);  //读线目标范围
    fread(&curve.NumParts,sizeof(int),1,fp);  //读子线段数
    fread(&curve.NumPoints,sizeof(int),1,fp); //读线目标坐标总数
    curve.PartsAdd=new int[curve.NumParts+1]; //创建线段数起址顺序表
    fread(curve.PartsAdd,sizeof(int),curve.NumParts,fp); //读各子线段起址
    curve.PartsAdd[curve.NumParts]=curve.NumPoints; //链段终止位置
    curve.Points=new Point[curve.NumPoints];        //创建目标坐标顺序表
    for(int k=0; k<curve.NumParts; k++) {           //对每个子线段或子环
        for(int i=curve.PartsAdd[k]; i<curve.PartsAdd[k+1]; i++) {
            fread(&curve.Points[i].x,sizeof(double),1,fp); //读目标坐标
            fread(&curve.Points[i].y,sizeof(double),1,fp);
        }
        int counter=curve.PartsAdd[k+1]-curve.PartsAdd[k]; //坐标数
        Count.Coords+=counter; //目标坐标总数累计
        Count.Links++;         //线段或子环总数累计
```

```
        }
        rear->next=new GeoLinkNode;  //尾插创建的新结点
        rear=rear->next;
        rear->obj=curve;  //赋目标元素
    }
    Count.Records=curve.RecordNo;  //记录总数
    if(rear!=NULL) rear->next=NULL;  //尾结点后继指针赋空
    return head;
}
void main()
{
    SHAPEHEAD HeadInfo;
    ShapeParm Count;
    GeoLinkList ShapeHead=ReadShapeFile("道路网.shp", HeadInfo, Count);
    if(ShapeHead!=NULL) {
        cout<<"记录数:"<<Count.Records<<" 线总数:"<<Count.Links;
        cout<<" 坐标总数:"<<Count.Coords<<endl;
        GeoLinkList p=ShapeHead->next;
        while(p!=NULL) {
            PolyLine curve=p->obj;
            cout<<"记录号:"<<curve.RecordNo<<" 几何类型:"<<curve.ShapeType;
            if(curve.ShapeType==3) cout<<" 子线段数:"<<curve.NumParts;
            else  cout<<" 子环数:"<<curve.NumParts;
            cout<<" 坐标个数:"<<curve.NumPoints<<endl;
            p=p->next;
        }
        DestroyList(ShapeHead);
    }
}
```

习 题

一、简答题

1. 线性表有哪两种实现方式，简述两种方式的特点以及各自的优势和劣势？

2. 按值查找长度为 n 的顺序表中某个数据元素平均的时间复杂度是多少？在顺序表中删除和插入 1 个数据元素操作平均的时间复杂度又是多少？

3. 按序号或按值查找长度为 n 的链表中某个数据元素平均的时间复杂度是多少？在链表的某一个指定结点(已知其地址)前插入 1 个元素结点的算法是否能以时间复杂度 $O(1)$ 来实现，如能实现，其实现的机制是什么？

二、算法题

1. 建立一顺序表，输出表中数据元素，对该表进行元素查找、求表长、元素插入、元素删除等操作，输出查找和求表长结果，分别输出插入元素和删除元素操作后的顺序表。

2. 尾插法建立一个带头结点的单向线性链表，输出该链表元素，将该单向链表分解为一个带头结点的空链表和一个不带头结点但包括所有元素的链表，采用头插法将第二个链表中的元素逐个插入到第一个链表中，直到第二个链表为空，从而完成在不建立新链表的前提下使原链表中的数据结点逆序，最后输出处理后的链表元素进行验证。

3. 编写程序实现仅带尾结点指针单向循环链表的建立、插入、删除、查找、输出操作算法，并通过测试主函数对上述功能分别进行调用和测试，并对每一个操作功能调用后的链表进行输出。

4. 分别建立两个带头结点的有序单向链表(按结点关键字递增排序)，分别输出两个链表，对两个链表进行有序归并，产生一个新的单向有序链表，输出该单向有序链表。

5. 读取一个小型的 Shapefile 坐标文件(*.shp)，输出图形文件中各几何对象的说明信息和坐标序列。

第3章 栈和队列

栈和队列作为两种最基本和最常用的数据结构,是操作受到不同限制的特殊线性表。栈在模拟深度优先搜索回溯机制和递归处理机制等方面发挥了关键作用,队列非常适合于模拟就绪等待处理的有序响应机制和广度优先搜索机制等,它们广泛应用于各类计算机系统软件和应用软件的处理算法中。

3.1 栈

3.1.1 栈的概念

栈(stack)是元素插入和删除操作限制在表的一端进行的特殊线性表,它严格按照先进后出(FILO)或后进先出(LIFO)的原则存储和管理数据。栈结构中允许元素插入和删除操作的一端称为栈顶(top),另一端称为栈底(bottom),处于栈顶位置的元素称为栈顶元素,当栈中无元素时为空栈,这也是栈初始化时的状态。

栈有两种存储实现方式,一种是顺序存储结构实现的顺序栈,另一种是链式存储结构实现的链栈。顺序栈是插入和删除操作限制在表尾一端进行的特殊顺序表,链栈是插入和删除操作限制在表头一端进行的特殊单向链表。图 3.1 给出了栈结构和顺序栈的示意。

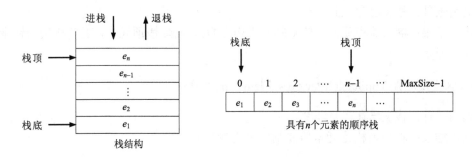

图 3.1 栈结构和顺序栈示意图

与普通线性表具有的常规操作一样,栈的常规操作主要有初始化、元素插入、元素删除、取元素值、判空栈等,由于栈的插入、删除和取值操作只能在栈顶一端进行,向栈插入一个元素的操作称为进栈(PUSH)操作,从栈顶删除一个元素的操作称为退栈(POP)操作,取值操作称为取栈顶(TOP)操作。

3.1.2　栈的基本操作

1. *初始化栈* InitStack（Stack &s）

调用条件：无。

操作结果：对于顺序栈，栈顶指针 top 赋初值，若采用动态存储结构，则为栈表首指针 array 动态分配指定单元数为 size 的数组空间，栈容量参数设置为 size；对于链栈，栈顶指针 top 赋空值 NULL。

2. *判栈空操作* StackEmpty（Stack &s）

调用条件：栈 *s* 已存在。

操作结果：以返回标志值 true 或 false 表示栈空或栈非空。

3. *判栈满操作* StackFull（Stack &s）

调用条件：栈 *s* 已存在，适用顺序栈。

操作结果：以返回标志值 true 或 false 表示栈满或栈非满。

4. *进栈操作* PushStack（Stack &s, ElemType x）

调用条件：栈 *s* 已存在且非满。

操作结果：将元素 *x* 插入到当前栈顶元素的下一个位置，更新栈顶指针指向新的栈顶元素。

5. *退栈操作* PopStack（Stack &s, ElemType &e）

调用条件：栈 *s* 已存在且非空。

操作结果：将当前栈顶元素值复制到引用参数 *e*，删除栈顶元素，更新栈顶指针指向新的栈顶元素。

6. *取栈顶元素* TopStack（Stack &s, ElemType &e）

调用条件：栈 *s* 已存在且非空。

操作结果：将当前栈顶元素值复制到引用参数 *e*。

3.1.3　顺序栈

顺序栈与顺序表一样采用顺序存储结构，顺序栈实际就是插入、删除和取值操作限制在表尾一端进行的顺序表，表尾一端作为栈顶，表头一端作为栈底。显然，顺序栈的栈底位置相对固定，栈顶位置随元素进出而浮动。在顺序栈中作为栈存储空间实体的一维数组（存储向量）既可采用静态定义，也可以采用动态内存分配方式创建，顺序栈所存元素数量受到预设数组容量的限制。对基于动态数组栈结构的情形，一旦发生栈上溢，还可以重新动态分配一个容量更大的存储向量并将原栈数据导入，更新存储向量指针，释放原存储向量，再实施进栈操作，从而解决栈溢出问题。因此，采用动态数组的栈结构灵活性更好。

在顺序栈结构中包括一个存储向量 array 和一个整型栈顶下标指针 top，当栈非空时，top 指向数组中的栈顶元素，当栈空时，top 指针值为–1。如图 3.1 所示，顺序栈将数组的首单元作为栈底，在栈空条件下，进栈元素存储于栈底单元，该单元也成为最初的栈顶；在栈非空未满条件下，进栈元素存储到当前栈顶的下一个单元，该位置将成为新的栈顶。

下面为顺序栈的静态存储结构描述和相应的初始化操作函数，静态数组定义的大小依据符号常数 MaxSize，并作为顺序栈的容量。

算法程序 3.1

```
#define MaxSize 512    //栈的容量(最大深度)
typedef int ElemType;  //元素的数据类型
struct SeqStack
{
    ElemType array[MaxSize]; //存储向量(数组)
    int top;                 //栈顶指针
};
void InitStack(SeqStack &s)  //栈初始化
{
    s.top=-1;
}
```

下面为顺序栈的动态存储结构描述和相应的初始化操作函数。可以看出，这种顺序栈结构包括存储向量首指针、栈顶指针和栈容量 3 个分量，初始化函数的形式参数 size 为容量设置参数，初始化时动态分配单元容量为 size 数组空间，并将其首址交由指针 array 指向，与动态顺序表一样，该指针名在栈操作函数中可作为数组名使用。

算法程序 3.2

```
struct SeqStack
{
    ElemType *array;    //存储向量首指针
    int top;            //栈顶指针
    int maxsize;        //栈容量
};
void InitStack(SeqStack &s, int size)  //栈初始化
{
    s.array=new ElemType[size];
    s.top=-1;
    s.maxsize=size;
}
```

下面给出判栈空、判栈满、进栈、退栈和取栈顶 5 种顺序栈常规操作算法。

1. 判栈空操作

该操作判断栈顶指针是否小于 0，若是，则表明栈空，返回布尔型标志值 true；否则表明栈非空，返回布尔型标志值 false。由于栈空时栈顶指针值为-1，此时关系表达式 s.top<0 的值为 true；而当栈顶指针值大于等于 0 时，关系表达式 s.top<0 的值为 false。

算法程序 3.3

```
bool StackEmpty(SeqStack &s) //判栈空
{
    return s.top<0;
}
```

2. 判栈满操作

该操作判断栈顶指针是否已达到或超过栈表最后单元位置 MaxSize-1，若是，则表明栈满，返回标志值 true；否则表明栈未满，返回标志值 false。如果栈存储结构采用的是动态数组，则函数中的栈容量符号常数 MaxSize 应变更为 s.maxsize。

算法程序 3.4

```
bool StackFull(SeqStack &s) //判栈满
{
    return s.top>=MaxSize-1;
}
```

3. 进栈操作

首先判断当前栈是否具备进栈操作条件，若当前栈满(栈上溢)，返回操作失败标志值 false；否则，将栈顶指针更新为指向下一位置，并将进栈元素作为新的栈顶元素存储于此，返回操作成功标志值 true。如果栈存储结构采用的是动态数组，为处理和化解栈上溢问题，可对进栈算法做适当的修改和补充。

算法程序 3.5

```
bool PushStack(SeqStack &s, ElemType x) //进栈操作
{
    if(StackFull(s)) return false; //上溢导致进栈失败
    s.array[++s.top]=x;
    return true;   //进栈成功
}
```

4. 退栈操作

首先判断当前栈是否具备退栈操作条件，即判断栈中是否存在元素，若栈空，则返回操作失败标志值 false；否则，通过引用参数取得当前栈顶元素值，并将栈顶指针减 1 以使其指向回退一个位置，指向新的栈顶，返回操作成功标志值 true。

算法程序 3.6

```
bool PopStack(SeqStack &s, ElemType &e) //退栈操作
{
    if(StackEmpty(s)) return false; //栈空导致退栈失败
    e=s.array[s.top--];
    return true;   //退栈成功
}
```

5. 取栈顶元素操作

首先判断当前栈是否具备退栈操作条件，即判断栈中是否存在元素，若栈空，返回操作失败标志值 false；否则，通过引用参数取得当前栈顶元素值，返回操作成功标志值 true。

算法程序 3.7

```
bool TopStack(SeqStack &s, ElemType &e) //取栈顶元素操作
{
    if(StackEmpty(s)) return false; //栈空导致取栈顶失败
    e=s.array[s.top];
    return true; //取栈顶成功
}
```

3.1.4 链栈

链栈是采用链式存储结构实现的栈，实际为操作受限的单向链表。从第 2 章可知，链表的结点插入和删除操作非常方便，尤其是在链表的头部，如果结点的插入和删除均限制在单向链表的头部进行，链表的头部作为栈顶，尾部作为栈底，这就实现了链栈。链栈不设头结点，形式上类似不带头结点的单向链表，链栈具有一个指向栈顶结点的指针 top，当链栈空时，top==NULL。链栈结构示意如图 3.2 所示。

图 3.2 链栈结构示意

链栈的结点结构与单向链表结点结构类似，链栈结构定义如下：

```
typedef double ElemType;
typedef struct LinkNode
{
    ElemType data;
    LinkNode *next;
} *LinkStack;
```

下面是链栈的初始化、判栈空、进栈、退栈、取栈顶元素等常规操作算法函数。其中进栈操作采用头插法处理流程，若进栈操作成功，返回标志值 true；否则，返回标志值 false。通常动态申请分配新结点空间时发生失败才会导致进栈失败，实际上发生这种

情况的概率几乎为 0。退栈操作采用头删法处理流程，若退栈操作成功，返回标志值 true，否则，返回标志值 false，栈空（栈下溢）是导致退栈失败的原因。

图 3.3 给出了链栈的进栈操作和退栈操作示意，当栈非空时，无论是进栈操作还是退栈操作，top 指针的指向均会发生改变，进栈操作使 top 指向了新入的栈顶结点，新结点指向原栈顶结点；退栈操作使 top 指向了原栈顶结点的下一结点，原栈顶结点被释放删除。

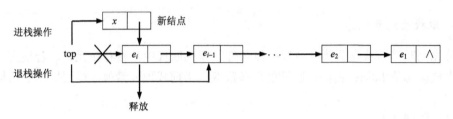

图 3.3　非空链栈的进栈操作和退栈操作示意

算法程序 3.8

```
void InitStack(LinkStack &top) //初始化栈
{
    top=NULL;
}
bool StackEmpty(LinkStack &top) //判栈空
{
    return top==NULL;
}
bool PushStack(LinkStack &top, ElemType x) //进栈操作
{
    LinkNode *p=new LinkNode;
    if(p==NULL) return false;
    p->data=x;
    p->next=top;
    top=p;
    return true;
}
bool PopStack(LinkStack &top, ElemType &e) //退栈操作
{
    if(top==NULL) return false;
    e=top->data;
    LinkNode *p=top;
    top=top->next;
    delete p;
    return true;
}
```

```
bool TopStack(LinkStack &top, ElemType &e) //取栈顶
{
    if(top==NULL)  return false;
    e=top->data;
    return true;
}
void DestroyStack(LinkStack &top) //销毁链栈
{
    while(top!=NULL) {
        LinkNode *p=top;
        top=top->next;
        delete p;
    }
}
```

显然，除销毁链栈操作外，链栈的常规操作的时间复杂性均为 $O(1)$，由于链栈继承了链表伸缩性好的特点，无栈满之虞，进栈操作失败的可能性几乎不存在，所以当采用栈结构的算法可能面对复杂应用问题而导致栈的深度超预期时，为避免算法崩溃，采用链栈是最佳的选择。

3.2 栈的应用——表达式计算

3.2.1 表达式转换为后缀表达式原理

后缀表达式也称逆波兰表达式(reverse Polish notation，RPN)，是一种将运算符放在操作数之后的计算表达形式。计算机中央处理器的结构和运算机制使得后缀表达式非常适合运算，编译程序在编译高级语言程序时都会对语句中的表达式做中缀形式到后缀形式的转换。

表达式 E 的后缀形式可以如下定义：①如果 E 是一个变量或常量，则 E 的后缀式是 E 本身；②如果 E 是 E_1 op E_2 形式的表达式，这里 op 是任何二元运算符，若 E_1、E_2 是变量或常量，则 E 的后缀式为 E_1E_2 op；若 E_1、E_2 是中缀表达式，则 E 的后缀式为 $E_1' E_2'$ op，E_1'、E_2' 是 E_1、E_2 的后缀表达式；③如果 E 是 (E_1) 形式的表达式，则 E_1 的后缀式就是 E 的后缀式。可以看出，后缀表达式中不含括号。

将一个中缀表达式转换为逆波兰表达式的算法需要借助一个字符型栈 S，为便于描述，假设表达式中的操作数只为整型或实型常数，运算符限于加减乘除 4 种双目运算符，转换过程为：顺序扫描中缀表达式字符串的每个字符 c，根据字符的不同情形做以下相应处理：①若当前字符 c 是操作数首字符，则将操作数完整提取并输出至后缀表达式，然后从该操作数后面的中缀表达式字符继续处理。②若当前字符 c 为左括号，则直接做进栈处理。③若当前字符 c 为运算符，则做有前提条件的进栈处理，前提条件为当前栈顶字符不为运算符或为优先级低于 c 的运算符；否则，做退栈并输出至后缀表达式字符串处理，直到栈顶字符符合前提条件，然后当前运算符进栈。④若当前字符为右括号，

则做退栈处理，若退栈字符不为左括号，则将其输出至后缀表达式，重复退栈直至退栈字符为左括号为止。

　　例如有简单整型或实型算术表达式字符串(A+B)*((C–D)/E+F)$，其中字母表示整型或实型操作数，$表示结束符，实际结束符为'\0'，对其进行扫描和转换处理得到相应后缀表达式，表 3.1 列出了该中缀表达式转换处理的详细过程，当前扫描到的中缀表达式字符以带有下划线和加黑为标志。

表 3.1　对中缀表达式扫描处理转换到相应后缀表达式的过程

扫描	中缀表达式字符串	栈 S	后缀表达式字符串
0	(A+B)*((C–D)/E+F)$		
1	<u>(</u>A+B)*((C–D)/E+F)$	(	
2	(<u>**A**</u>+B)*((C–D)/E+F)$	(	A
3	(A<u>+</u>B)*((C–D)/E+F)$	(+	A
4	(A+<u>**B**</u>)*((C–D)/E+F)$	(+	AB
5	(A+B<u>)</u>*((C–D)/E+F)$	*	AB+
6	(A+B)<u>*****</u>((C–D)/E+F)$	*	AB+
7	(A+B)*<u>(</u>(C–D)/E+F)$	*(	AB+
8	(A+B)*(<u>(</u>C–D)/E+F)$	* ((	AB+
9	(A+B)*((<u>**C**</u>–D)/E+F)$	* ((	AB+C
10	(A+B)*((C<u>–</u>D)/E+F)$	* ((–	AB+C
11	(A+B)*((C–<u>**D**</u>)/E+F)$	* ((–	AB+CD
12	(A+B)*((C–D<u>)</u>/E+F)$	* (	AB+CD –
13	(A+B)*((C–D)<u>/</u>E+F)$	* (/	AB+CD –
14	(A+B)*((C–D)/<u>**E**</u>+F)$	* (/	AB+CD–E
15	(A+B)*((C–D)/E<u>+</u>F)$	* (+	AB+CD–E/
16	(A+B)*((C–D)/E+<u>**F**</u>)$	* (+	AB+CD–E/F
17	(A+B)*((C-D)/E+F<u>)</u>$	*	AB+CD–E/F+
18	(A+B)*((C-D)/E+F)<u>**$**</u>		AB+CD–E/F+*

3.2.2　表达式转换为后缀表达式算法

　　下面给出中缀算术表达式转换成后缀表达式的算法。为简化算法和提高可读性，预先给出 3 个基本判断函数，即字符为运算符判断函数 Operator、字符为操作数字符判断函数 Digital、两个运算符优先级大小判断函数 priority，转换算法中应用了元素类型为字符型的顺序栈。

　　算法程序 3.9

```
#include "iostream.h"
#include "math.h"
```

```
typedef double ElemType; //链栈元素类型
#include "stack.h" //顺序栈和链栈结构定语及常规操作头文件
bool Operator(char c) //运算符判断
{
    return(c=='+'||c=='-'||c=='*'||c=='/'');
}
bool Digital(char c)  //操作数字符判断
{
    return((c>='0'&&c<='9')||c=='.');
}
bool priority(char c1, char c2)  //判运算符c1的优先级大于或等于c2
{
    if(c1=='*'||c1=='/') return true;
    if((c1=='+'||c1=='-')&&(c2=='+'||c2=='-')) return true;
    return false;
}
void ConvertExp(char *InfixExp, char *PostfixExp)  //算术表达式中缀转后缀
{
    SeqStack sk;    //定义顺序栈sk(元素类型为char)
    InitStack(sk);  //栈初始化
    char opchar,s;
    for(int i=0, k=0, chartype=1; InfixExp[i]!=0; i++) {
        char c=InfixExp[i];
        if(Digital(c)) {  //操作数字符
            if(chartype==0&&Digital(PostfixExp[k-1])) PostfixExp[k++]=32;
            PostfixExp[k++]=c;  //操作数字符输出至后缀表达式串
            chartype=1;  //操作数字符
        }
        else {
            chartype=0;  //非操作数字符
            if(c=='(') PushStack(sk, c); //左括号进栈
            else if(c==')') {  //右括号
                while(PopStack(sk,opchar)) {  //退栈处理直至退到左括号
                    if(opchar=='(') break;
                    PostfixExp[k++]=opchar;
                }
            }
            else if(Operator(c)) {  //c为运算符
                while(TopStack(sk,s)&&Operator(s)) {  //栈顶有字符s且为运算符
                    if(priority(s,c)) {  //s优先级比c大
                        PopStack(sk,opchar);    //较大优先级运算符退栈
                        PostfixExp[k++]=opchar; //输出到后缀表达式
```

```
                    }
                    else break;
                }
                PushStack(sk,c); //当前运算符进栈
            }
        }
    }
    while(PopStack(sk,s)) {
        if(Operator(s)) PostfixExp[k++]=s; //栈中剩余运算符退出到后缀表达式
    }
    PostfixExp[k]='\0';
}
```

3.2.3　后缀表达式的计算

后缀表达式运算算法中应用了元素类型为双精度实型的链栈，用来暂存扫描后缀表达式时遇到的实型操作数。后缀算术表达式的计算过程为：按顺序扫描后缀算术表达式字串中的每个字符，若当前字符为操作数字符，则将一个完整操作数的组成字符提取并组装成字符串，将其转换成实数并进栈；若当前字符为运算符，则通过两次退栈获得对应的两个操作数，对它们按运算符做相应运算处理并将结果进栈。后缀表达式字串处理结束后，将栈底元素退栈即获得后缀表达式的计算结果。

算法程序 3.10

```
double Calculate(char *PostfixExp) //计算后缀算术表达式值
{
    char dstr[32]; //实型操作数字串
    double a,b,r;
    LinkStack sk;  //定义链栈sk(元素类型为double)
    InitStack(sk); //栈初始化
    for(int i=0,k=0; PostfixExp[i]!=0; i++) {
        char c=PostfixExp[i];
        if(Digital(c)) dstr[k++]=c;  //c为操作数字符
        else { //c为非操作数字符
            if(k>0) { //获得一个完整操作数
                dstr[k]='\0';
                PushStack(sk, atof(dstr)); //操作数进栈
                k=0;
            }
            if(Operator(c)) {  //c为运算符
                PopStack(sk,b);
                PopStack(sk,a); //操作数退栈
                switch(c) {
                    case '+': PushStack(sk, a+b); break;
```

```
            case '-':  PushStack(sk, a-b); break;
            case '*':  PushStack(sk, a*b); break;
            case '/':  PushStack(sk, a/b); break;
            default : break;
            }
        }
    }
    PopStack(sk,r); //计算结果退栈
    return r;
}
```

3.2.4 表达式计算测试

测试函数定义一个中缀算法表达式字符串 InfExp，调用转换函数 ConvertExp 获得与 InfExp 相对应的后缀表达式字符串 PosExp，输出中缀表达式及其后缀表达式，最后调用 Calculate 对后缀表达式进行计算并输出。

算法程序 3.11

```
void main()
{
    char InfExp[]="((5.5+4.5)/4.0+2.5*(18.5-13.5))*4.8-34.0"; //中缀表达式
    char PosExp[100]; //后缀表达式
    ConvertExp(InfExp,PosExp); //获得相应的后缀表达式
    cout<<"中缀表达式:"<<InfExp<<endl;
    cout<<"相应的后缀表达式:"<<PosExp<<endl;
    cout<<InfExp<<'='<<Calculate (PosExp)<<endl;  //后缀表达式计算输出
}
```

3.3 队   列

3.3.1 队列的概念

队列(queue)是元素插入操作限制在表的一端、元素删除操作限制在表的另一端的特殊线性表，它严格按照先进先出(FIFO)的原则存储和管理数据。队列中允许删除元素操作的一端称为队头(head)，允许插入元素的一端称为队尾(rear)，当队列中元素个数为 0 时为空队，这也是队列被初始化时的状态。

队列有两种存储实现方式，一种是顺序存储结构实现的顺序队列，另一种是链式存储结构实现的链式队列。顺序队列是插入操作采用尾插法、删除操作采用头删法的特殊顺序表；同样，链式队列(简称链队)是插入操作采用尾插法、删除操作采用头删法的特殊单向链表。图 3.4 给出了队列结构的示意。

图 3.4　队列结构示意图

队列的常规操作主要有初始化、插入、删除、取值、判空等，向队列尾部插入一个元素的操作称为入队操作，从队列头部删除一个元素的操作称为出队操作，取值操作称为取队头操作。

3.3.2　队列的基本操作

1. 初始化队列 InitQueue（Queue &q）

调用条件：无。

操作结果：对于顺序队列，队头指针和队尾指针赋初值；对于链式队列，队头指针和队尾指针指向创建的头结点。

2. 判队空操作 QueueEmpty（Queue &q）

调用条件：队列 q 已存在。

操作结果：以返回标志值 true 或 false 表示队空或队非空。

3. 判队满操作 QueueFull（Queue &q）

调用条件：队列 q 已存在，适用顺序队列。

操作结果：以返回标志值 true 或 false 表示队满或非满。

4. 进队操作 EnQueue（Queue &q, ElemType x）

调用条件：队列 q 已存在且非满。

操作结果：将元素 x 插入到当前队尾元素的下一个位置，更新队尾指针指向新的队尾元素。

5. 出队操作 DeQueue（Queue &q, ElemType &e）

调用条件：队列 q 已存在且非空。

操作结果：将当前队首元素值复制到引用参数 e，删除队首元素，更新队头指针。

6. 取队首元素 QueueHead（Queue &s, ElemType &e）

调用条件：队列 q 已存在且非空。

操作结果：将当前队首元素值复制到引用参数 e。

7. 销除队列 DestroyQueue（Queue &s）

调用条件：队列 q 已存在且为链队或动态数组顺序队列。

操作结果：释放和删除队列元素占用的所有存储空间，对于链队还需删除头结点，并置队头和队尾指针为 NULL；对于动态数组顺序队列，置存储向量指针为 NULL。

3.3.3 顺序队列

顺序队列和顺序栈类似，都是附加了操作受限的顺序存储结构，即用一组空间连续的存储单元顺序存放从队首元素至队尾元素之间的队列元素。作为操作受限的顺序表，顺序队列限制元素插入操作只能在顺序表的尾部(队尾)进行，元素的删除操作只能在顺序表的头部(队头)进行。顺序队列结构中设置了两个整型指针 front 和 rear，分别标识队首元素位置和队尾元素位置，队列初始化时置 front=rear=0。指针 front 指向队首元素，指针 rear 指向队尾元素的下一位置，当有入队操作时，入队元素存储在位置为 rear 的单元，更新 rear 指向下一单元；当有出队操作时，指针 front 指向的队首元素出队，更新 front 指向下一单元。

下面为顺序队列的静态存储结构描述和相应的初始化操作函数，静态数组定义的大小依据符号常数 MaxSize，并作为顺序队列的容量。

算法程序 3.12

```
#define  MaxSize 512      //队列的容量(最大深度)
typedef int ElemType;   //元素的数据类型
struct SeqQueue //顺序队列的结构定义:
{
    ElemType array[MaxSize];    //存储向量
    int front;              //队头指针
    int rear;               //队尾指针
};
void InitQueue(SeqQueue &q)      //队列初始化并置队空
{
    q.front=q.rear=0;
}
```

下面为顺序队列的动态存储结构描述和相应的初始化操作函数。可以看出，这种顺序队列结构包括存储向量的首指针、队头指针、队尾指针和队列容量 4 个分量，初始化算法函数增加一个容量设置参数 size，初始化时存储向量首指针获得对动态分配数组首单元的指向，与动态顺序表一样，该指针名在其他操作函数中也可作为数组名使用。

算法程序 3.13

```
struct SeqQueue
{
    ElemType *array; //存储向量的首指针
    int front;        //队头指针
    int rear;         //队尾指针
    int maxsize;      //队列容量
};
void InitQueue(SeqQueue &q, int size)  //栈初始化
```

```
    {
        q.array=new ElemType[size];
        q.front=q.rear=0;
        q.maxsize=size;
    }
```

顺序队列存在可能出现"假溢出"现象的弊端，这里结合实例说明。图 3.5 给出一个容量为 6 个单元的顺序队列，初次入队 3 个元素 e_1、e_2、e_3，再次入队 2 个元素 e_4、e_5，接着出队 2 个元素 e_1、e_2，再次尝试入队 2 个元素 e_6、e_7，元素 e_6 入队后，元素 e_7 因入队位置 6 已超出队列数组的最后单元 5 而无法入队，尽管此时队列数组前部还有若干空余的存储单元，这种因入队和出队操作造成长度小于队容量的队列实体后移到存储数组右侧的现象称为假队满，在此情形下的入队操作导致了假溢出。

为克服顺序队列的假溢出发生，有两种解决方法。一种方法是出现假溢出时将队列元素整体向前移动至数组的前部，将空余存储单元留在数组的后部，再行入队操作。如果顺序队列的存储容量设置相对应用问题的复杂性而言不是足够大，且入队和出队操作频次非常高，这种假溢出现象就可能频繁发生，由此触发的队列维护代价会很大。另一种方法就是下一节中介绍的循环队列。

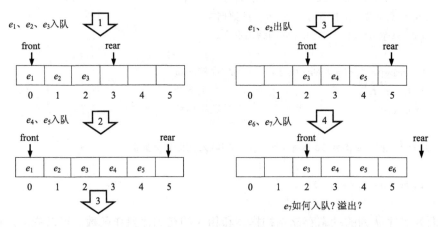

图 3.5　容量为 6 的顺序队列入队、出队、再入队出现假溢出现象示意

3.3.4　循环队列

解决顺序队列假溢出弊端的理想方法是将顺序队列构造成循环队列。循环队列就是将顺序队列的存储数组模拟成一个封闭的环，原数组最后单元与数组的首单元衔接，这样数组的任何单元都有后续单元。在容量为 MaxSize 的循环队列存储数组中，任何一个单元 i 的后续单元为 $(i+1)\%\text{MaxSize}$，这里模运算符%表示为整除取余运算。显然，当位置 i 满足 $0 \leqslant i < \text{MaxSize}-1$ 时，其下一个位置为 $i+1$；当位置 $i = \text{MaxSize}-1$ 时，其下一个位置为 0。

循环队列初始化时指针 front 和 rear 可同时置为 0 或 1~MaxSize–1 之间的任何数，front==rear 作为队列初始为空的状态，循环队列队满状态的判断标志是什么？下面结合

图 3.6 给出的例子加以说明。一个容量为 8 的循环队列已入队了 4 个元素 a、b、c、d，此时指针 front=0，rear=4，从这一状态出发，观察分别进行 4 次出队操作和 4 次入队操作后的状态。4 次出队操作使队中 4 个元素全部删除，此时指针 front==rear；4 次入队操作将元素 e、f、g、h 加入队列，此时队列已满，指针 front==rear。可见对循环队列而言，队空和队满时均有 front==rear，所以仅从 front==rear 无法区分队列状态是队空还是队满。

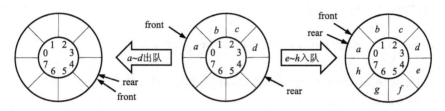

图 3.6　容量为 8 的循环队列出入队操作造成队空和队满时指针状态示意

区分循环队列空和满状态有 3 种方法，第一种方法是在队列结构中增加一个队列长度分量 length，其初始值为 0，记录当前队列中的元素个数，当 front==rear 且 length==0，表明当前状态为队空；当 front==rear 且 length==MaxSize，表明当前状态为队满。当然，也可直接根据 length==0 确定队空，根据 length==MaxSize 确定队满。第二种方法是在队列结构中增加一个状态标志分量 smark，其初始值为 0，当出队操作将造成 front==rear 时，置 smark=0；当入队操作将造成 front==rear 时，置 smark=1，队空的判断式为 front==rear&&smark==0，队满的判断式为 front==rear&&smark==1。第三种方法是控制指针 rear 不会追上指针 front，当指针 rear 指向的单元是队列空间中唯一空闲的单元，即 rear 的下一单元为 front 单元时，该单元不能用作存储入队元素，此时的状态为队满，其判断标志为 (rear+1)%MaxSize==front，从而和队空状态标志 front==rear 有效区分。可以看出，这种方法以队列容量减 1 为代价，但无须增加其他额外的开销，是最为常用的循环队列方法。

下面介绍循环队列的常规操作算法，包括判队空、入队操作、出队操作和取队头元素等。其中入队操作首先判断队列是否处于队满状态，若是，返回入队失败标志值；否则，将入队元素存储在尾指针 rear 所指单元，rear 指针更新为指向下一单元，返回入队成功标志值。出队操作首先判断队列是否处于队空状态，若是，返回出队失败标志值；否则，将出队元素复制到引用形参变量，头指针 front 更新为指向下一单元，返回出队成功标志值。

算法程序 3.14
```
bool QueueEmpty(SeqQueue &q) //判队空
{
    return q.front==q.rear;
}
bool QueueFull(SeqQueue &q) //判队满
{
```

```
        return (q.rear+1)%MaxSize==q.front;
    }
    bool EnQueue(SeqQueue &q, ElemType x)  //入队操作
    {
        if(QueueFull(q)) return false; //队满入队失败
        q.array[q.rear]=x;
        q.rear=(q.rear+1)%MaxSize;
        return true;   //入队成功
    }
    bool DeQueue(SeqQueue &q, ElemType &e)  //出队操作
    {
        if(QueueEmpty(q)) return false; //队空出队失败
        e=q.array[q.front];
        q.front=(q.front+1)%MaxSize;
        return true;   //出队成功
    }
    bool QueueHead(SeqQueue &q, ElemType &e)  //取队头元素操作
    {
        if(QueueEmpty(q)) return false; //取值失败
        e=q.array[q.front];
        return true; //取队头成功
    }
```

3.3.5 链式队列

链式队列基于单向链表实现，是附加操作限制的单向链表，简称链队。如果元素的插入限制在单向链表的尾部进行，元素的删除限制在单向链表的头部进行，这种特殊的链表就是链队。由于带头结点的单向链表在头部操作的便利性，通常，链队采用带头结点的单向链表的基本结构形式。链队结构设置了指向头结点的指针 front 和指向队尾结点的指针 rear，当链队为空时，链队指针 front 和 rear 均指向头结点，注意，链队的 front 指针并不是指向队首结点，而是指向头结点。链队结构示意如图 3.7 所示。

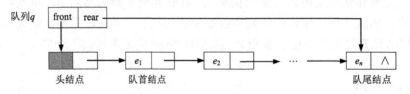

图 3.7 具有 n 个元素链队结构示意

链队与链栈一样，其结点结构与单向链表结点结构完全一致，链队结构定义如下：
```
typedef int ElemType;
typedef struct LinkNode  //链表结点结构
{
```

```
    ElemType data;
    LinkNode *next;
} *LinkList;
struct LinkQueue //链队结构类型
{
    LinkNode *front;   //队头指针
    LinkNode *rear;    //队尾指针
};
```

　　下面是链队的初始化、判队空、入队、出队、取队首元素和销除队列等常规操作算法函数。其中入队操作采用尾插法处理流程，若入队操作成功，返回标志值 true；否则，返回标志值 false，新结点空间申请不成功是导致入队失败的原因，但实际发生这种情形的可能性几乎为 0。出队操作采用头删法处理流程，若出队操作成功，返回标志值 true；否则，返回标志值 false，只有链队空才会导致出队失败。

　　图 3.8 给出了链队的一次入队操作示意。首先为入队元素 x 创建新结点，原队尾结点链接到新结点，新结点成为原队尾结点的直接后继，指针 rear 更新为指向新入队的 x 结点，该结点成为新的尾结点。

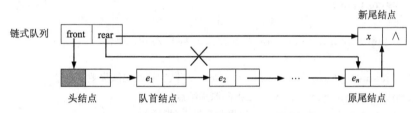

图 3.8　对链队进行一次元素 x 入队操作示意

　　图 3.9 给出了链队一次出队操作简化处理方法的示意。在队列非空条件下，更换头结点，将出队元素所在结点作为新的头结点使用，更新 front 指针指向新的头结点，取新头结点所存的出队元素值，删除原头结点。这种方法在队列中最后一个元素出队后，front 指针和 rear 指针共同指向仅存的头结点，表示队空状态。这种方法避免了一般出队处理方法中当判断出队的元素是指针 rear 所指元素时，需将 rear 指针更新为指向头结点的处理。

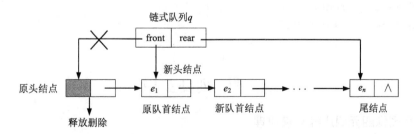

图 3.9　对链队进行一次出队操作示意

算法程序 3.15

```
void InitQueue(LinkQueue &q) //初始化链队
{
    q.front=q.rear=new LinkNode;  //头尾指针指向创建的头结点
    q.front->next=NULL;           //头结点指针为空
}
bool QueueEmpty(LinkQueue &q) //判队空
{
    return(q.front==q.rear);    //队空返回true;非空返回false
}
bool EnQueue(LinkQueue &q, ElemType x) //入队操作
{
    q.rear->next=new LinkNode; //新结点链接到队尾
    if(q.rear->next==NULL) return false;  //入队失败
    q.rear=q.rear->next;          //尾指针指向新结点
    q.rear->data=x;               //新结点赋值
    q.rear->next=NULL;            //新结点指针赋空
    return true;
}
bool DeQueue(LinkQueue &q, ElemType &e) //出队操作
{
    if(QueueEmpty(q)) return false; //队空返回出队失败标志值
    LinkNode *s=q.front; //s指向原头结点
    q.front=q.front->next; //更新头结点(指针)
    e=q.front->data; //取出入队元素值
    delete s;          //删除原头结点
    return true;
}
void DestroyQueue(LinkQueue &q) //销除链队
{
    ElemType e;
    while(DeQueue(q, e)) ;
    delete q.front;
    q.front=q.rear=NULL;
}
```

3.4　队　列　应　用

3.4.1　数字图像四元组压缩转换原理

　　对一个规模为 $2^n \times 2^n$ 的字节型数字图像,如果其单元属性不均一,即为非单调图像,采用四叉剖分方法将其均等分割为 4 个较小的子块图像,对其中的单调图像,采用一个

四元组(row, col, size, grayscale)信息记录加以存储，这里 row、col 分别为该单调子块图像左下角单元的行和列，size、grayscale 分别为该单调子块图像的尺寸和灰度值；对其中的非单调图像继续进行四叉剖分处理，如此逐层对非单调图像四叉剖分，对单调图像记录存储，直至获得所有单调子块图像的四元组信息集合为止。

为了按尺寸从大到小获得单调子块图像信息，采用广度优先的层次分解处理方法，当前层次的分解图像处理完毕后，才能进行下一层次分解图像的处理。使用两个链式队列，队列的元素类型都是图像信息四元组结构类型，一个为待处理图像队列 q_1，另一个为单调子块图像队列 q_2。先将记录原始规格化图像的四元组信息元素$(0, 0, 2^n, \sim)$加入待处理队列 q_1，对队列 q_1 循环执行以下操作：若队列 q_1 非空，则出队一个元素，对该元素信息指引的图像或子块图像做单调判别，若单调，则该元素四元组获得单调灰度值，然后将其加入队列 q_2；否则，将该图像四叉剖分为四个子块图像，并将它们对应的四元组信息元素加入待处理队列 q_1。继续循环处理直到该队列空为止。

这一问题的核心聚焦在非单调图像的逐层分解，原始图像和初期分解的图像因较高的复杂性大多属于非单调的图像，但随着分解层次的深入和分解图像尺寸的变小，其复杂性也在逐渐降低，出现单调图像的机会随之增加，上述基于队列处理机制的进程最终获得包括所有单调子块图像的信息元素集合。

3.4.2 数字图像四元组压缩转换算法

算法前部给出图像四元组信息结构 SubBlock 的描述，将元素类型 ElemType 定义为 SubBlock 类型，通过预处理命令#include "LinkQueue.h"将头文件中包含的链队常规操作算法源代码插入其中，应用示例采用的规格化图像尺寸 SIZE 为 64×64，GridArray 定义为规格化图像二维数组类型符，Monotone 为判断指定范围图像单调函数。算法主函数通过调用函数 CreateImage 自动生成同心五环实验图像 image_a，按照上述转换原理获得队列 q_2 中的单调子块图像四元组元素序列，将队列 q_2 的每个出队元素所表征的单调子块图像还原到图像 image_b 的对应区块，最后通过函数 Consistency 对原始图像 image_a 和恢复图像 image_b 进行一致性比较，并输出比较结果和两幅图像。

算法程序 3.16

```
#include "iostream.h"
#include "math.h"
struct SubBlock    //图像四元组信息结构
{
    short int row;     //子块左下角行号
    short int col;     //子块左下角列号
    short int size;    //子块尺寸
    char grayscale;    //子块单调属性值
};
typedef SubBlock ElemType;   //元素类型定义为SubBlock类型
#include "LinkQueue.h" //链队常规操作算法头文件
#define SIZE 64    //规格化图像的尺寸
```

```
typedef char GridArray[SIZE][SIZE+1];  //字符型方阵数组
void CreateImage(GridArray image)  //产生同心五环图像
{
    int cx=SIZE/2;
    int cy=SIZE/2;
    for(int i=0; i<SIZE; i++) {
        for(int j=0; j<SIZE; j++) {
            double dx=j-cx;
            double dy=2.05*(i-cy);
            double dist=sqrt(dx*dx+dy*dy)+0.5;
            if(dist>50.0) image[i][j]='.';
            else if(dist>40.0) image[i][j]='-';
            else if(dist>30.0) image[i][j]='+';
            else if(dist>20.0) image[i][j]='*';
            else if(dist>10.0) image[i][j]='&';
            else image[i][j]='@';
        }
        image[i][SIZE]=0;
    }
}
bool Monotone(GridArray image, ElemType &sb)  //判指定范围图像单调
{
    char Gscale=image[sb.row][sb.col];  //角点像元灰度
    for(int i=sb.row; i<sb.row+sb.size; i++) {
        for(int j=sb.col; j<sb.col+sb.size; j++) {
            if(image[i][j]!=Gscale)
                return false;   //存在不同像元则返回false
        }
    }
    sb.grayscale=Gscale;
    return true;
}
bool Consistency(GridArray image_a, GridArray image_b)  //图像一致性比较
{
    for(int i=0; i<SIZE; i++) {
        for(int j=0; j<SIZE; j++) {
            if(image_a[i][j]!=image_b[i][j])
                return false;
        }
    }
    return true;
}
```

```
void PrintImage(GridArray image)//打印图像
{
    for(int i=0; i<SIZE; i++) {
        image[i][SIZE]=0;
        cout<<image[i]<<endl;
    }
    cout<<endl;
}
void main()  //主函数
{
    GridArray image_a, image_b; //规格化图像二维数组
    CreateImage(image_a);  //创建同心五环图像原始图像
    LinkQueue q1,q2; //队列
    InitQueue(q1);
    InitQueue(q2);
    ElemType block,sb1,sb2,sb3,sb4;
    block.row=block.col=0;
    block.size=SIZE;        //组织原始图像四元组元素信息(缺省灰度值)
    EnQueue(q1, block);  //原始图像元素入队列q1
    while(DeQueue(q1, block)) { //队列q1非空则出队一个元素
        if(Monotone(image_a, block)) //判指定范围图像单调
            EnQueue(q2, block);         //图像单调则入队列q2
        else { //图像非单调则四叉剖分为4个子块
            int subsize=block.size/2;
            sb1.row=block.row;
            sb1.col=block.col;
            sb1.size=subsize;
            EnQueue(q1,sb1);   //子块1图像元素入队列q1
            sb2.row=block.row+subsize;
            sb2.col=block.col;
            sb2.size=subsize;
            EnQueue(q1,sb2); //子块2图像元素入队列q1
            sb3.row=block.row+subsize;
            sb3.col=block.col+subsize;
            sb3.size=subsize;
            EnQueue(q1,sb3); //子块3图像元素入队列q1
            sb4.row=block.row;
            sb4.col=block.col+subsize;
            sb4.size=subsize;
            EnQueue(q1,sb4); //子块4图像元素入队列q1
        }
    }
```

```
while(DeQueue(q2, block)) {  //由队列q2四元组元素恢复图像
    for(int i=block.row; i<block.row+block.size; i++) {
        for(int j=block.col; j<block.col+block.size; j++) {
            image_b[i][j]=block.grayscale;
        }
    }
}
cout<<"原始图像"<<endl;
PrintImage(image_a);
if(Consistency(image_a,image_b))
    cout<<"通过图像一致性检测"<<endl;
cout<<"恢复图像"<<endl;
PrintImage(image_b);
}
```

习　题

一、简答题

1. 对于采用顺序表实现的循环队列 sq，假设其容量 MaxSize，队中首尾指针分别为 sq->front 和 sq->rear，请分别写出判别队满的条件表达式和判别队空的条件表达式。

2. 栈是操作受限的线性表，它的哪些操作受到限制以及受到什么限制？元素进出栈遵循的原则是什么？栈的常规操作有哪些？

3. 队列操作受限的线性表，它的哪些操作受到限制以及受到什么限制？元素进出队列遵循的原则是什么？队列的常规操作有哪些？

4. 比较用顺序表实现栈和队列与用单向链表实现栈和队列的利弊，如果从较强的适用性、可维护性、可扩充性等方面考虑，实现栈和队列采用哪种线性表更好？

5. 如果一个链栈的栈顶指针为 top，试写出判断栈空的条件表达式；如果一个链式队列 q 的两个指针分别为 q->front 和 q->rear，试写出判断队列空的条件表达式；当队不空时，指针 q->front 指向什么结点？当队空时，q->front 指向什么结点？

二、算法题

1. 设置一个带元素计数器的链栈 s 和 1 个阈值 $t=70$，首先将 105、125、145、165、185 等 5 个数入栈，然后不断产生一个 1 到 100 之间的随机数 r，如果 $r<t$，则将 r 进栈，栈元素计数器增 1；否则，从栈中退出一个元素，栈元素计数器减 1，输出刚退栈的元素。当栈中元素达到 20 个时，更改阈值 $t=30$，继续不断产生一个 1 到 100 之间的随机数 r，如果 $r<t$，则将 r 进栈，栈元素计数器增 1；否则，从栈中退出一个元素，栈元素计数器减 1，输出当前退栈的元素，直至栈为空结束。

2. 设置一个单向循环链队 q，按序将编号从 1 到 50 共 50 个元素加入链队 q，通过调用出队操作不断从队列中出队 7 个元素，其中对前 6 个出队元素分别调用入队操作再次加入队列，对第 7 个元素进行输出，再进行下一轮的 7 元素出队等操作，直至链队 q 为空时停止，最终获得完整的出队元素序列。

3. 编写程序对一个形式为 (exp1+exp2)*exp3 的复杂中缀算术表达式采用以下两种方式分别进行计算，其中 exp1、exp2、exp3 为 3 个相对简单的中缀算术表达式，第一种方式直接对复杂中缀算术表达式进行转换，并对获得的相应后缀表达式调用计算函数进行计算；第二种方式分别对 exp1、exp2、exp3 等 3 个表达式进行中缀形式到后缀形式的转换及其计算，然后再进行 3 个表达式值之间的运算。自行给出中缀表达式字符串 exp1、exp2、exp3，比较两种方式的处理结果是否一致。

4. 自动生成 A 和 B 两幅 64×64 的规格化栅格图形并输出，对 A、B 两幅图形进行空间叠置处理得到图形 C 并输出，假设叠置公式为 $c_{ij}=\max(a_{ij},b_{ij})$ 或 $c_{ij}=(a_{ij}+b_{ij})\%128$，对图形 C 进行压缩处理得到由单调子块四元组组成的队列，最后将单调子块四元组恢复成图形并输出，比较与原图形 C 是否一致。

第4章 数组、矩阵和广义表

几乎所有的程序设计语言都将数组作为固有的数据类型，数组是实现线性表的主要表示方式之一，多维数组在科学计算和模型、状态表达与分析中具有重要的作用；特殊矩阵和稀疏矩阵的压缩存储方法及其相关算法的实用性不言而喻；广义表作为对线性表的拓展，广泛应用于人工智能等领域。本章就这些内容进行讨论。

4.1 数 组

数组(array)是一种应用最广泛的基础数据结构，它用一组连续的空间单元存储具有相同类型数据元素的集合，在组织线性表数据的顺序存储结构中，一维数组发挥了不可替代的作用，在表达栅格或阵列形式的图形或图像数据时，二维数组凸显其优势。无论是线性结构中的顺序表、向量、队、栈和优先队列等，还是非线性逻辑结构中的树形结构甚至图形结构，都可以看到数组的应用。正是由于数组的重要作用，几乎所有的高级程序设计语言都支持定义和使用各种类型的数组，本节就一维数组和多维数组的相关问题展开讨论。

4.1.1 一维数组

一维数组是数组的基本形式，二维及以上多维数组也可以看成是一维数组的拓展。一维数组存储空间的大小取决于为数组开辟的单元总数和所存储数据类型的字节长度，通常是两者的乘积。数组的基本特点是可以按数组名和下标地址直接存储数据元素到目标单元或访问单元中的数据元素，即支持随机存储和随机访问。一维数组可以作为线性表的一种存储实现形式，但仅用一维数组存储的数据集合不能完全在逻辑上等同于线性表，线性表中元素间的逻辑顺序在一维数组中是以元素的顺序存储实现的。由于一维数组可以随机存储，其所存储的数据不一定连续或可以离散分布，而作为线性表顺序实现的一维数组所存储的数据元素必须按逻辑顺序连续存放。

数组单元存储与数组类型相统一的数据，所有单元空间尺寸一致，假设为 s 个字节，如图 4.1 所示，除数组首个存储单元外的任意第 i 单元地址为第 $i-1$ 单元地址加上 s，如果用 $\mathrm{LOC}(x)$ 表示取地址函数。则数组 A 的第 i 存储单元地址可以表示为

$$\mathrm{LOC}(A[i]) = \mathrm{LOC}(A[i-1]) + s$$

或

$$\mathrm{LOC}(A[i]) = \mathrm{LOC}(A[0]) + i \times s$$

在 C/C++程序设计语言中，有静态数组和动态数组两种定义方法，但使用可以相同，通常，动态定义的数组允许的规模要比静态定义允许的规模大许多。静态数组在定义时除了确定它的名称、类型外必须固定它的单元规模大小，这是在程序编译前的编程阶段

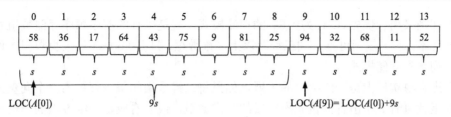

图 4.1　一维数组单元 9 地址位移量示例

确定的；动态数组是程序运行阶段在动态申请存储空间功能支持下，通过为指定类型数据指针实时分配由变量或常量确定规模的连续存储空间实现的，具有较强的灵活性和应用针对性。下面是用 C/C++实现的一维动态整型数组的创建操作函数和释放操作函数，其中整型指针 a 通过 CreateArray 函数获得单元规模为 size 的整型数据存储空间的起始（首单元）地址，如果创建成功，返回 true，否则，返回 false。

算法程序 4.1

```
bool CreateArray(int* &a, int size)  //创建一维动态数组
{
    a=new int[size];
    if(a==NULL) return false;
    return true;
}
void FreeArray(int* &a)  //释放并删除一维动态数组
{
    delete a;
    a=NULL;
}
```

4.1.2　多维数组

在多维数组中二维数组的应用最为广泛，栅格型图像数据和图形数据主要采用二维数组存储。如图 4.2 所示，二维数组的每个元素处于其所在行和列表示的行向量和列向量的交汇处，除首行首列元素外，每个数组元素都有一个行前驱和一个列前驱；同样除末行末列元素外，每个数组元素都有一个行后继和一个列后继。所以，在逻辑结构上二维数组和多维数组不属于线性结构，而是一种简单的非线性结构。多维数组的基本特点是可以按数组名和各维下标直接存储数据元素到目标单元或访问单元中的数据元素，即支持随机存储和随机访问。在 C/C++、Pascal、PL/1、COBOL 等大多数程序设计语言中，二维数

$$A = \begin{bmatrix} a_{0,0} & a_{0,1} & a_{0,2} & \cdots & a_{0,n-1} \\ a_{1,0} & a_{1,1} & a_{1,2} & \cdots & a_{1,n-1} \\ a_{2,0} & a_{2,1} & a_{2,2} & \cdots & a_{2,n-1} \\ \vdots & \vdots & \vdots & & \vdots \\ a_{m-1,0} & a_{m-1,1} & a_{m-1,2} & \cdots & a_{m-1,n-1} \end{bmatrix}$$

图 4.2　二维数组示例

组元素都是采用行优先(以行为主序)的存储模式，就是以行的次序顺序存储数组各行上的数据元素，这一规则可推广到三维及以上多维数组，只有 Fortran 等极少数程序设计语言采用列优先存储模式。

多维数组实质上是一维数组的扩展，如果将二维数组的每一行视为一个向量元素，二维数组就可看成是由各向量元素构成的一维数组，或者看成是一维数组的一维数组，对三维及以上的多维数组也是如此。例如，在下面的 C/C++程序中，**ArrayType** 被定义为具有 6 个单元的一维整型数组类型说明符，用它来定义 a、$b[3]$、$c[4][5]$，分别得到一维静态数组 $a[6]$、二维静态数组 $b[3][6]$、三维静态数组 $c[4][5][6]$，对这些数组的所有单元进行赋值并输出。我们可以把二维静态数组 $b[3][6]$看成是由 3 个一维数组 $b[6]$构成的一维数组；也可以把三维静态数组 $c[4][5][6]$看成是由 20(4×5)个一维数组 $b[6]$ 构成的一维数组。

算法程序 4.2

```
typedef int ArrayType[6];   //具有6个单元的一维整型数组类型
void main()
{
    ArrayType  a, b[3], c[4][5];
    for(int i=0; i<6; i++) {
            a[i]=i
            cout<<a[i];
    }
    cout<<endl;
    for(int i=0; i<3; i++) {
        for(int j=0; j<6; j++) {
            b[i][j]=i*6+j;
            cout<<b[i][j]<<"  ";
        }
        cout<<endl;
    }
    for(i=0; i<4; i++) {
        for(int j=0; j<5; j++) {
            for(int k=0; k<6; k++) {
                c[i][j][k]=i*30+j*6+k;
                cout<<c[i][j][k]<<"  ";
            }
            cout<<endl;
        }
        cout<<endl;
    }
}
```

有静态多维数组和动态多维数组之分,它们的实现原理与运行机制上本质是一致的,差异仅在于一个由程序定义静态数组并由编译和运行系统实现，另一个是程序运行时通过执行创建动态数组操作语句实现。以整型二维数组 $A[d_1][d_2]$ 为例，如图 4.3 所示，首先通过创建一个一维整型指针数组 $A[d_1]$，它的 d_1 个指针分别指向各自的一个为其创建容量为 d_2 的一维整型数组。当访问数组元素 $A[i][j]$ 时，首先由 $A[i]$ 得到第 i 行一维数组的首地址，再根据 j 得到相对于该首地址的位移量，进而得到 $A[i][j]$ 的地址并访问。由此可以看出，为实现二维整型数组 $A[d_1][d_2]$，除了组成单元占用 $4d_1d_2$ 字节空间外，一维指针数组 $A[d_1]$ 还占用 $4d_1$ 字节空间，故总的内存空间开销为 $4d_1d_2+4d_1=4d_1(d_2+1)$ 字节，这也是动态二维数组的实际空间开销。对程序中静态定义的二维数组而言，用 sizeof 函数度量的该数组类型的空间占用仅为 $4d_1d_2$ 字节，一维指针数组 $4d_1$ 字节的内存开销则通过运行系统间接承担。

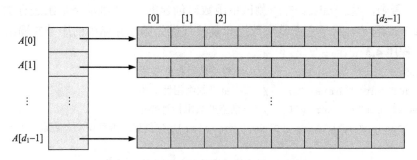

图 4.3　二维数组 $A[d_1][d_2]$ 的存储结构示意

再看三维整型数组 $A[d_1][d_2][d_3]$ 的情形。如图 4.4 所示，通过与上述创建二维整型数组相似的方法创建一个二维整型指针数组 $A[d_1][d_2]$，它的 $d_1 \times d_2$ 个指针分别指向各自的一个为其创建容量为 d_3 的一维整型数组，见图 4.4(b)。当访问数组元素 $A[i][j][k]$ 时，首先由 $A[i]$ 得到第 i 行一维指针数组的首地址，再根据 j 得到相对于该首地址的位移量，进而得到指针 $A[i][j]$，再根据 k 得到相对于地址 $A[i][j]$ 的位移量，进而得到 $A[i][j][k]$ 的地址并访问。由此可以看出，为实现三维整型数组 $A[d_1][d_2][d_3]$，除了为其组成单元开辟 $4d_1d_2d_3$ 字节空间外，一维指针数组 $A[d_1]$ 占用个 $4d_1$ 字节空间，二维指针数组 $A[d_1][d_2]$ 占用 $4d_1d_2$ 字节，故总的内存空间开销为 $4d_1d_2d_3+4d_1d_2+4d_1=4d_1(d_2d_3+d_2+1)$ 字节。

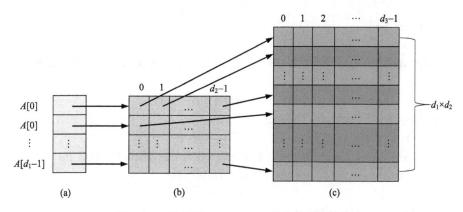

图 4.4　三维数组 $A[d_1][d_2][d_3]$ 的存储结构示意

需要指出的是，图 4.4(c)中每一行对应的一维数组单元空间都是连续的，但一行的最后一个单元空间不一定与下一行第一个单元空间连续或无缝衔接，如果按行划块，即块内连续，块间不一定连续，尤其对动态多维数组更是如此。

4.1.3　动态多维数组的创建

与一维数组一样，二维数组和多维数组也可以定义为动态数组，动态数组的灵活性不言而喻。动态多维数组定义与实现原理与静态多维数组基本相同，只是具体创建操作均在程序执行时完成，包括创建各级指针数组和元素单元数组。下面是用 C/C++实现的二维动态整型数组和三维动态整型数组的创建操作函数和释放操作函数，如果创建成功，返回 true，否则，返回 false。并用测试主函数对创建的 1～3 维动态数组进行测试，测试函数对每个数组元素赋予它在整个数组元素按行优先顺序存储中的序号并输出。

算法程序 4.3

```
typedef int* Array1D;      //一维整型数组指针类型
typedef int** Array2D;     //二维整型数组指针类型
typedef int*** Array3D;    //三维整型数组指针类型
bool CreateArray(Array1D &a, int size) //创建一维整型动态数组
{
    a=new int[size]; //将创建的一维整型数组首地址赋予a
    if(a==NULL) return false;
    return true;
}
bool CreateArray(Array2D &a, int row, int col)  //创建二维整型动态数组
{
    a=new int*[row];  //创建一维整型指针数组
    if(a==NULL) return false;
    for(int i=0; i<row; i++) {
        a[i]=new int[col]; //将创建的一维整型数组首地址赋予a[i]
        if(a[i]==NULL) return false;
    }
    return true;
}
bool CreateArray(Array3D &a, int d1, int d2, int d3) //创建三维整型动态数组
{
    a=new int**[d1]; //创建一维整型指针的指针数组
    if(a==NULL) return false;
    for(int i=0; i<d1; i++) {
        a[i]=new int*[d2]; //将创建的一维整型指针数组首地址赋予a[i]
        if(a[i]==NULL) return false;
    }
    for(i=0; i<d1; i++) {
        for(int j=0; j<d2; j++) {
```

```
            a[i][j]=new int[d3]; //将创建的一维整型数组首地址赋予a[i][j]
            if(a[i][j]==NULL) return false;
        }
    }
    return true;
}
void FreeArray(int* &a) //释放并删除一维动态数组
{
    delete a;
    a=NULL;
}
void Free1Array(Array2D &a, int row) //释放并删除二维动态数组
{
    for(int i=0; i<row; i++)    delete a[i];
    delete [] a;
    a=NULL;
}
void FreeArray(Array3D &a, int d1, int d2) //释放并删除三维动态数组
{
    for(int i=0; i<d1; i++) {
        for(int j=0; j<d2; j++) delete a[i][j];
        delete [] a[i];
    }
    delete [] a;
    a=NULL;
}
void PrintArray(Array1D a, int d) //输出一维动态数组
{
    for(int i=0; i<d; i++) cout<<a[i]<<" ";
    cout<<endl;
}
void PrintArray(Array2D a, int d1, int d2)//输出二维动态数组
{
    for(int i=0; i<d1; i++) {
        for(int j=0; j<d2; j++) cout<<a[i][j]<<" ";
        cout<<endl;
    }
}
void PrintArray(Array3D a, int d1, int d2, int d3)//输出三维动态数组
{
    for(int i=0; i<d1; i++) {
        for(int j=0; j<d2; j++) {
```

```
                for(int k=0; k<d3; k++) cout<<a[i][j][k]<<" ";
                cout<<endl;
            }
            cout<<endl;
        }
    }
    void main()
    {
        Array1D A;  //定义一维动态数组指针
        Array2D B;  //定义二维动态数组指针
        Array3D C;  //定义三维动态数组指针
        cout<<"动态一维数组"<<endl;
        CreateArray(A, 3);
        for(int i=0; i<3; i++) A[i]=i;
        PrintArray(A, 3);
        FreeArray(A);
        cout<<"动态二维数组"<<endl;
        CreateArray(B, 3, 4);
        for(i=0; i<3; i++) {
            for(int j=0; j<4; j++) B[i][j]=i*4+j;
        }
        PrintArray(B, 3, 4);
        FreelArray(B, 3);
        cout<<"动态三维数组"<<endl;
        CreateArray(C, 2, 3, 4);
        for(i=0; i<2; i++) {
            for(int j=0; j<3; j++)
                for(int k=0; k<4; k++) C[i][j][k]=i*12+j*4+k;
        }
        PrintArray(C, 2, 3, 4);
        FreeArray(C, 2, 3);
    }
```

4.1.4　多维数组的一维数组存储

多维数组还可以采用一维数组存储实现。例如，一个第 1 维长度为 d_1、第 2 维长度为 d_2 的二维数组可用一个长度 $d_1 \times d_2$ 的一维数组存储实现，用一维数组存储本来需用二维数组存储的栅格图形数据和阵列图像数据或原本需要用三维数组存储的网格立方体数据，可以为数据的某些处理带来方便，如需对频繁变化的数据进行实时的快速排序处理等。用一维数组代替多维数组的另一个好处是节省维持多维数组快速访问的中间地址存储开销，对较大规模的多维数组，尤其对前面几维长度较长的多维数组而言，这种额外的空间开销也是不容忽视的。

若用一维数组 $B[d_1 \times d_2]$ 代替二维数组 $A[d_1][d_2]$，一维数组 B 按行主序或行优先规则顺序存储二维数组 A 中各行元素，原本对二维数组元素 $A[i][j]$ 的访问就变成对一维数组元素 $B[i \times d_2 + j]$ 的访问，这是由于二维数组的行列号均从 0 开始，第 i 行前有 0 到 $i-1$ 共 i 行，每行有 d_2 个元素，共 $i \times d_2$ 个元素，在第 i 行上，j 位置之前有 0 到 $j-1$ 共 j 个元素，$A[i][j]$ 相对于 $A[0][0]$ 的位移量为 $i \times d_2 + j$，所以二维数组元素 $A[i][j]$ 对应一维数组元素 $B[i \times d_2 + j]$。

同理，若用一维数组 $B[d_1 \times d_2 \times d_3]$ 代替三维数组 $A[d_1][d_2][d_3]$，原本对三维数组元素 $A[i][j][k]$ 的访问就变成对一维数组元素 $B[i \times d_2 \times d_3 + j \times d_3 + k]$ 的访问，这是由于第 1 维下标相同的元素个数为 $d_2 \times d_3$，第一维下标小于 i 的元素个数为 $i \times d_2 \times d_3$，第 1 维下标等于 i 且第 2 维下标小于 j 的元素个数为 $j \times d_3$，第 1 维下标等于 i 且第 2 维下标等于 j 且第 3 维下标小于 k 的元素个数为 k。所以三维数组元素 $A[i][j][k]$ 对应一维数组元素 $B[i \times d_2 \times d_3 + j \times d_3 + k]$，或对应 $B[i \times d + j \times d_3 + k]$，其中 $d = d_2 \times d_3$。

对替代多维数组的一维数组的使用和元素访问可能会过多采用元素在原多维数组的位置下标进行，这就要用到上面给出的位移量计算方法，将多维下标转换为一维下标。对替代二维数组的一维数组而言，一次单元访问需为定位做乘法和加法各 1 次；对替代三维数组的一维数组而言，一次单元访问需为定位做乘法和加法各 2 次。显然，对高频度的数据元素访问而言，下标转换计算对访问效率有所影响。

4.2　特殊矩阵的压缩存储

矩阵（matrix）是一个按照长方或正方阵列排列的复数或实数集合，是高等代数学中的常见工具，如数学方程组的系数及常数所构成的矩阵。矩阵也常见于应用信息学所涉及的广泛领域，如数字图像处理、数字地形分析、遥感图像处理等。

有一些应用广泛而形式特殊的矩阵，例如对称矩阵、下三角矩阵、上三角矩阵、稀疏矩阵和准对角矩阵等，本节深入讨论这些特殊矩阵的压缩存储结构，分析并给出其访问方法和基本运算算法。

如图 4.5 所示，由 $m \times n$ 个数据元素 a_{ij} 排成的 m 行 n 列的数表称为 m 行 n 列的矩阵，简称 $m \times n$ 矩阵，当 $m = n$ 时，矩阵转变为其特例形式——方阵。

$$A = \begin{bmatrix} a_{1,1} & a_{1,2} & a_{1,3} & \cdots & a_{1,n} \\ a_{2,1} & a_{2,2} & a_{2,3} & \cdots & a_{2,n} \\ a_{3,1} & a_{3,2} & a_{3,3} & \cdots & a_{3,n} \\ \vdots & \vdots & \vdots & & \vdots \\ a_{m,1} & a_{m,2} & a_{m,3} & \cdots & a_{m,n} \end{bmatrix}$$

图 4.5　矩阵 $A_{m \times n}$ 示意

数据元素 a_{ij} 位于矩阵 A 的第 i 行第 j 列，称为矩阵 A 的 (i, j) 元素，规模为 $m \times n$ 矩阵 A 也记作 A_{mn}。

4.2.1 对称矩阵的压缩存储

对称矩阵(symmetric matrices)首先是方形矩阵，它是指以主对角线为对称轴，各元素均与主对角线对称位置上元素相等的矩阵。对称矩阵 $A_{n\times n}$ 有一些基本性质，如 $a_{ij}=a_{ji}$；对称矩阵的转置矩阵和自身相等；两个对称矩阵的和也是对称矩阵；两个对称矩阵的乘积也是对称矩阵，当且仅当乘积顺序可交换。

对称矩阵 A 的压缩存储旨在消除数据冗余，因此，对它的每一对相互对称的元素仅需分配一个存储空间，以存储下三角部分或上三角部分实现压缩存储。为方便元素定位，通常存储其包含主对角线在内的下三角部分，这样仅占用 $n(n+1)/2$ 个存储空间，显然，当 n 充分大时数据压缩比接近 2。用一个一维数组存储对称矩阵的下三角部分的元素，按行的顺序依次存储，如图 4.6 所示，对称矩阵的第 1 行存储前 1 个元素，第 2 行存储前 2 个元素，…，第 i 行存储前 i 个元素，…，第 n 行存储全部 n 个元素。

0	1	2	3	4	5		$n(n-1)/2$		$n(n+1)/2-1$
$a_{1,1}$	$a_{2,1}$	$a_{2,2}$	$a_{3,1}$	$a_{3,2}$	$a_{3,3}$	…	$a_{n,1}$	…	$a_{n,n}$

图 4.6 对称矩阵压缩存储

对压缩存储的对称矩阵元素 a_{ij} 的访问需根据行列号 (i, j) 计算该元素在一维数组中的下标。假设 a_{ij} 为对称矩阵的下三角元素$(i\geqslant j)$，在一维数组存储的下三角元素中，元素 a_{ij} 前面的 $i-1$ 行上有 $1+2+\cdots+i-1=i(i-1)/2$ 个元素，第 i 行前面还有 $j-1$ 个元素，所以，元素 a_{ij} 前面共有 $i(i-1)/2+j-1$ 个元素，相对于元素 a_{11} 的下标位置 0，元素 a_{ij} 的下标为 $j(j-1)/2+i-1$；根据对称矩阵的性质 $a_{ij}=a_{ji}$，对上三角部分元素 $a_{ij}(i<j)$ 的访问就是对下三角元素 a_{ji} 的访问。综上，压缩存储的对称矩阵元素 a_{ij} 的下标计算公式为

$$k=\begin{cases} i(i-1)/2+j-1 & i\geqslant j \\ j(j-1)/2+i-1 & i<j \end{cases}$$

4.2.2 下三角矩阵的压缩存储

如果一个方形矩阵对角线上方的元素全部为 0 或常数 c，则称为下三角矩阵，如图 4.7(a)所示。下三角矩阵有一些基本性质，如两个下三角矩阵的和、差、积都是下三角矩阵；如果一个下三角矩阵可逆，则其逆矩阵也是下三角矩阵等。

$$A=\begin{bmatrix} a_{1,1} & c & c & \cdots & c \\ a_{2,1} & a_{2,2} & c & \cdots & c \\ a_{3,1} & a_{3,2} & a_{3,3} & \cdots & c \\ \vdots & \vdots & \vdots & & \vdots \\ a_{n,1} & a_{n,2} & a_{n,3} & \cdots & a_{n,n} \end{bmatrix} \qquad A=\begin{bmatrix} a_{1,1} & a_{1,2} & a_{1,3} & \cdots & a_{1,n} \\ c & a_{2,2} & a_{2,3} & \cdots & a_{2,n} \\ c & c & a_{3,3} & \cdots & a_{3,n} \\ \vdots & \vdots & \vdots & & \vdots \\ c & c & c & \cdots & a_{n,n} \end{bmatrix}$$

(a)   (b)

图 4.7 下三角矩阵和上三角矩阵示意

下三角矩阵的压缩存储与对称矩阵压缩存储基本一致，只是在一维数组的最后增加

一个存储单元用于存储常数 c，因此，一维数组的长度为 $n(n+1)/2+1$，如图 4.8 所示。

0	1	2	3	4	5		$n(n-1)/2$		$n(n+1)/2-1$	$n(n+1)/2$
$a_{1,1}$	$a_{2,1}$	$a_{2,2}$	$a_{3,1}$	$a_{3,2}$	$a_{3,3}$	$\cdots$	$a_{n,1}$	$\cdots$	$a_{n,n}$	c

图 4.8　下三角矩阵压缩存储

显然，下三角矩阵的下三角元素在压缩存储结构中的下标计算也与对称矩阵一致，若访问下三角矩阵的上三角元素，则直接定位到一维数组最后单元的下标地址 $n(n+1)/2$，故压缩存储的下三角矩阵元素 a_{ij} 的下标计算公式为

$$k = \begin{cases} i(i-1)/2+j-1 & i \geqslant j \\ n(n+1)/2 & i < j \end{cases}$$

4.2.3　上三角矩阵的压缩存储

上三角矩阵如图 4.7(b) 所示，主对角线以下都是 0 或常数 c 的方阵称为上三角矩阵，上三角矩阵具有与下三角矩阵类似的性质。由于上三角矩阵的转置矩阵是下三角矩阵，所以上三角矩阵的压缩存储可以通过一个一维数组顺序存储其转置矩阵简单地实现。如果将图 4.8 中一维数组存储的每个元素的行列下标对调，就实现了上三角矩阵的压缩存储形式，如图 4.9 所示。当然，如果按列主序规则顺序存储上三角矩阵中主对角线及以上元素也会得到同样的结果。

0	1	2	3	4	5		$n(n-1)/2$		$n(n+1)/2-1$	$n(n+1)/2$
$a_{1,1}$	$a_{1,2}$	$a_{2,2}$	$a_{1,3}$	$a_{2,3}$	$a_{3,3}$	$\cdots$	$a_{1,n}$	$\cdots$	$a_{n,n}$	c

图 4.9　上三角矩阵压缩存储

利用上三角矩阵与下三角矩阵的对称性，参照对称矩阵压缩存储的下标计算方法，压缩存储的上三角矩阵元素 a_{ij} 的下标计算公式为

$$k = \begin{cases} j(j-1)/2+i-1 & i \leqslant j \\ n(n+1)/2 & i > j \end{cases}$$

4.2.4　对角矩阵的压缩存储

对角矩阵是一个除主对角线及其两侧相邻位置上的元素外皆为 0 的矩阵，也称为三对角矩阵，如图 4.10 所示。需要指出，对角矩阵主对角线及其两侧相邻位置上的元素可以为包括 0 在内的合法值。对角矩阵的压缩存储采用一维数组存储其每行对角线上及左右相邻的两个元素，即首尾两行仅存储 2 个元素，其他各行均存储 3 个元素，如图 4.11 所示。

$$A = \begin{bmatrix} a_{1,1} & a_{1,2} & 0 & 0 & \cdots & 0 & 0 & 0 & 0 \\ a_{2,1} & a_{2,2} & a_{2,3} & 0 & \cdots & 0 & 0 & 0 & 0 \\ 0 & a_{3,2} & a_{3,3} & a_{3,4} & \cdots & 0 & 0 & 0 & 0 \\ \vdots & \vdots & \vdots & \vdots & & \vdots & \vdots & \vdots & \vdots \\ 0 & 0 & 0 & 0 & \cdots & a_{n-2,n-3} & a_{n-2,n-2} & a_{n-2,n-1} & 0 \\ 0 & 0 & 0 & 0 & \cdots & 0 & a_{n-1,n-2} & a_{n-1,n-1} & a_{n-1,n} \\ 0 & 0 & 0 & 0 & \cdots & 0 & 0 & a_{n,n-1} & a_{n,n} \end{bmatrix}$$

图 4.10　对角矩阵示意

0	1	2	3	4	5	6	7	$3n-2$	$3(n-1)$
$a_{1,1}$	$a_{1,2}$	$a_{2,1}$	$a_{2,2}$	$a_{2,3}$	$a_{3,2}$	$a_{3,3}$	$a_{3,4}$	$\cdots$	$a_{n,n-1}$	$a_{n,n}$

图 4.11　对角矩阵的压缩存储

为确定压缩存储的对角矩阵元素 $a_{ij}(|i-j|<2)$ 在一维数组中的下标相对于元素 $a_{1,1}$ 下标的位移量，需计算一维数组中元素 a_{ij} 前面存储有多少元素，由于对角矩阵中它前面有 $i-1$ 行，除首行为 2 个元素外，其余各行均为 3 个元素，在第 i 行上它前面有 $j-i+1$ 个元素，故元素 a_{ij} 前面共有 $3(i-1)-1+j-i+1=2i+j-3$ 个元素，故压缩存储的对角矩阵元素 a_{ij} 所在一维数组单元下标计算公式为

$$k = 2i + j - 3 \quad 当 \ |i-j|<2$$

4.2.5　特殊矩阵类型定义与基本运算

特殊矩阵结构类型 SpecialMat 包括压缩存储顺序表指针 data、类型 type 和矩阵规模 size 三个分量，初始化时通过动态申请开辟数组 data 的内存空间，特殊矩阵类型以 1、2、3、4 分别表示对称矩阵、下三角矩阵、上三角矩阵和对角矩阵，矩阵的类型和规模 size 为创建顺序表数组空间提供依据。特殊矩阵基本运算操作包括初始化、赋值运算、取值运算等，它们的实现函数分别为 InitSpecialMat、Assign、GetValue。初始化函数根据待创建特殊矩阵的类型和规模开辟相适应容量的 data 数组，对输入的矩阵元素数据通过调用赋值函数 Assign 存储到 data 数组的适当位置，赋值运算和取值运算的实现函数中都采用上述压缩存储下标定位计算方法。

算法程序 4.4

```
typedef int ElemType;
struct SpecialMat  //特殊矩阵线性表数据类型
{
    ElemType *data;//定义线性表向量指针
    int type;      //特殊矩阵类型
    int size;      //特殊矩阵规模
};
void Assign(SpecialMat &m, int i, int j, ElemType v)
{
    if(m.type==1) {  //对称矩阵
        if(i>=j) m.data[i*(i-1)/2+j-1]=v;
```

```
        else m.data[j*(j-1)/2+i-1]=v;
    }
    else if(m.type==2) {  //下三角矩阵
        if(i>=j) m.data[i*(i-1)/2+j-1]=v;
        else m.data[m.size*(m.size+1)/2]=v;
    }
    else if(m.type==3) {  //上三角矩阵
        if(i<=j)  m.data[j*(j-1)/2+i-1]=v;
        else m.data[m.size*(m.size+1)/2]=v;
    }
    else  {  //对角矩阵
        if(abs(i-j)<2)  m.data[2*i+j-3]=v;
    }
}
void InitSpecialMat(SpecialMat &m, int type, int size)
{
    char s[4][12]={"对称矩阵","下三角矩阵","上三角矩阵","对角矩阵"};
    cout<<"初始化"<<s[type-1]<<endl;
    int row, col,value;
    int length=(type<=3)?size*(size+1)/2:3*size-2;
    int unitnum=(m.type==1||m.type==4)?length:length+1;
    m.type=type;
    m.size=size;
    m.data=new ElemType[unitnum];
    for(int i=0; i<length; i++) {
        cout<<"请输入行、列、元素值:"<<endl;
        cin>>row>>col>>value;
        Assign(m, row, col, value);
    }
    if(m.type==2||m.type==3) {
        cout<<"请输入上/下三角常数值:"<<endl;
        cin>>value;      //输入上三角或下三角的常数值
        m.data[length]=value;
    }
}
ElemType GetValue(SpecialMat m, int i, int j)
{
    if(m.type==1) { //对称矩阵
        if(i>=j) return m.data[i*(i-1)/2+j-1];
        else return m.data[j*(j-1)/2+i-1];
    }
    else if(m.type==2) {  //下三角矩阵
```

```
        if(i>=j)  return m.data[i*(i-1)/2+j-1];
        else return m.data[m.size*(m.size+1)/2];
    }
    else if(m.type==3) {  //上三角矩阵
        if(i<=j)  return m.data[j*(j-1)/2+i-1];
        else return m.data[m.size*(m.size+1)/2];
    }
    else {  //对角矩阵
        if(abs(i-j)<2)  return m.data[2*i+j-3];
        else return 0;
    }
}
```

4.3　稀　疏　矩　阵

若矩阵中数值为 0 的元素数量远远多于非 0 元素数量且所有非 0 元素呈无规律性分布，则称该矩阵为稀疏矩阵(sparse matrix)。矩阵中非零元素个数与矩阵元素总数之比称为矩阵的稠密度，通常认为当稠密度小于等于 0.05 时，则称该矩阵为稀疏矩阵。在科学工程计算领域中稀疏矩阵的应用非常广泛和常见，由于稀疏矩阵中非 0 元素的数量相对于矩阵规模($m×n$)非常小，无论从节省空间的角度还是有利于高效运算的角度，对稀疏矩阵进行压缩存储都显得非常必要。下面介绍稀疏矩阵主要的两种压缩存储结构，即三元组存储结构和十字链表存储结构。

4.3.1　三元组存储结构

基于仅存储非 0 元素的规则，三元组存储结构使用一个三元组结构线性表存储稀疏矩阵的所有非 0 元素及其位置信息。所谓三元就是指非 0 元素的行下标、列下标和值三个特征要素，线性表采用三元组结构类型定义的一维数组顺序实现。例如，图 4.12 中给出了一个 7×9 的稀疏矩阵 A 及其对应的三元组存储结构，三元组结构中包括稀疏矩阵的行数 nrow、列数 ncol、非 0 元素数量 count 和指向三元组顺序表的指针 data(数组)等 4 个分量。三元组顺序表可以采用定义静态数组方式实现，也可以采用创建动态数组方式实现，而后者具有较强的灵活性。

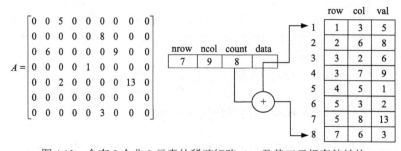

图 4.12　含有 8 个非 0 元素的稀疏矩阵 $A_{7×9}$ 及其三元组存储结构

1. 三元组及三元组矩阵结构定义

```
typedef int ElemType;
const int MaxTerms=200;   //三元组顺序容量
const double Threshold=1.0e-8;  //0值门限
struct Triples   //三元组结构类型
{
    int row, col;  //行号、列号
    ElemType val;  //非0元素
};
struct TriMatrix
{
    int nrow, ncol, count;     //稀疏矩阵行数、列数、非零元素总数
    Triples data[MaxTerms+1];  //结点数组
};
```

2. 三元组初始化及插入和创建算法

三元组数据通常按规格化组织，即非 0 元素按照以行为主序、列为辅序的规则顺序排列，这样对给定的稀疏矩阵，表示其压缩存储的三元组顺序表应是唯一的。三元组存储的稀疏矩阵因更新带来的三元组顺序表长度变化可以在表最大容量允许范围内扩展或缩减。三元组初始化算法函数 InitTriMat 设置一个 m 行 n 列稀疏矩阵空的三元组，并为插入元素操作预先设置监测哨兵。插入元素算法 InsertTriMat 按行主序列辅序规则插入一个元素到三元组中，并保持三元组顺序表的规格化。创建三元组矩阵算法 CreateTriMat 在初始化处理后，将输入的一批非 0 元素信息逐个有序插入到三元组顺序表中，该算法对非 0 元素输入顺序没有特殊要求，但创建的三元组满足行主序列辅序的规格化条件。

算法程序 4.5

```
void InitTriMat(TriMatrix &a,int m, int n)  //初始化三元组矩阵
{
    a.nrow=m;  //行数
    a.ncol=n;   //列数
    a.count=0;  //非0元素总数
    a.data[0].row=a.data[0].col=0;  //设置"哨兵"
}
bool InsertTriMat(TriMatrix &a, int row, int col, ElemType val)
{ //元素有序插入
    if(a.count>=MaxTerms) return false;  //三元组上溢
    for(int k=a.count; row<a.data[k].row; k--)
        a.data[k+1]=a.data[k];
    while(row==a.data[k].row&&col<a.data[k].col) {
        a.data[k+1]=a.data[k];
        k--;
```

```
        }
        k++;
        a.data[k].row=row;
        a.data[k].col=col;
        a.data[k].val=val;
        a.count++;
        return true;
    }
TriMatrix CreateTriMat(int m, int n, int count)
    {
        TriMatrix a;
        InitTriMat(a, m, n);
        int row,col;
        ElemType val;
        for(int k=1;  k<=count;  k++) {
            cout<<"输入一个非零元素的三元组值"<<endl;
            cin>>row>>col>>val;
            InsertTriMat(a, row, col, val);
        }
        return a;
    }
```

3. 三元组矩阵取值与赋值算法

三元组矩阵取值算法函数 GetTriMat 通过顺序搜索三元组顺序表，查找是否存在行 i 列 j 的非 0 元素，若查找成功，则返回相应的非 0 元素值，否则，返回 0。三元组矩阵元素赋值算法函数 AssignTriMat 允许对稀疏矩阵的任意元素赋 0 值或非 0 值，以满足对稀疏矩阵的更新需求。算法通过搜索三元组顺序表确定行 i 列 j 的元素是否为非 0 元素，对指定元素为非 0 元素的情形，若赋新的非 0 值，则进行值的更新，若赋 0 值，则从三元组顺序表中删除该元素；对指定元素为 0 元素的情形，若赋非 0 值，则调用插入算法将非 0 元素及下标信息插入到三元组顺序表中，若赋 0 值，则直接返回。

算法程序 4.6
```
ElemType GetTriMat(TriMatrix &a, int i, int j)
    {
        for(int k=1; k<=a.count; k++) { //搜索三元组顺序表
            if(a.data[k].row==i && a.data[k].col==j)
                return a.data[k].val;
        }
        return 0;
    }
void DelTriMat(TriMatrix &a, int k)
    {
```

```
    for(int i=k; i<a.count; i++) {
        a.data[i].row=a.data[i+1].row;
        a.data[i].col=a.data[i+1].col;
        a.data[i].val=a.data[i+1].val;
    }
    a.count--;
    return;
}
void AssignTriMat(TriMatrix &a, int i, int j, ElemType val)
{
    for(int k=1; k<=a.count; k++) {  //搜索三元组顺序表
        if(a.data[k].row==i&&a.data[k].col==j) {
            if(fabs(val)>Threshold) a.data[k].val=val;
            else DelTriMat(a, k);
            return;
        }
    }
    if(fabs(val)<=Threshold) return;
    InsertTriMat(a, i, j, val);
}
```

4. 三元组稀疏矩阵的转置

转置运算是矩阵最常用的基本运算。对于一个 $n\times m$ 的矩阵 A，其转置矩阵 $B=A^{\mathrm{T}}$ 为一个 $m\times n$ 的矩阵，且 $b_{ij}=a_{ji}$，$1\leqslant i\leqslant n$，$1\leqslant j\leqslant m$。对三元组存储结构的稀疏矩阵 A 而言，其转置矩阵 B 仍然为稀疏矩阵，转置操作步骤应包括：①顺序表的变换复制，即按顺序将矩阵 A 三元组顺序表的每一个非 0 元素提取并将行下标与列下标互换后复制到矩阵 B 的三元组顺序表中；②对矩阵 B 的三元组顺序表做规格化处理，即按行主序、列辅序规则重新排列表元素；③矩阵参数复制，即将矩阵 A 的列数作为 B 的行数，矩阵 A 的行数作为 B 的列数，矩阵 A 的非 0 元素总数作为 B 的非 0 元素总数。图 4.13 列出了图 4.12

	row	col	val
1	1	3	5
2	2	6	8
3	3	2	6
4	3	7	9
5	4	5	1
6	5	3	2
7	5	8	13
8	7	6	3

A

转置

	row	col	val
1	2	3	6
2	3	1	5
3	3	5	2
4	5	4	1
5	6	2	8
6	6	7	3
7	7	3	9
8	8	5	13

$B=A^{\mathrm{T}}$

行	元素个数	起始位置
1	0	1
2	1	1
3	2	2
4	0	4
5	1	4
6	2	5
7	1	7
8	1	8
9	0	9

B矩阵各行元素计数及起址

图 4.13　三元组矩阵转置和转置矩阵各行元素计数及起址计算

中稀疏矩阵 A 及其转置矩阵 B 的三元组顺序表。实际的转置运算可以通过适当处理省去为规格化而进行的排序处理，具体有两种可行的方法。

一种方法是按非 0 元素列下标递增顺序将矩阵 A 三元组顺序表中所有元素经行列对调后拷贝到矩阵 B 的三元组顺序表中。算法通过两重循环实现，外循环产生列下标递增序列，内循环遍历矩阵 A 三元组顺序表，对符合当前列下标的元素，交换行列下标后顺序复制到矩阵 B 的三元组顺序表中，下面为其实现算法。

算法程序 4.7

```
TriMatrix TransTriMat(TriMatrix &a)   //求矩阵a转置矩阵
{
    TriMatrix b;
    b.nr=a.nc;
    b.nc=a.nr;
    b.ne=a.ne;
    if(b.ne==0) return b;
    for(int col=1, n=1; col<=a.nc; col++) {//按转置矩阵行序处理
        for(int k=1; k<=a.ne; k++) {   //遍历三元组
            if(a.data[k].col==col) {   //对列为col的元素进行复制
                b.data[n].col=a.data[k].row;
                b.data[n].row=a.data[k].col;
                b.data[n].val=a.data[k].val;
                n++;
            }
        }
    }
    return b;
}
```

另一种方法，通过对矩阵 A 三元组顺序表的一次遍历统计矩阵 A 各列中的元素个数，即统计出其转置矩阵 B 各行中的元素个数；据此计算矩阵 B 各行元素在其三元组顺序表的起始位置，具体如图 4.13 所示，首先设置矩阵 B 第 1 行元素在三元组顺序表中的起始位置为 1，按以后每一行元素的起始位置等于上一行的元素个数加上起始位置的计算方法，依次递推以后各行元素在三元组顺序表中的起始位置；最后按顺序逐个将矩阵 A 三元组顺序表中的元素提取并经行列互换后复制到 B 三元组顺序表的相应位置。下面为相应的三元组矩阵转置算法。

算法程序 4.8

```
TriMatrix TransTriMat (TriMatrix &a)
{
    TriMatrix b;
    b.nr=a.nc;
    b.nc=a.nr;
    b.ne=a.ne;
    if(b.ne==0) return b;
```

```
int *pos=new int[a.nc+1];
for(int j=0; j<=a.nc; j++) pos[j]=0;
for(int k=1; k<=a.ne; k++) {   //扫描A三元组统计各列非0元素
    int col=a.data[k].col;
    pos[col]++;
}
for(int i=1, add=1; i<=b.nr; i++) {
    int num=pos[i];
    pos[i]=add;      //计算三元组B各行起始位置
    add+=num;
}
for(k=1; k<=a.ne; k++)   {   //复制三元组
    int n=pos[a.data[k].col]++;
    b.data[n].row=a.data[k].col;
    b.data[n].col=a.data[k].row;
    b.data[n].val=a.data[k].val;
}
delete [] pos;
return b;
}
```

两种转置算法时间复杂度分析，假设稀疏矩阵行数为 m，列数为 n，非 0 元素总数为 e，由第一种算法双重循环可知，其时间复杂度为 $O(n \cdot e)$；第二种算法包括 4 个串行的循环，其时间复杂度为 $O(2n+2e) = O(n+e)$。

5. 三元组稀疏矩阵的乘积运算

矩阵的乘积是常规的基本运算，对矩阵 $A_{m \times n}$ 和矩阵 $B_{n \times p}$，它们的乘积 $C_{m \times p}$ 中的元素 c_{ij} 为矩阵 A 的第 i 行的 n 个元素与矩阵 B 第 j 列的 n 个元素依次两两相乘后累加的结果，显然，其运算的时间代价为 $O(m \times n \times p)$。对于以三元组压缩结构存储的两个稀疏矩阵 A 和 B 而言，它们的乘积运算方法需适应其存储结构，并最大限度利用这种结构可能带来的运算优势。

稀疏矩阵相乘运算过程中只有那些能够相遇的非 0 元素对的乘积对目标矩阵元素的累加和有贡献，而三元组结构正好仅存储非 0 元素，所以只需关心所有相遇的非 0 元素之间的乘积并将它们累加到各自对应的目标矩阵元素上。稀疏矩阵 A 三元组中的元素 (i_a, j_a, v_a) 与稀疏矩阵 B 三元组中的元素 (i_b, j_b, v_b) 在矩阵乘运算中相遇的条件为 $j_a = i_b$，即稀疏矩阵 A 第 i_a 行的某个非 0 元素的列下标 j_a 与稀疏矩阵 B 第 j_b 列的某个非 0 元素的行下标 i_b 相同条件满足时，这两个非 0 元素会在乘运算中相遇，两者之积 $v_a \times v_b$ 作为目标矩阵 C 的元素 $c_{ia,jb}$ 的累加因子。

算法通过一个二重循环搜索两个三元组中所有可能相遇的非 0 元素对，对外层循环遍历到的每一个矩阵 A 的非 0 元素，内层循环搜索与它相遇的矩阵 B 的非 0 元素，若搜索成功，则两元素值相乘，将前者的行下标、后者的列下标和两者值的乘积按规格化形

式插入到目标矩阵 C 的三元组中，若矩阵 C 的三元组中已经存在相同行列下标的元素，则将两者值的乘积累加到该元素的值域上。由于矩阵 B 三元组也符合规格化行主序列辅序的要求，内层循环的终止条件为搜索的元素行下标大于相遇匹配元素的列下标，故内部循环的平均次数大致折半。下面给出的稀疏矩阵相乘算法函数 TriMatTimes。

算法程序 4.9

```
TriMatrix TriMatTimes(TriMatrix &a, TriMatrix &b) //三元组矩阵a与b的乘积
{
    TriMatrix c;
    c.nrow=a.nrow;
    c.ncol=b.ncol;
    c.count=0;
    for(int i=1; i<=a.count; i++) {//遍历三元组a
        int ia=a.data[i].row;
        int ja=a.data[i].col;
        for(int j=1; j<=b.count; j++) {//搜索三元组b
            int ib=b.data[j].row;
            if(ib<ja) continue;
            else if(ib>ja) break; //终止内循环
            else { //ja==ib相遇情形
                int jb=b.data[j].col;
                ElemType val=a.data[i].val*b.data[j].val;
                for(int k=c.count; ia==c.data[k].row&&jb<c.data[k].col; k--)
                    c.data[k+1]=c.data[k];
                if(ia==c.data[k].row&&jb==c.data[k].col)
                    c.data[k].val+=val; //累加
                else { //插入
                    k++;
                    c.data[k].row=ia;
                    c.data[k].col=jb;
                    c.data[k].val=val;
                    c.count++;
                }
            }
        }
    }
    return c;
}
```

假设参与相乘的稀疏矩阵 A 和 B 的非 0 元素数目分别为 T_a 和 T_b，相乘获得的目标矩阵 C 仍为稀疏矩阵且非 0 元素数目为 T_c，由于算法相继产生的相遇元素积所对应的目标矩阵元素按行主序排列，所以向 C 矩阵三元组插入或更新元素只是应对列辅序的要求。为便于分析，假设目标矩阵 C 只有一半的行上含有非 0 元素，这些行上平均有 $2T_c/n$ 个

非 0 元素数，所以向 C 三元组顺序表中插入一个元素所需的最大移动元素次数为 $2T_c/n$，算法执行时间的上限估计为 $T_a \times (T_b/2) \times 2T_c/n$，即 $T_a \times T_b \times T_c/n$，考虑到 T_c/n 通常不会超过矩阵 C 列数的 5%，故三元组稀疏矩阵乘运算的时间复杂度为 $O(T_a \times T_b)$。

4.3.2 十字链表存储结构

十字链表(cross linklist)是链式存储结构在稀疏矩阵压缩存储中的典型应用。在十字链表中，为稀疏矩阵 $A_{m \times n}$ 的每一行设置一个循环链表，同样，也为稀疏矩阵的每一列设置一个循环链表，稀疏矩阵的每一个非 0 元素用一个结点表示，并被同时置于其所在行的行链表和所在列的列链表中。十字链表的结点具有 row、col、val、right、down 等 5 个数据分量(域)，分别存放非 0 元素的行下标、列下标、非 0 值、指向本行下一非 0 元素结点的行后继指针、指向本列下一非 0 元素结点的列后继指针，结点结构如图 4.14 所示。需要说明，十字链表各行和各列的循环链表也可以改为非循环的单向链表。

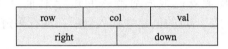

图 4.14 十字链表结点类型结构示例

为十字链表的所有行链表和所有列链表共同设置一个头结点数组，其第 i 个元素同时作为第 i 行和第 i 列的头结点 $[1 \leq i \leq \max(n,m)]$，作为行链表的头结点时，使用其 right 指针指向行上的第一个非 0 元素结点，作为列链表的头结点时，使用其 down 指针指向列上的第一个非 0 元素结点。每行最后一个结点的 right 指针指向该行头结点，每列最后一个结点的 down 指针指向该列头结点。若某行无非 0 元素，则该行头结点的 right 指针指向自身，同样，若某列无非 0 元素，则该列头结点的 down 指针指向自身。

图 4.15 给出一个 4×5 稀疏矩阵 A 的十字链表结构，其中浅灰结点为头结点，第 i 行和第 i 列共享一个头结点(i=1,2,…,5)，下标为 0 的头结点仅用来存储稀疏矩阵的行列数。

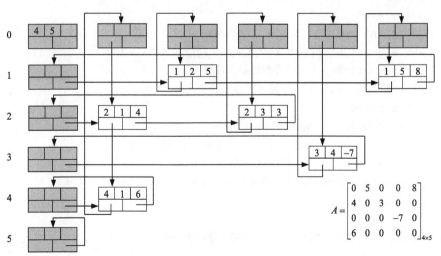

$$A = \begin{bmatrix} 0 & 5 & 0 & 0 & 8 \\ 4 & 0 & 3 & 0 & 0 \\ 0 & 0 & 0 & -7 & 0 \\ 6 & 0 & 0 & 0 & 0 \end{bmatrix}_{4 \times 5}$$

图 4.15 稀疏矩阵 $A_{4 \times 5}$ 及其十字链表结构示例

1. 十字链表类型定义及创建算法

十字链表结点结构类型 CrossLink 的定义见算法程序 4.10 前部，在此基础上给出十字链表矩阵元素插入算法实现函数 InsertCLLNode，算法首先为插入的非 0 元素创建一个结点 p，在对它的行列下标域、值域赋值后，将其插入到所在行的行链表和所在列的列链表中。插入操作首先从链表的头结点开始寻找插入位置的前驱结点 q，对结点 q 实施后插 p 结点的操作，对元素位置确定的行链表和列链表的插入操作一致。利用插入结点函数 InsertCLLNode，实现创建十字链表矩阵算法，其函数 CreateCLLMat 为十字链表头结点指针数组类型函数。算法首先开辟适合稀疏矩阵行列规模的头结点指针数组head，为 i 行和 i 列的链表创建头结点并由头指针 head[i] 指向（i=0，1，2，…，max(m,n)），其中 head[0] 所指头结点不作为任何行列链表的头结点，其 row 域和 col 域仅用于存储矩阵的行列数；对各行和各列链表头结点的 right 指针和 down 指针进行指向结点自身的初始化，构成各行和各列空的循环链表；最后对输入的每一个非 0 元素及其位置信息调用 InsertCLLNode 函数完成对应结点的创建并插入到所在的行列链表中。

算法程序 4.10

```
struct CrossLink //十字链表结点类型定义
{
    int row, col;
    ElemType val;
    CrossLink *down, *right;
};
void InsertCLLNode(CrossLink *head[], int row, int col, ElemType val)
{ //插入非0元素结点到十字链表
    CrossLink *p=new CrossLink;
    p->row=row;
    p->col=col;
    p->val=val;
    CrossLink *q=head[row]; //q指向row行表头结点
    while(q->right!=head[row]&&q->right->col<col)
        q=q->right;    //寻找行插入位置
    p->right=q->right; //插入操作(q结点之后)
    q->right=p;
    q=head[col]; // q指向col列表头结点
    while(q->down!=head[col]&&q->down->row<row)
        q=q->down;   //寻找列插入位置
    p->down=q->down; //插入操作(q结点之后)
    q->down=p;
}
CrossLink **CreateCLLMat() //创建十字链表矩阵
{
    int row, col, count;
```

```
cout<<"输入稀疏矩阵行数、列数、非零元素个数"<<endl;
cin>>row>>col>>count;
int size=(row>col)?row:col;
CrossLink **head=new CrossLink*[size+1];  //开辟头指针数组
head[0]=new CrossLink;
head[0]->row=row;
head[0]->col=col;
for(int i=1; i<=size; i++) {  //构造头结点单链表
    head[i]=new CrossLink;
    head[i]->right=head[i]->down=head[i];  //构造行和列的空循环链表
}
for(i=1; i<=count; i++) {
    ElemType value;
    cout<<"输入行、列、元素值"<<endl;
    cin>>row>>col>>value;
    InsertCLLNode(head,row,col,value);  //插入一个非0元素结点到十字链表
}
return head;  //返回头结点数组指针
}
```

2. 十字链表矩阵元素取值与赋值算法

十字链表矩阵元素的取值算法函数 GetCLLMat 通过对元素位置所在行的行链表的一次顺序搜索,确定该行是否有列下标为 j 的非 0 元素结点存在,若存在,则返回该元素值;否则,返回 0 值。十字链表矩阵元素的赋值算法函数 AssignCLLMat 同样允许对稀疏矩阵的任意元素赋 0 值或非 0 值,以满足对稀疏矩阵的更新需求。算法首先通过查找元素位置对应的行链表,以确定指定元素是否为非 0 元素还是 0 元素,对于指定元素为非 0 元素,若赋 0 值,则直接调用删除结点函数 DeleteCLLNode 将该非 0 元素结点从十字链表删除,若赋非 0 值,则直接进行元素值的更新;对于指定元素为 0 元素,若赋值 0,则直接返回,若赋非 0 值,则调用 InsertCLLNode 函数将该元素结点插入到应在的行列链表中。

算法程序 4.11

```
ElemType GetCLLMat(CrossLink *head[], int i, int j)  //取十字链表矩阵单元值
{
    CrossLink *q=head[i]->right;  //q指向row行首结点
    while(q!=head[i]&&q->col<j)
        q=q->right;              //寻找行插入位置
    if(q->col==j) return q->val;
    return 0;
}
void DeleteCLLNode(CrossLink *head[], int i, int j)  //删除十字链表矩阵单元
{
```

```
CrossLink *p=head[i]->right;  //p指向row行首结点
while(p!=head[i]&&p->col<j)
    p=p->right;
if(p->col!=j) return;
else {
    CrossLink *q=head[i];  //q指向i行表头结点
    while(q->right!=p)
        q=q->right;  //寻找前驱
    q->right=p->right;
    q=head[j];       //q指向j列表头结点
    while(q->down!=p) //寻找前驱
        q=q->down;
    q->down=p->down;
    delete p;
    }
}
void AssignCLLMat(CrossLink *head[], int i, int j, ElemType value)
{ //十字链表矩阵赋值
    CrossLink *q=head[i]->right;  //q指向row行首结点
    while(q!=head[i]&&q->col<j)
        q=q->right;
    if(q->col==j) { //该位置存在非零元素
        if(fabs(value)>Threshold) q->val=value;
        else DeleteCLLNode(head, i, j);
    }
    else {  //该位置不存在非零元素
        if(fabs(value)<=Threshold) return;
        InsertCLLNode(head, i, j, value);
    }
}
```

4.3.3　稀疏矩阵存储性能分析

作为稀疏矩阵最主要的两种压缩存储方法，三元组结构和十字链表结构各有利弊，但十字链表结构的整体优势更大。三元组结构较十字链表结构更为简单，实现相对容易；由于三元组的顺序表容量要为非0元素可能的扩展留有余地，所以空间开销上十字链表要比三元组更为紧凑；在对稀疏矩阵元素的访问方面，三元组结构通过顺序表搜索实现，假设稀疏矩阵的非0元素总数为e，元素访问时间复杂度为$O(e)$。而十字链表结构只需搜索元素所在的行链表，时间复杂度为$O(e/m)$，显然访问效率较高；规格化三元组存储结构应对元素增删操作需要一定的维护开销，十字链表存储结构更适合非0元素的增删操作；在适应稀疏矩阵的基本运算方面，十字链表结构和三元组结构各具优势。综合以上分析，十字链表更适合超大型稀疏矩阵的压缩存储和高效访问。

4.4　广　义　表

4.4.1　广义表的概念

广义表顾名思义是线性表的拓展，广义表是由 n ($n \geq 0$) 个表元素组成的有限序列，记作

$$LS = (a_1, a_2, a_3, \cdots, a_n)$$

其中，LS 是表名，表中元素 a_i 可以是数据元素，也称为原子元素，也可以是广义表元素，也称为子表元素。n 为表的长度，当 $n = 0$ 时广义表为空表；当 $n > 0$ 时，表的第一个元素 a_1 称为广义表的表头，除此之外，其他表元素组成的表 $(a_2, a_3, \cdots, a_n)$ 称为广义表 LS 的表尾。

可以看出，广义表的定义是可递归的，因为在广义表的描述中又用到广义表的概念，即广义表是由包括广义表元素在内的表元素组成的有序序列，广义表的递归定义使其具备了描述复杂结构的能力。

4.4.2　广义表的性质

根据广义表的定义分析，可以得出广义表具有有序性、有长度、有深度、可递归和可共享的性质。下面通过例举的 $A \sim F$ 等 6 个广义表的例子和图 4.16 所示的这些广义表的结构对广义表的性质加以说明。

$$A = (\ )$$
$$B = (p, q)$$
$$C = (r, (s, t, u), v)$$
$$D = (B, C, A)$$
$$E = (B, D)$$
$$F = (w, F)$$

有序性表示广义表中的元素间具有预先排定的线性次序，表元素的顺序不能变更，有序性可作为区别不同广义表的标志之一。

有长度就是指广义表具有一定数目的元素，元素个数可以为 0，此时表示为空表，如图 4.16 中广义表 A；元素个数大于 0 时，表示为非空表，非空的元素个数必须是有限的。

有深度意指当广义表的元素都是原子元素时，它的深度为 1；当广义表中含有子表元素时，子表元素广义表还可以由包括其他子表元素在内的表元素组成，作为第 1 层广义表的子表元素所对应的广义表处于第 2 层次，作为第 2 层广义表的子表元素所对应的广义表处于第 3 层次等，以此类推，反映出广义表多层次结构的性质，广义表的最大层次数为其深度。如图 4.16 中广义表 B 的深度为 1，C 的深度为 2，D 的深度为 3，E 的深度为 4。

可递归表现为广义表本身可以作为它的子表元素，即在广义表作为组表元素参与自

身的定义描述，例如图 4.16 中广义表 *F*，具有这一性质的广义表也称为递归表。

可共享意指一个广义表可以为两个及以上广义表的子表元素，即广义表可为多个广义表所共享。例如图 4.16 中广义表 *B* 为广义表 *D* 和 *E* 所共享。

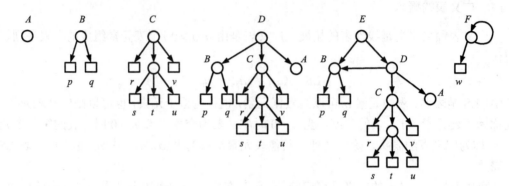

图 4.16　6 种广义表结构示例

广义表的性质中的层次性、可共享和可递归特征表明广义表是一种非线性数据结构，当广义表的所有表元素简单为原子元素时，广义表退化为其特例——线性表结构，此时只保留了有序和有长度的性质。

4.4.3　广义表的链式存储

广义表适合采用链表表示，链表可以表达广义表的层次结构，存储广义表链表的结点包含有 3 个域，即由 1 个结点标志 tag、一个互斥多值共用体和后继表元素指针 next 组成。结点标志 tag=0，表示结点类型为表头结点；结点标志 tag=1，表示结点类型为原子结点；结点标志 tag=2，表示结点类型为子表结点。共用体的成员包括表引用次数 ref、原子元素值 data 和子表元素表头指针 sublist，指针 next 指向后继元素。当结点类型为表头结点时(tag=0)，共用体存储本表引用次数；当结点类型为原子元素结点时(tag=1)，共用体存储原子元素值；当结点类型为子表元素结点时(tag=2)，共用体存储子表头结点地址。上述 6 个广义表 *A*～*F* 的层次链表表示如图 4.17。

```
#include "iostream.h"
typedef char ElemType;
struct GLNode //广义表结点类型定义
{
    unsigned char tag;
    union {
        unsigned char ref;
        ElemType data;
        GLNode *sublist;
    };
    GLNode *next;
};
```

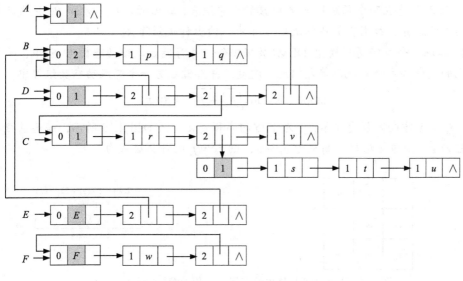

图 4.17　广义表的层次链表表示示意

习　　题

一、简答题

1. 特殊矩阵压缩存储是消除数据冗余性的顺序表存储方法，对于 $A_{n×n}$ 下三角矩阵的压缩存储，顺序表是如何存储数据元素的？请写出访问矩阵元素 A_{ij} 在压缩存储顺序表中位置(下标)的计算公式。

2. 稀疏矩阵有哪两种主要的压缩存储方法？各有什么优缺点？

3. 请画出图 4.18 所示稀疏矩阵 A 的十字链表示意图，展示十字链表中一组头结点和若干非 0 元素结点的布局和链接关系。

$$A = \begin{bmatrix} 0 & 0 & 8 & 0 \\ 0 & 6 & 0 & 3 \\ 0 & 0 & 0 & 0 \\ 0 & 0 & 1 & 0 \end{bmatrix}$$

图 4.18　稀疏矩阵示意图

4. 面向大型或超大型稀疏矩阵的压缩存储、高效访问和数据更新，采用哪种压缩存储方法更适宜，其理由是什么？

二、算法题

1. 编制程序，分别采用特殊矩阵压缩存储方法存储一个上三角矩阵和一个下三角矩阵，完成两矩阵的乘法运算并输出运算结果。

2. 编制程序，采用三元组压缩存储方式分别存储输入的两个稀疏矩阵 A_{34} 和 B_{34}，分别输出 A 和 B，将稀疏矩阵 A 转置后与稀疏矩阵 B 相乘($A^T×B$)，结果存储在三元组 C_{44} 中，并输出转置矩阵 A^T 和矩阵 C 结果。

3. 输入并建立两个稀疏矩阵 A 和 B 的十字链表，输出稀疏矩阵 A 和 B，完成两稀疏矩阵的加法运算，结果存放在稀疏矩阵 A 中，输出稀疏矩阵 A。

4. 读取一个数字高程模型(DEM)数据文件，并存储在二维动态数组 E 中，采用下列简化的差分公式计算地形单元的地形坡度，并存储在另一个二维动态数组 S 中。

$$slope = \arctan\sqrt{f_x^2 + f_y^2} \times 180/\pi$$

其中，f_x 为 X 方向高程变化率；f_y 为 Y 方向高程变化率。如图 4.19 所示，若当前栅格单元高程为 e_0，周边栅格单元高程为 $e_1 \sim e_8$，则 f_x 和 f_y 的计算公式为

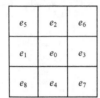

$$f_x = \frac{(e_8 + 2e_1 + e_5) - (e_7 + 2e_3 + e_6)}{8\text{cellsize}}$$

$$f_y = \frac{(e_7 + 2e_4 + e_8) - (e_6 + 2e_2 + e_5)}{8\text{cellsize}}$$

图 4.19　当前中心栅格单元高程 e_0 与周边栅格单元高程 $e_1 \sim e_8$

其中，8cellsize 为一个 DEM 栅格单元纵向或横向尺寸的 8 倍。

第5章 树

树形结构是一种重要的非线性数据结构,这种结构非常适合表达兼顾分支关系和层次关系,可以同时表征对象间的从属关系和并列关系,也是空间对象(状态)及其扩展性的表达方法。树形结构在计算机科学、信息学和图形学等相关领域中都有着广泛而深入的应用,如在计算机编译系统、关系数据库、图形检索、图形压缩、优先队列、数据排序、数据组织与查找、状态空间表达与搜索等诸多方面。

5.1 树的基本概念

5.1.1 树的定义

树(tree)是由 n $(n \geqslant 0)$ 个结点组成的有限集合。如果 $n=0$,称为空树;对于 $n>0$ 的非空树的一般情形,则有一个称之为根(root)的结点,除根以外的其他结点划分为 $m(m \geqslant 0)$ 个互不相交的有限集合 $T_1, T_2, \cdots, T_m$,每个集合又是一棵树,并称为根的子树(subtree)。

上述树的定义是递归的,它借助于树来定义树,从而刻画了树的本质和特性。若树中每个结点的子树从左到右加以有序编号,则称为有序树。以图 5.1 示意的树为例,A 为根结点,它是树中的所有其他结点的祖先,具有 4 棵互不相交的子树 $T_1 \sim T_4$,$T_1=\{B,$ $F, G, H, L, M, P\}$,$T_2=\{C, I\}$,$T_3=\{D, J, K, N\}$,$T_4=\{E\}$,其中互为兄弟结点的 B、C、D 和 E 既是根结点 A 的孩子结点,也是各自所在子树的根结点。树的这一基本性质使得树的创建、遍历、检索、处理和度量等均可以采用简洁的递归算法。

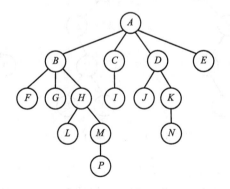

图 5.1 树形结构的示意

5.1.2 树的基本术语

树的基本术语有树的深度、结点层次、叶子结点、中间结点、结点的度、树的度、路径长度等。根结点的层次为 1,其孩子结点层次为 2,以此类推;树的深度为树中最大结点层次数；树中无孩子结点的结点为叶子结点；树中除根结点和叶子结点外的其余结点为中间结点；一个结点的孩子结点数或分支数称为该结点的度，显然，叶子结点的度为 0；树中最大的结点度数为树的度；树中两个结点之间的路径长度为连接这两个结点之间的分支数。在图 5.1 中，结点 P 处于最大的层次 5，故树的深度为 5，结点 A 拥有最大度数 4，故树的度为 4，结点 E、F、G、I、J、L、N、P 为叶子结点，结点 B、C、D、H、K、M 为中间结点，根结点 A 到结点 N 经过 3 条分支，故它们之间的路径长度为 3。

5.2 二 叉 树

5.2.1 二叉树的概念

一棵二叉树是 $n(n \geqslant 0)$ 个结点的有限集合，该集合或者为空($n=0$)，或者是由一个根结点加上左右两棵互不相交的子树构成，其中左子树和右子树可以是空树或非空的二叉树。图 5.2 给出二叉树的 5 种基本形态：(a)空二叉树；(b)只有一个根结点的二叉树，根结点的左右子树均为空；(c)由根结点及其非空左子树构成的二叉树，右子树为空；(d)由根结点及其非空右子树构成的二叉树，左子树为空；(e)由根结点及其非空左右子树构成的二叉树。图 5.3 给出了非空二叉树的 4 种基本实例。

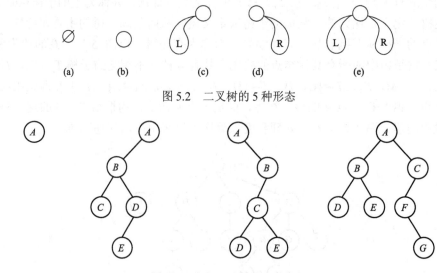

图 5.2 二叉树的 5 种形态

图 5.3 非空二叉树的 4 种实例

二叉树的每个结点最多可以向下拓展 2 个孩子结点，可以证明，一棵二叉树的第 i 层上最多可以拥有 2^{i-1} 个结点，如果一棵二叉树的每一层上都拥有最大的结点数，则这棵二叉树称为满二叉树，如图 5.4(a)所示。如果将一棵满二叉树的最底层上从最右向左连续删除 $k(k \geqslant 0)$ 个结点，这棵满二叉树就退变为一棵完全二叉树，如图 5.4(b)所示。假设一棵深度为 n 层的完全二叉树的结点数为 m，则有 $2^{n-1}-1 < m \leqslant 2^n-1$。从图 5.4 可以看出，满二叉树是完全二叉树的特例，而完全二叉树只有当其底层结点数达到该层的最大结点数时才成为满二叉树。

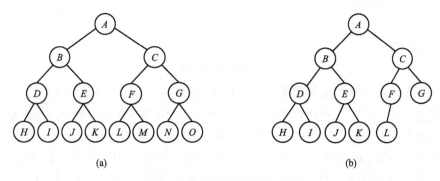

图 5.4　满二叉树和完全二叉树

5.2.2　二叉树的性质

性质 1　二叉树的第 i 层上最多有 2^{i-1} 个结点 $(i \geqslant 1)$。

根据二叉树的定义和二叉树层次的定义，该性质是显而易见的。当然，该性质可以用数学归纳法证明：当二叉树的层次 $i=1$，2 时，该性质成立；假设 $i=k$ 时，第 k 层上最多可以有 2^{k-1} 个结点成立；而当层次 $i=k+1$ 时，由于上一层即第 k 层上最多可以有 2^{k-1} 个结点，每个结点最多 2 个孩子结点，2^{k-1} 个结点最多可以有 $2 \times 2^{k-1}=2^k$ 个孩子结点，性质 1 成立。

性质 2　深度为 k 的二叉树最多有 2^k-1 个结点 $(k \geqslant 1)$。

证明：深度为 k 的二叉树如果拥有最多的结点数，则一定为一棵深度为 k 的满二叉树，根据满二叉树的定义和性质 1 可知，深度为 k 的满二叉树的结点数为

$$1+2+4+\cdots+2^{k-1} = \sum_{i=1}^{k-1} i = 2^k - 1$$

性质 3　对任何一棵二叉树，叶结点数比度为 2 的结点数多且只多 1 个。即如果二叉树的叶结点数表示为 n_0，度为 2 的结点数表示为 n_2，则有 $n_0=n_2+1$。

证明：假设二叉树中度为 1 的结点数为 n_1，显然二叉树总的结点由度为 0 的结点、度为 1 的结点和度为 2 的结点组成，即二叉树总的结点数 n 可以表示为

$$n = n_0 + n_1 + n_2 \tag{5.1}$$

二叉树中除了根结点没有父结点，其他结点都作为其父结点的孩子结点，从统计二叉树中所有孩子结点加上根结点的视角，二叉树总的结点数 n 还可以表示为

$$n = n_1 + 2n_2 + 1 \tag{5.2}$$

由式 (5.1) 与式 (5.2) 相减并整理得 $n_0 = n_2 + 1$，性质 3 成立。

性质 4　具有 n 个结点的完全二叉树的深度为 $\lfloor \log_2 n \rfloor + 1$。

证明：设具有 n 个结点完全二叉树的深度为 k，由于 n 大于深度为 $k-1$ 的满二叉树的结点个数，且小于等于深度为 k 的满二叉树的结点个数，则有

$$2^{k-1}-1 < n \leqslant 2^k-1$$

由整数性质得

$$2^{k-1} \leqslant n < 2^k$$

对上式取对数得

$$k-1 \leqslant \log_2 n < k$$

因为 $k-1$ 和 k 为两个相邻整数，故有 $k-1 = \lfloor \log_2 n \rfloor$　即 $k = \lfloor \log_2 n \rfloor + 1$。

性质 5　对于具有 n 个结点的完全二叉树，如果按照层次从上到下、层内从左至右的顺序对树中的结点进行连续编号，根结点编号为 1，其左右孩子结点编号分别为 2 和 3，对树中编号 $i(1 \leqslant i \leqslant n)$ 的结点，若 $\lfloor i/2 \rfloor \geqslant 1$，则其存在父结点且编号为 $\lfloor i/2 \rfloor$；若 $2i \leqslant n$，则其拥有左孩子结点且编号为 $2i$，若 $2i+1 \leqslant n$，则其拥有右孩子结点且编号为 $2i+1$。

证明：(1)设结点 i 位于 s 层，根据完全二叉树的定义和性质 1，该层上结点 i 前面连续有 $i-2^{s-1}$ 个结点，这些结点对应上一层靠左的 $(i-2^{s-1})/2 = i/2 - 2^{s-2}$ 父结点，这些结点的编号范围 $2^{s-2} \sim 2^{s-2} + i/2 - 2^{s-2} - 1$ 即 $2^{s-2} \sim i/2 - 1$，所以若 $i \geqslant 2$，则结点 i 父结点编号为 $i/2$。

(2)设结点 i 位于 s 层，根据完全二叉树的定义和根据性质 1，结点 i 为所在层上第 $i-2^{s-1}+1$ 个结点，前面 $i-2^{s-1}$ 个结点在 $s+1$ 层上靠左连续有 $2(i-2^{s-1}) = 2i-2^s$ 孩子结点，这些孩子结点的编号范围为 $2^s \sim 2^s + 2i - 2^s - 1$ 即 $2^s \sim 2i-1$，所以若 $2i \leqslant n$，则结点 i 拥有左孩子且编号为 $2i$，若 $2i+1 \leqslant n$，则结点 i 拥有右孩子且编号为 $2i+1$。

性质 6　若完全二叉树的结点总数为奇数，则树中不存在度为 1 的结点；若结点总数为偶数，则树中存在 1 个度为 1 的结点。

证明：根据完全二叉树的定义，若存在度为 1 的结点，其只可能处于倒数第 2 层上，假设该层度为 1 的结点数大于 1，则最底层从左到右叶子结点一定不连续，这与完全二叉树的定义相矛盾，故完全二叉树最多有 1 个度为 1 的结点。假设完全二叉树的结点总数为奇数时存在 1 个度为 1 的结点，根据性质 3 可以推出结点总数为偶数的矛盾；同理，假设完全二叉树的结点总数为偶数时不存在 1 个度为 1 的结点，根据性质 3 可以推出结点总数为奇数的矛盾，故性质 6 成立。

根据性质 3 和性质 6，对于具有 n 个结点的完全二叉树，如果 n 为奇数，则树中度为 2、度为 1 和度为 0 的结点数分别为 $\lfloor n/2 \rfloor$、0 和 $\lfloor n/2 \rfloor + 1$；如果 n 为偶数，则树中度为 2、度为 1 和度为 0 的结点数分别为 $\lfloor n/2 \rfloor - 1$、1 和 $\lfloor n/2 \rfloor$。根据性质 1、2、4，该树深度为 $k = \lfloor \log_2 n \rfloor + 1$，底层上有 $l = n - (2^{k-1} - 1) = n - 2^{k-1} + 1$ 个叶子结点，倒数第二层上还有 $2^{k-2} - \lceil l/2 \rceil$ 个叶子结点。

5.2.3　二叉树的基本操作

有关二叉树的常规操作有很多，主要的有创建与清除类、遍历类、查找类、统计或度量类等不同类型的常规操作，下面仅列出一些主要的基本操作。

1. 创建 T 为根的二叉树 CreateBiTree(BiTree &T)

调用条件：按所构造二叉树的先序序列输入元素值。
操作结果：构造 T 为根的二叉树。

2. 销除 *T* 为根的二叉树 ClearBiTree(BiTree &T)

调用条件：二叉树非空。
操作结果：销除二叉树 *T*，释放树结点空间，置 *T* 为空。

3. 先序遍历：PreOrder(BiTree T)

调用条件：无。
操作结果：按先序顺序访问二叉树 *T* 中所有结点且每个结点仅访问一次。

4. 中序遍历：InOrder(BiTree T)

调用条件：无。
操作结果：按中序顺序访问二叉树 *T* 中所有结点且每个结点仅访问一次。

5. 后序遍历：PostOrder(BiTree T)

调用条件：无。
操作结果：按后序顺序访问二叉树 *T* 中所有结点且每个结点仅访问一次。

6. 按层次遍历 LayerTraverse(BiTree T)

调用条件：无
操作结果：按层次递增顺序访问二叉树 *T* 中所有结点且每个结点仅访问一次。

7. 查找指定元素结点及其父结点 FindNode(BiTree T, ElemType x, BiTree &father)

调用条件：二叉树中存在元素值为 *x* 的结点。
操作结果：返回元素所在结点的地址，其父结点地址通过引用参数 father 获得。

8. 查找指定结点的父结点 FindParent(BiTree T, BiTreeNode *p)

调用条件：*p* 所指结点为二叉树中的结点。
操作结果：返回 *p* 结点的父结点地址，若 *p* 结点为根，则返回 NULL。

9. 求二叉树的深度 BiTreeDepth(BiTree T)

调用条件：无。
操作结果：返回二叉树 *T* 的深度，若二叉树 *T* 空，返回 0。

10. 统计二叉树结点总数 BiTreeSize(BiTree T)

调用条件：无。
操作结果：返回二叉树 *T* 中结点总数，若二叉树 *T* 空，返回 0。

11. 统计二叉树中某种类型结点数 TypeNodes（BiTree T）

调用条件：无。
操作结果：返回二叉树中该类型（如度为 0 或度为 1 或度为 2）结点数量。

12. 复制二叉树 CopyBiTree（BiTree T1, BiTree &T2）

调用条件：无。
操作结果：利用二叉树 *T*1 复制其副本二叉树 *T*2。

5.2.4 二叉树的顺序存储实现

二叉树的一种顺序实现主要面向完全二叉树，按照层次从上到下、层内从左至右的顺序，将树中的结点存储到一维数组从下标 1 起始的连续单元中，根据性质 5，顺序存储的完全二叉树的结点位置与关联结点位置存在确定的映射关系，可通过对指定结点元素的下标运算获得其孩子结点的下标地址和父结点的下标地址。为应对所存二叉树可能的扩展，通常数组开设的单元规模适当大一些。假设顺序存储的完全二叉树具有 n 个结点，对存储在数组单元 i($1{\leq}i{\leq}n$) 的结点，若 $\lfloor i/2 \rfloor{\geq}1$，则存在父结点且下标地址为 $\lfloor i/2 \rfloor$；若 $2i{\leq}n$，则其拥有左孩子结点且其下标地址为 $2i$；若 $2i+1{\leq}n$，则其拥有右孩子结点且其下标地址为 $2i+1$。图 5.4(b) 所示一棵完全二叉树的数组存储表示如图 5.5 所示。

图 5.5 完全二叉树顺序实现示意

对于一般二叉树，通过在树中补充设置一些相对于完全二叉树空缺的结点，将其转换为虚拟的完全二叉树后再进行顺序存储，树中虚拟结点值域空置不用或存储特定的标志值，以便与真实存在的二叉树结点形成区分，尽管浪费了一些存储空间，但二叉树中父子和兄弟等关联结点位置之间的映射关系得以保持。这种顺序实现方式适用于形态上较为接近完全二叉树的二叉树，对于形态与完全二叉树差异较大的二叉树，则会浪费较多的存储空间。显然，顺序存储实现的二叉树其可扩展性受到数组预设容量的制约。图 5.6 中给出一棵二叉树转换成虚拟完全二叉树及相应的顺序存储表示。

二叉树的另一种顺序实现方式为静态链表，静态链表采用一维结构数组存储，表中每个元素由结点标识符域或值域、左孩子结点指针、右孩子结点指针和父结点指针 4 个分量组成。按照二叉树层次从上到下、层内从左至右的顺序存储树结点，根结点存储在下标 1 单元。例如采用下面定义的结构体 TreeNode 可以说明和开辟一个结点规模为 SIZE（符号常数）的静态链表，符号常数 SIZE 的预设大小取决于对二叉树可能扩展结点规模的估计，图 5.7 给出的静态链表存储了图 5.6(a) 所示的二叉树。静态链表适用于任意形态的二叉树，当然，这种方式实现的二叉树的可扩展性及应用受到数组预设空间的限制。

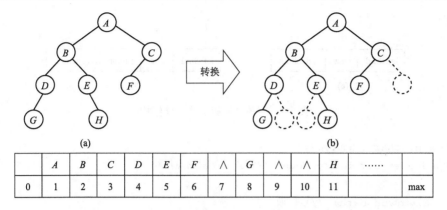

图 5.6　一般二叉树转换成虚拟完全二叉树及其顺序存储示意

```
#define SIZE 512
typedef char ElemType
struct BiTreeNode   //树结点结构定义
{
      ElemType data;  //元素值域
      int lchild ; //左孩子指针(下标)
      int rchild; //右孩子指针(下标)
      int parent; //父结点指针(下标)
};
BiTreeNode  BiTree[SIZE];  //二叉树结构数组
```

data	A	B	C	D	E	F	G	H	……	
lchild	2	4	6	7	0	0	0	0	……	
rchild	3	5	0	0	8	0	0	0	……	
parent	0	1	1	2	2	3	4	5	……	
下标	1	2	3	4	5	6	7	8		max

图 5.7　二叉树静态链表顺序实现示意

5.2.5　二叉树的链式存储实现

　　二叉树是典型的非线性逻辑结构，上述顺序存储结构不是其最佳实现方式。二叉树的链式存储通过动态内存申请获取结点存储空间，采用多个指针对关联结点实施链接，并提供一个指向根结点的指针。链式二叉树结点利用两个指针指向可能存在的左右两个孩子结点，如果需要还可以设置指向父结点的指针。链式二叉树结点由数据域、左孩子结点指针域、右孩子结点指针域和父结点指针域组成，其中左右孩子指针为必备指针，因此有二叉链表和三叉链表两种二叉树链式存储结构，如图 5.8 所示。对图 5.6(a)所示二叉树，图 5.9 给出了两种链式二叉树示意，图中结点若无左或右孩子结点，则相应的孩子结点指针域为空值；在第二种链式二叉树中，根结点无父结点，故其 parent 域为空值。

图5.8　两种二叉树链式存储结构

```
typedef char ElemType;
typedef struct BiTreeNode   //链式二叉树结点结构
{
    ElemType data; //数据域
    BiTreeNode *leftchild;  //左孩子指针
    BiTreeNode *rightchild; //右孩子指针
    BiTreeNode *parent;  //父结点指针(可省略)
} *BiTree; //二叉树指针类型符
```

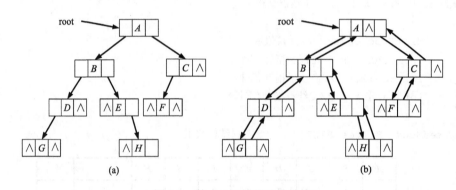

图5.9　链式二叉树的两种结构

5.2.6　二叉树的遍历及算法

按照某种顺序或路径访问二叉树中所有结点且每个结点只访问一次是重要的遍历二叉树问题(problem of traversing binary tree)，二叉树遍历操作是二叉树结点搜索、统计、度量、复制等很多操作的基础。由于二叉树的非线性结构特征，其首结点以及结点之间的逻辑顺序不是固定的，每个结点的直接先驱和直接后继也不是固定的，只有在确定了某种遍历模式的前提下，树结点的逻辑顺序才具有确定性，即结点的逻辑顺序是相对遍历模式而言的。

由二叉树的递归定义可知，一棵非空二叉树是由根结点、左子树和右子树三部分组成，而非空的左子树和右子树以及它的子树等也符合这一组成规则。如果把访问根结点、遍历左子树和遍历右子树三者之间的顺序确定下来并应用到对二叉树及它的所有子树的遍历过程中，就能获得确定性的遍历结果。假设以 V、L、R 分别表示访问根结点、遍历左子树和遍历右子树，则可能的遍历模式(方案)有 VLR、LVR、LRV、VRL、RVL、RLV六种。如果限制遍历左子树总是先于遍历右子树，则只有 VLR、LVR、LRV 三种遍历模式，分别称为先序遍历、中序遍历和后序遍历，也可形象称为先根遍历、中根遍历和后根遍历。

　　另外还有一种二叉树的遍历模式，就是从根结点开始，按照层次从上而下、层内从左至右的顺序访问二叉树的所有结点，这是一种类似广度优先遍历的逐层次遍历模式，需要借助队列结构实现。图 5.10 给出对所示二叉树的 4 种遍历结果。

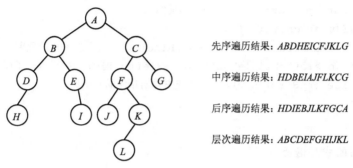

先序遍历结果：*ABDHEICFJKLG*

中序遍历结果：*HDBEIAJFLKCG*

后序遍历结果：*HDIEBJLKFGCA*

层次遍历结果：*ABCDEFGHIJKL*

图 5.10　二叉树及其 4 种遍历结果

1.　二叉树的先序遍历

　　先序遍历按照先访问根结点，再先序遍历左子树，最后先序遍历右子树的顺序进行，由于二叉树定义的递归特性，先序遍历操作可以采用递归函数实现。递归函数的执行通过运行系统的堆栈机制实现，根据遍历二叉树所需的递归深度占用相应的系统空间。最初在一棵二叉树根结点指针上运行的函数进程由两次递归调用先后激活 2 个先序遍历进程，每个被激活的先序遍历进程又可能激活 2 个先序遍历进程等，这些激活进程均遵守同样的先序遍历规则。

算法程序 5.1

```
void PreOrder(BiTree T)  //先序遍历递归函数
{
    if(T!=NULL) {
        cout<<T->data;          //访问根结点
        PreOrder(T->leftchild);   //先序遍历T的左子树
        PreOrder(T->rightchild);  //先序遍历T的右子树
    }
}
```

　　二叉树的先序遍历也可以借助一个元素类型为 **BiTree** 的链栈结构采用非递归函数形式实现。为了在访问当前结点和遍历其左子树之后能够遍历到它的右子树，应先将右子树根结点地址保存在预先设置的栈中，用栈来记录自根向下遍历过程中遇到的每一个结点的右子树，当一个结点及其左子树被遍历完成后，从栈顶弹出相应的右子树的根结点，对其继续进行先序遍历。

算法程序 5.2

```
void PreOrderTraverse(BiTree T) //非递归先序遍历
```

```
    {
        LinkStack s;                //定义链栈
        BiTreeNode *p=T;            //当前结点指针指向根结点
        InitStack(s);              //初始化空栈
        PushStack (s, NULL);       //空指针进栈
        while(p!=NULL) {
            cout<<p->data;         //访问当前结点
            if(p->rightchild!=NULL )
                PushStack(s, p->rightchild);  //进入左子树前预留右子树指针进栈
            if(p->leftchild!=NULL) p=p->leftchild;  //进入左子树
            else PopStack(s,p);    //从栈中弹出相应的右子树
        }
    }
```

2. 二叉树的中序遍历

中序遍历按照先中序遍历左子树，再访问根结点，最后中序遍历右子树的顺序进行，中序遍历操作同样可以采用递归函数实现。

算法程序 5.3

```
void InOrder(BiTree T)  //中序遍历递归函数
{
    if(T!=NULL) {
        InOrder(T->leftchild);    //中序遍历T的左子树
        cout<<T->data;            //访问根结点
        InOrder(T->rightchild);   //中序遍历T的右子树
    }
}
```

二叉树的中序遍历也可以借助一个元素类型为 **BiTree** 的链栈结构采用非递归函数形式实现。中序遍历二叉树时，每当访问一棵树的根结点之前，先遍历它的左子树，为了在遍历左子树之后能够回访到它的根结点，需先将根结点地址用预设的栈保存起来，当一个结点的左子树被遍历后，从栈顶弹出相应的父结点，在对该父结点进行访问后，进入它的右子树继续进行中序遍历。

算法程序 5.4

```
void InOrderTraverse(BiTree T)  //非递归中序遍历
{
    LinkStack s;        //定义链栈
    BiTreeNode *p=T;    //当前结点指针指向根结点
    InitStack(s);      //初始化空栈
    do {
        while(p!=NULL) {
            PushStack(s, p);      //将当前子树根结点入栈
            p=p->leftchild;       //进入左子树
```

```
    }  //遍历左子树
    if(PopStack(s,p)) {  //栈非空退栈
        cout<<p->data;   //访问根结点
        p=p->rightchild;  //进入其右子树
    }
}while(p!=NULL||!StackEmpty(s));
}
```

3. 二叉树的后序遍历

后序遍历按照先后序遍历左子树，再后序遍历右子树，最后访问根结点的顺序进行。二叉树的后序遍历过程机制类似深度优先遍历，后序遍历操作可以采用递归函数实现。

算法程序 5.5

```
void PostOrder(BiTreeNode* T)  //后序遍历递归函数
{
    if(T!=NULL) {
        PostOrder(T->leftchild);   //后序遍历T的左子树
        PostOrder(T->rightchild);  //后序遍历T的右子树
        cout<<T->data;             //访问根结点
    }
}
```

4. 二叉树的逐层遍历

逐层遍历按照二叉树层次从上到下、层内从左至右的顺序访问结点，这种浅层次优先访问原则确保上一层次上的结点访问完毕后，才能访问下一层次上的结点。由于逐层遍历类似广度优先搜索过程机制，可借助一个元素类型为 **BiTree** 的链队实现逐层遍历算法。先将根结点加入队列，循环地从队列中退出一个结点并访问之，若该结点存在左孩子，则将其入队；若该结点存在右孩子，则将其入队，循环继续，直到队列空为止。

算法程序 5.6

```
void LayerTraverse(BiTree T) //逐层遍历
{
    LinkQueue q;      //定义链队
    InitQueue(q);     //初始化队列
    EnQueue(q,T);     //根结点入队
    BiTreeNode *p;
    while(DeQueue(q,p)) {
        cout<<p->data;
        if(p->leftchild!=NULL) EnQueue(q, p->leftchild);
        if(p->rightchild!=NULL) EnQueue(q, p->rightchild);
    }
    DestroyQueue(q);
```

```
    cout<<endl;
}
```

5.2.7 链式二叉树的创建

　　链式二叉树创建算法可以采用递归函数实现，按照先序序列的顺序进行，即先创建根结点，在基础上再创建它的左子树，最后创建它的右子树，且所有子树的创建仍采用先序序列的顺序进行。假设二叉树结点的值域字段为简单字符类型，待创建的当前结点存在时，输入其标识字符；待创建的当前结点不存在时，输入代表空子树的标识字符$。

　　对于图 5.11(a)所示具有 11 个结点的二叉树，创建函数运行时输入的相应字串为*ABD$$EG$J$$$CFHK$$I$$*，其中 *ABD* 后面的 2 个$字符分别表示结点 *D* 的左子树和右子树均为空，*J* 后面的 3 个$分别表示结点 *J* 的左子树和右子树以及 *E* 的右子树均为空等。对于图 5.11(b)所示具有 12 个结点的二叉树，创建函数运行时输入的相应字串为*ABD$GJ$$K$$$CE$$FH$$IL$$$*。

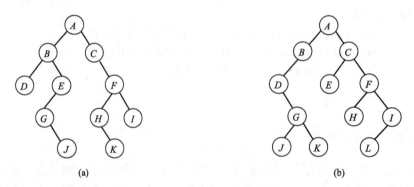

(a)　　　　　　　　　　　　　(b)

图 5.11　创建二叉树示意

算法程序 5.7

```
void CreateBiTree(BiTree &T)
{
    ElemType mark;
    cin>>mark;  //结点标识符
    if(mark=='$') T=NULL;
    else {
        T=new BiTreeNode; //创建当前结点
        T->data=mark;
        CreateBiTree(T->leftchild);  //创建左子树
        CreateBiTree(T->rightchild); //创建右子树
    }
}
```

5.2.8 链式二叉树的基本操作算法

1. 二叉树的清除

二叉树的清除需对二叉树进行删除操作，二叉树删除按照后序序列的顺序进行，若二叉树 T 存在，先删除左子树，再删除右子树，最后删除二叉树 T 的根结点，且所有子树的删除仍采用后序序列顺序进行。算法以递归函数形式实现，二叉树删除成空树后，将其二叉树指针置为空。

算法程序 5.8

```
void ClearBiTree(BiTree &T) //清除二叉树
{
    if(T!=NULL) {
        ClearBiTree(T->leftchild);  //清除左子树
        ClearBiTree(T->rightchild); //清除右子树
        delete T;                   //删除根结点
    }
    T=NULL;
}
```

2. 统计二叉树的结点总数

本操作采用递归算法对二叉树的结点总数进行统计。算法首先判断当前二叉树 T 是否存在，若二叉树 T 为空，则返回 0；否则，则将当前树的根结点计数 1 和其左右子树结点数的和作为统计值返回。

算法程序 5.9

```
int BiTreeSize(BiTree T)  //计算二叉树结点个数
{
    if(T==NULL) return 0;
    else return 1+BiTreeSize(T->leftchild)+BiTreeSize(T->rightchild);
}
```

3. 计算二叉树的深度

算法以递归函数形式实现，二叉树深度度量计算原理为：若二叉树为空，则深度为 0；若二叉树存在，其深度应为根结点所占的 1 层深度和左右子树深中的较大者之和。

算法程序 5.10

```
int BiTreeDepth(BiTree T)  //计算二叉树的深度
{
    if(T==NULL) return 0;
    int dep1=BiTreeDepth(T->leftchild);
    int dep2=BiTreeDepth(T->rightchild);
    return (dep1>dep2)?dep1+1:dep2+1;
}
```

4. 统计二叉树度为 2 的结点个数

对二叉树中的分类结点进行统计，可为二叉树的结构和性能分析提供依据。在二叉树中同时具有非空左右子树的结点称作度为 2 的结点，统计这类结点的算法仍以递归函数形式实现，其原理为：若二叉树为空，则度为 2 的结点数为 0；若二叉树 T 非空且左右子树均存在，则当前根结点确认是一个度为 2 的结点，二叉树 T 中度为 2 的结点数可以表示为根结点计数 1 加上左右子树中度为 2 的结点数之和；否则，排除当前根结点，二叉树 T 中度为 2 的结点数可以表示为左右子树中度为 2 的结点数之和。

算法程序 5.11

```
int DbranchNodes(BiTree T)  //计算二叉树度为2的结点个数
{
    if(T==NULL) return 0;
    if(T->leftchild!=NULL&&T->rightchild!=NULL)
        return 1+DbranchNodes(T->leftchild)+DbranchNodes(T->rightchild);
    else return DbranchNodes(T->leftchild)+DbranchNodes(T->rightchild);
}
```

5. 统计二叉树度为 1 的结点个数

在二叉树中仅仅具有单支子树的结点称作度为 1 的结点。统计这类结点的递归算法原理为：如果二叉树 T 为空，则度为 1 的结点数为 0；如果二叉树 T 存在左子树，则进一步判断是否存在右子树，若存在，则当前根结点作为度为 2 的结点应予以排除，二叉树 T 中度为 1 的结点数可以表示为左右子树中度为 1 的结点数之和；否则，当前根结点确认是一个度为 1 的结点，二叉树 T 中度为 1 的结点数可以表示为左子树中度为 1 的结点数+1；如果二叉树 T 不存在左子树，则进一步判断是否存在右子树，若存在，则当前根结点确认是一个度为 1 的结点，二叉树 T 中度为 1 的结点数可以表示为右子树中度为 1 的结点数+1；否则，当前根结点确认为叶子结点，T 中度为 1 的结点数为 0。

算法程序 5.12

```
int SbranchNodes(BiTree T)  //计算二叉树度为1的结点个数
{
    if(T==NULL) return 0;
    if(T->leftchild!=NULL) {
        if(T->rightchild!=NULL) //T结点度为2
            return SbranchNodes(T->leftchild)+SbranchNodes(T->rightchild);
        else return 1+SbranchNodes(T->leftchild);  //T结点度为1
    }
    else {
        if(T->rightchild!=NULL)
            return 1+SbranchNodes(T->rightchild); //T结点度为1
        else return 0;  //T为叶结点
```

```
    }
}
```

6. 统计二叉树叶子结点个数

在二叉树中不存在左右子树的结点为叶子结点，即度为 0 的结点。统计这类结点的递归算法原理为：如果二叉树 T 为空，则叶子结点数为 0；如果二叉树 T 不存在左右子树，当前根结点确认为叶子结点，二叉树 T 中叶子结点数为 1；否则，二叉树 T 中叶子结点数可以表示为左右子树中的叶子结点之和。

算法程序 5.13

```
int LeafNodes(BiTree T)  //计算二叉树叶子结点个数
{
    if(T==NULL) return 0;
    if(T->leftchild==NULL&&T->rightchild==NULL) return 1;
    else return LeafNodes(T->leftchild)+LeafNodes(T->rightchild);
}
```

7. 二叉树的复制

二叉树的复制与二叉树的创建一样也是按照先序序列的顺序进行，算法采用递归函数形式实现。即若二叉树 T_1 存在，则先创建二叉树 T_2 的根结点并将 T_1 根结点的元素值复制其中，在此基础上以 T_1 的左子树为样本复制到创建的 T_2 的左子树，最后以 T_1 的右子树为样本复制到创建的 T_2 的右子树，且所有子树的创建与复制仍采用先序序列的顺序进行。

算法程序 5.14

```
void CopyBiTree(BiTree T1, BiTree &T2)  //复制二叉树T1到T2
{
    if(T1==NULL) T2=NULL;
    else {
        T2=new BiTreeNode;
        T2->data=T1->data;
        CopyBiTree(T1->leftchild, T2->leftchild);   //复制左子树
        CopyBiTree(T1->rightchild,T2->rightchild);  //复制右子树
    }
}
```

8. 查找指定元素结点及其父结点

根据二叉树中某个结点存储的元素值查找该结点及其父结点位置是非常实用的操作。这里采用基于逐层查找的非递归算法，算法借助一个元素类型为 BiTree 的链队构建广度优先由顶向下逐层深入的搜索机制，若查找成功，返回指定结点地址，指定结点父结点的位置通过引用形参 father 取得；若查找失败，则返回空值 NULL。

算法程序 5.15

```
BiTreeNode* FindElemNode(BiTree T, ElemType x, BiTree &father)
{ //元素结点查找
    if(T->data==x) {
        father=NULL;
        return T;
    }
    LinkQueue q;      //定义链队
    InitQueue(q);     //初始化队列
    EnQueue(q,T);     //根结点入队
    while(DeQueue(q,father)) {
        if(father->leftchild!=NULL) {
            if(father->leftchild->data==x) return father->leftchild;
            else EnQueue(q, father->leftchild);
        }
        if(father->rightchild!=NULL) {
            if(father->rightchild->data==x) return father->rightchild;
            else EnQueue(q, father->rightchild);
        }
    }
    DestroyQueue(q);
    father=NULL;
    return NULL;   //查找失败
}
```

9. 查找指定结点的父结点

根据二叉树中 p 结点的地址查找该结点的父结点。采用逐层查找非递归算法，若查找成功，返回指定结点地址；若查找失败，则返回空值 NULL。

算法程序 5.16

```
BiTreeNode* FindParent(BiTree T, BiTreeNode *p) //结点及其父结点查找
{
    if(p==T) return NULL;
    LinkQueue q;      //定义链队
    InitQueue(q);     //初始化队列
    EnQueue(q,T);     //根结点入队
    BiTreeNode *father;
    while(DeQueue(q,father)) {
        if(father->leftchild==p) return father;
        if(father->rightchild==p) return father;
        if(father->leftchild!=NULL) EnQueue(q, father->leftchild);
        if(father->rightchild!=NULL) EnQueue(q, father->rightchild);
    }
```

```
    DestroyQueue(q);
    return NULL;   //查找失败
}
```

5.3 线索二叉树

5.3.1 线索二叉树的概念

在具有 n 个结点的二叉树中，共有 $2n$ 个指针域，除根结点无父结点外，其他 $n–1$ 个结点都作为其父结点的孩子结点，这些结点需要被它们父结点的某个孩子指针指向，为存储这些结点的地址需占用 $n–1$ 个指针域，显然还有 $n+1$ 个指针域处于空置状态。为此，学者 A.J.Parlis 和 C.Thornton 提出线索二叉树的概念，即利用二叉树中这些空置的指针域来存储结点前驱或后继结点的地址信息，若某个结点无左孩子或它的左孩子指针为空，则使其左孩子指针指向前驱结点；若某个结点无右孩子或它的右孩子指针为空，则使其右孩子指针指向后继结点。为了区别结点指针指向的不同含义，二叉树结点的存储结构中增加两个布尔型的线索标志字段 Lthread 和 Rthread，结点的左线索标志 Lthread=false 表明其左孩子指针名副其实，左线索标志 Lthread=true 表明其左孩子指针指向前驱结点；结点的右线索标志 Rthread=false 表明其右孩子指针名副其实，右线索标志 Rthread=true 表明其右孩子指针指向后继结点。经过线索化处理的二叉树称为线索二叉树(threaded binary tree)。

结合利用线索二叉树的线索指针与孩子指针可以提高树的遍历效率和对树中指定结点的检索效率。由于遍历模式决定了线索二叉树中每个结点的前驱和后继，所以有中序线索二叉树、先序线索二叉树和后序线索二叉树之分。

5.3.2 线索二叉树的定义

线索二叉树的结点由 5 个域构成，如图 5.12 所示，它们分别是左线索标志 Lthread、左孩子或前驱指针域 leftchild、数据域 data、右孩子或后继指针域 rightchild、右线索标志等 Rthread。

| Lthread | leftchild | data | rightchild | Rthread |

图 5.12　线索二叉树链式存储结构

```
typedef struct TBTreeNode   //线索二叉树结点结构定义
{
    bool  Lthread, Rthread;   //左右线索标志
    ElemType  data;           //数据域
    TBTreeNode *leftchild;  //左孩子指针
    TBTreeNode *rightchild; //右孩子指针
} *TBTree ; //线索二叉树结点指针类型定义
```
图 5.13 左侧给出一棵二叉树，对它的中序遍历结果为 *DBEAFGC*，下图右侧给出对

它进行线索化处理后获得的中序线索二叉树，线索二叉树中的实线箭头指向孩子结点，虚线箭头指向前驱结点或后继结点，结点线索标志域中的 t 表示 true，表明相应指针为线索指针；结点线索标志域中的 f 表示 false，表明相应指针为孩子结点指针。

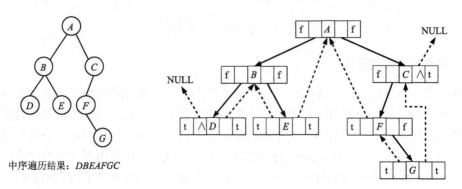

中序遍历结果：*DBEAFGC*

图 5.13　　二叉树中序线索化示意

图 5.14 左侧给出一棵二叉树，其先序遍历结果为 *ABDECFG*，下图右侧给出对它进行线索化处理后获得的先序线索二叉树。

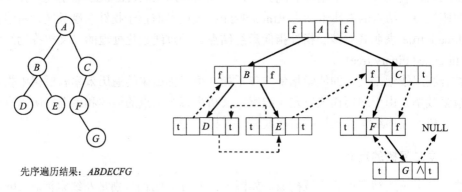

先序遍历结果：*ABDECFG*

图 5.14　　二叉树先序线索化示意

5.3.3　二叉树的中序线索化算法

由于线索二叉树首先作为二叉树，所以对它的处理适用递归算法。按照中序遍历次序对二叉树进行线索化，对当前遍历到的每一个结点，先线索化它的左子树，再线索化该结点，最后线索化它的右子树。递归算法中设置当前结点 *T* 的前驱指针 prenode，前驱结点指针为静态指针，为所有激活的中序线索化算法进程共享，其初始化值为 NULL。当前结点的左线索化和其前驱结点的右线索化同时进行，若当前结点无左子树，则构造其左线索标志及前驱线索地址，若其前驱无右子树，则构造其右线索标志及后继线索地址。

线索化二叉树算法函数有两个形式参数，第一个参数 *T* 为待线索化的二叉树指针，第二个参数 flag 为可缺省参数(缺省值为 0)，为内部递归调用时使用，外部调用时忽略该参数的存在。

算法程序 5.17

```
void InThread(TBTree T, int flag=0)
{
    static TBTreeNode *prenode; //当前结点T的前驱指针
    if(flag==0) prenode=NULL; //外部首次调用时prenode初值为空
    if(T!=NULL) { //T树存在
        InThread(T->LeftChild, 1);  //线索化T左子树
        if(T->LeftChild==NULL) T->Lthread=true;  //置左线索标志
        else T->Lthread=false;
        if(T->RightChild==NULL) T->Rthread=true; //置右线索标志
        else T->Rthread=false;
        if(prenode!=NULL) { //T的前驱存在
            if(prenode->Rthread) prenode->RightChild=T;
            if(T->Lthread) T->LeftChild=prenode; //T与前驱可能的互指
        }
        prenode=T;    //T作为中序遍历后继结点的前驱
        InThread(T->RightChild, 1);  //线索化T右子树
    }
}
```

5.3.4 中序线索二叉树的运算

1. 寻找指定结点的前驱结点

设 p 指向中序线索二叉树中的一个指定结点，根据中序线索二叉树的定义，若该结点的左线索标志 Lthread 为 true 值，则指针 p->leftchild 指向它的中序前驱；否则，p 结点具有左子树，指针 p->leftchild 指向它的左孩子结点，此时 p 结点的前驱结点可通过下列路径获得：从 p 的左孩子开始向右下方搜索，沿着每个结点的右孩子指针 rightchild 向下查找，直至到达一个右线索标志 Rthread 等于 true 且无右孩子的结点，该结点为 p 结点左子树中序序列的最后一个结点，也就是 p 结点的前驱结点。由于只需访问树中的一个或少量部分结点就能得到指定结点的前驱地址，因而具有较高的查找效率。如图 5.15(a) 中 H 的前驱为 C，E 的前驱为 L，A 的前驱为 E 等。

算法程序 5.18

```
TBTreeNode *InOrderPre(TBTreeNode *p)  //寻找指定结点的前驱结点
{
    TBTreeNode *q;
    if(p->Lthread)  return p->leftchild;  //leftchild为指向前驱的线索
    else {
        q=p->leftchild;  //leftchild为左子树的根结点
        while(!q->Rthread)  q=q->rightchild;
        return q;
    }
}
```

```
        }
    }
```

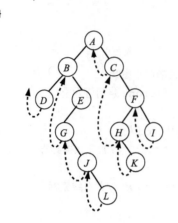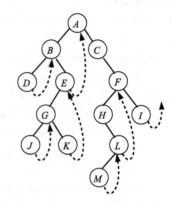

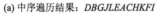

(a) 中序遍历结果：*DBGJLEACHKFI*　　　　　　　(b) 中序遍历结果：*DBJGKEACHMLFI*

图 5.15　线索二叉树查找前驱和后继示例

2. 寻找指定结点的后继结点

设 p 指向中序线索二叉树中的一个指定结点，根据中序线索二叉树的定义，若该结点的右线索标志 Rthread 为 true 值，则指针 p->rightchild 指向它的中序后继；否则，p 结点具有右子树，指针 p->rightchild 指向它的右孩子结点，此时 p 结点的后继结点可通过下列路径获得：从 p 的右孩子开始向左下方搜索，沿着每个结点的左孩子指针 leftchild 向下查找，直至到达一个左线索标志 Lthread 等于 true 且无左孩子的结点，该结点为 p 结点右子树中序序列的第一个结点，也就是 p 结点的后继结点。由于只需访问树中的一个或少量部分结点就能得到指定结点的后继地址，因而具有较高的查找效率。如图 5.15(b) 中 E 的后继为 A，B 的后继为 J，C 的后继为 H。

算法程序 5.19

```
TBTreeNode *InOrderSuc(TBTreeNode *p)  //寻找指定结点的后继结点
{
    TBTreeNode *q;
    if(p->Rthread) return p->rightchild;  //rightchild为指向后继的线索
    else {
        q=p->rightchild;   //rightchild为右子树的根结点
        while(!q->Lthread)  q=q->leftchild;
        return q;
    }
}
```

3. 中序线索二叉树的遍历

线索二叉树的遍历可以采用不同于一般二叉树遍历的方式进行。由于中序线索二叉树中有些结点因无右子树，其 rightchild 指针为中序后继线索指针，可以利用上述寻找指定结点后继结点的算法 InOrderSuc 构建中序线索二叉树的遍历算法，即先从根结点开始向左下方搜索到中序线索二叉树的第一个结点 p，访问该结点，不断调用 InOrderSuc(p) 获得后继结点并访问，直至后继结点为空。

算法程序 5.20

```
void InOrder(TBTree T)    //中序线索二叉树遍历非递归算法
{
    TBTreeNode *p=T;
    if(p!=NULL) {
        while(p->Lthread==false) p=p->leftchild;    //找中序遍历的首结点
        do {
            cout<<p->data<<endl;        //访问结点
            p=InOrderSuc(p);            //找后继结点
        } while(p!=NULL) ;
    }
}
```

4. 寻找指定结点的父结点

设 p 指向中序线索二叉树中一个指定结点，如果 p 结点为其父结点的左孩子，则以它为根的子树中最右下侧一个结点的右线索必定指向其父母；反之，如果 p 结点为其父结点的右孩子，则以它为根的子树中最左下侧一个结点的左线索必定指向其父结点。

不妨假设指定结点为其父结点的左孩子，如图 5.16(a) 所示，根据中序线索二叉树的性质，若假设成立，则以指定结点为根的子树中沿右侧最下方一个结点的右线索必定指向其父母；若该结点的右线索为空或存在但不指向指定结点的父母，则假设不成立，指定结点必是其父结点的右孩子，如图 5.16(b) 所示，则以它为根的子树中沿左侧最下一个结点的左线索必定指向其父结点。

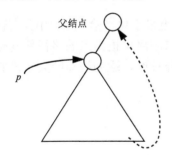
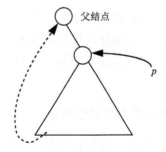

(a) 指定结点为其父结点左孩子的情形　　　　(b) 指定结点为其父结点右孩子的情形

图 5.16　线索二叉树查找父结点示例

算法程序 5.21

```
TBTreeNode *Parent(TBTreeNode *p)
{
    TBTreeNode *q;
```

```
    q=p;
    while(!q->Rthread)  q=q->rightchild;    //假设p为其父结点的左孩子
    q=q->rightchild;    //取线索(q可能指向p结点的父结点)
    if(q==NULL||q->leftchild!=p)  {//假设不成立则p必为其父结点的右孩子
        q=p;         //从p结点开始向左侧搜索
        while(!q->Lthread)  q=q->leftchild;
        q=q->Leftchild;  //取线索(必指向p结点的父结点)
    }
    return q;
}
```

5.4　哈夫曼树及其应用

5.4.1　哈夫曼树的定义

哈夫曼树(Huffman tree)又称最优二叉树,是带权路径长度达到最小的二叉树。在二叉树中,两个结点之间的路径长度采用连接这两个结点路径上的分支数进行度量,树的路径长度(path length of tree, PL)是指从根结点到每个结点的路径长度之和。如果赋予树中每个结点权值,则某个结点的带权路径长度为该结点到根结点的路径长度与结点权值的乘积。对整棵二叉树而言,树的带权路径长度(weighted path length of tree, WPL)为树中所有叶子结点的带权路径长度之和,而哈夫曼树就是带权路径长度达到最小的二叉树,WPL 可由下列公式计算:

$$WPL = \sum_{i=1}^{n} w_i l_i$$

其中,n 为叶子结点的数目;w_i 和 l_i 分别表示叶子结点 i 的权值和该结点到根结点的路径长度。

从哈夫曼树的性质可以看出,为使带权路径长度最小化,哈夫曼树中具有较大权值的叶子结点应该尽量靠近树的根结点,即叶子结点距离树根结点的路径长度应与它的权值成反比,从而在整体上降低二叉树的带权路径长度,这为构建哈夫曼树的算法提供参考。

5.4.2　哈夫曼树的构建方法

构建哈夫曼树的算法描述如下:

(1)根据给定的 n 个权值{w_1, w_2, …,w_n},构建初始含有 n 棵二叉树的集合即森林 $F=\{T_1, T_2, …, T_n\}$,其中每棵二叉树 T_i 中只含有权值为 w_i 的根结点($1 \leq i \leq n$),其左右子树均为空。

(2)在森林 F 中选取两棵根结点权值最小的二叉树 s_1 和 s_2 参与合并,其中 s_1 根结点权值小于等于 s_2 根结点权值,若两树根结点权值相等,s_1 在 F 中的位置前于 s_2,构建合并树的根结点,其左子树为 s_1,其右子树为 s_2,其权值为 s_1 和 s_2 根结点权值之和。

(3) 将参与合并的两棵树 s_1 和 s_2 从 F 中删除，同时将合并获得的新二叉树加入到 F 中。

(4) 重复步骤 (2) 和 (3)，直到 F 中只含有一棵树为止，这棵树便是构建目标哈夫曼树。

显然，算法中每次合并导致森林 F 中减少 2 棵二叉树，增加 1 棵二叉树，实际绝对减少 1 棵二叉树，经过 $n-1$ 次合并，减少 $n-1$ 棵树，仅剩的 1 棵树即为哈夫曼树。

假设有一组 8 个权值 $w=\{5, 29, 7, 8, 14, 23, 3, 11\}$，以此作为 8 个叶子结点的权值，构建具有这 8 个叶子结点的哈夫曼树，其构建过程如图 5.17 所示。首先构建包含 8 棵树的森林 F，按照上述算法经过 7 次合并，森林中仅剩下 1 棵树，该树即为构建目标哈夫曼树。图中森林 F 的初始 8 棵树的根结点用圆形框表示，所有合并树的根结点均用矩形框表示，框内标注其权值，构建获得的哈夫曼树中叶子结点均为圆形框结点，它们的权值对应给定的一组权值。

5.4.3　哈夫曼树的存储

哈夫曼树可以采用顺序向量存储实现，即用一维结构数组存储哈夫曼树的所有结点，每个结点具有权值、左孩子下标指针、右孩子下标指针和父结点下标指针等字段。这里哈夫曼树中结点的权值字段采用浮点实型，所有下标指针字段均采用整型。对于给定 n 个权值构造哈夫曼树的一般情形，构树过程经过 $n-1$ 次合并后获得哈夫曼树，期间产生 $n-1$ 个合并树的根结点，加上初始化森林 F 时产生的 n 个单结点树的根结点，哈夫曼树中结点数目为 $2n-1$，其中最后一个结点即为哈夫曼树的根结点，所以如果一维结构数组 0 单元空置，存储哈夫曼树顺序表的尺寸为 $2n$，如图 5.18 所示。

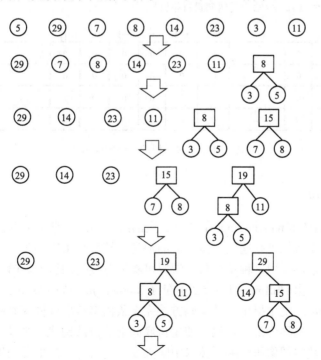

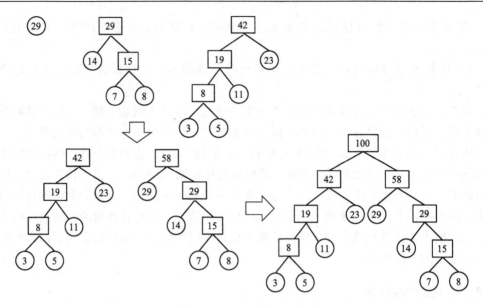

图 5.17 构建哈夫曼树的过程

```
typedef struct HuffmanNode //哈夫曼树结点结构
{
    float weight;//权值
    int lchild;  //左孩子下标指针
    int rchild;  //右孩子下标指针
    int parent;  //父结点下标指针
} *HuffmanTree; //哈夫曼树向量首指针
```

	1	2	3		$n-2$	$n-1$	n	$n+1$	$n+1$	$n+3$		$2n-3$	$2n-2$	$2n-1$
weight	0	0	0	...	0	0	0	0	0	0	...	0	0	0
lchild	0	0	0	...	0	0	0	0	0	0	...	0	0	0
rchild	0	0	0	...	0	0	0	0	0	0	...	0	0	0
parent	0	0	0	...	0	0	0	0	0	0	...	0	0	0

图 5.18 哈夫曼树的顺序实现示意

5.4.4 哈夫曼编码

哈夫曼编码(Huffman coding)是一种典型的统计编码,它根据并充分利用消息或符号出现概率的分布特征进行编码,概率大的消息或符号采用短码表示,概率小的消息或符号采用长码表示,采用这种不等长的编码可实现对数据的压缩。哈夫曼编码是一种不定长编码(VLC),由 Huffman 于 1952 年在 *A Method for the Construction of Minimum-Redundancy Code* 一文中提出,该编码方法完全依据字符出现概率来构建异字头的平均长度最短的码字,也称为最佳编码,使用自底向上的方法构建哈夫曼二叉树并据此进行编码,在多媒体数字图像压缩编码技术中哈夫曼编码占有非常重要的地位。

假定用于通信的电文仅由 8 个字符 $C_1, C_2, C_3, C_4, C_5, C_6, C_7, C_8$ 组成，各字符在电文中出现频率的分别为 5%，29%，7%，8%，14%，23%，3%，11%。现给出为这 8 个字符设计不等长的 Huffman 编码并求出该电文 Huffman 编码的平均码长的过程：首先以电文所用 8 个字符的频数作为 8 个权值 $\{w_1, w_2, \cdots, w_8\}$ 构建相应的哈夫曼树，具体构建过程如图 5.17 所示，然后对构建好的哈夫曼树的所有分支上按左 0 右 1 进行标注，如图 5.19 所示。对每个叶子结点，取从根结点到该结点的路径标注的连接字构成一个二进制数，即得到每个叶子结点对应字符的哈夫曼编码。如根结点到字符 C_2 对应叶子结点的路径标注连接字为 10，即为 C_2 的哈夫曼编码；根结点到字符 C_3 对应叶子结点的路径标注连接字为 1110，即为 C_3 的哈夫曼编码；根结点到字符 C_8 对应叶子结点的路径标注连接字为 001，即为 C_8 的哈夫曼编码。图 5.20 给出 8 个字符的出现频率、哈夫曼码字和码长。

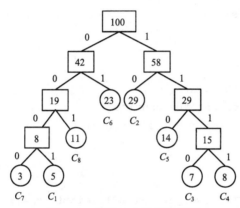

图 5.19　构建哈夫曼编码过程

字符	C_1	C_2	C_3	C_4	C_5	C_6	C_7	C_8
频率/%	5	29	7	8	14	23	3	11
码字	0001	10	1110	1111	110	01	0000	001
码长	4	2	4	4	3	2	4	3
平均码长	2.71							

图 5.20　构建哈夫曼编码相关信息

哈夫曼编码的平均码长 ACL 就是对应哈夫曼树的带权路径长度 WPL，树中叶子结点的权值为对应字符出现频率，叶子结点的路径长度即为对应字符的哈夫曼码长，ACL 计算公式如下：

$$ACL = WPL = \sum_{i=1}^{8} w_i l_i$$

$$= (5 \times 4 + 29 \times 2 + 7 \times 4 + 8 \times 4 + 14 \times 3 + 23 \times 2 + 3 \times 4 + 11 \times 3)/100 = 2.71$$

5.4.5　哈夫曼树构建及编码和译码算法

构建哈夫曼树及哈夫曼编码算法函数出挑选森林中根结点权值最小的两颗二叉树函

数 Select、构建哈夫曼树函数 CreateHufmanTree、构建哈夫曼编码函数 HufmanCoding 构成。函数 Select 对 HT 中所有指针 parent=0 的未参与归并的子树根结点进行挑选，这些结点(候选子树根)中权值最小的 2 个将被 Select 函数选中。

算法程序 5.22

```
//从森林中挑选根结点权值最小的两颗二叉树
void Select(HuffmanTree &HT, int n, int &s1, int &s2)
{
    for(int i=1; i<=n&&HT[i].parent!=0; i++) ;
    s1=i;   //第一个未被归并的树
    for(int j=i+1; j<=n&&HT[j].parent!=0; j++) ;
    s2=j;   //第二个未被归并的树
    if(HT[s2].weight<HT[s1].weight) {
        int temp=s1;
        s1=s2;
        s2=temp;
    }
    for(i=j+1; i<=n; i++) {
        if(HT[i].parent!=0) continue;
        if(HT[i].weight< HT[s1].weight) {
            s2=s1;
            s1=i;
        }
        else if(HT[i].weight< HT[s2].weight) s2=i;
    }
}
```

构建哈夫曼树函数 CreateHuffmanTree 首先根据待编码字符权值个数 n 开辟长度为 $2n$ 的结构数组树结点存储空间，并进行初始化。然后依次产生 $n-1$ 个合并树的根结点，对当前待创建的合并树根结点 i ($i=n+1, n+2, \cdots, 2n-1$)，通过调用 Select 函数从 HT 的 $1\sim i-1$ 之间未被合并的子树中挑选根结点权值最小的两棵子树 s_1 和 s_2，分别作为合并树根结点的左孩子结点和右孩子结点，s_1 和 s_2 的父结点为合并树根结点 i，其权值为 s_1 和 s_2 权值之和，最后产生的合并树即为哈夫曼树。

算法程序 5.23

```
void CreateHuffTree(HuffmanTree &HT, float *w, int n)
{   // w存放n个字符的权值,构建哈夫曼树HT
    if(n<=1) return;
    int nodes=2*n-1;    //哈夫曼树的结点总数
    HT=new HuffmanNode[nodes+1];    //申请2*n结点空间
    for(int i=1; i<=nodes; ++i) {  //初始化森林
        HT[i].lchild=HT[i].rchild=HT[i].parent=0;
        HT[i].weight=(i<=n)?w[i]:0;
    }
```

```
    for(i=n+1; i<=nodes; ++i) {      //构建哈夫曼树第i个结点
        int s1,s2;
        Select(HT, i-1, s1, s2);     //挑选根结点权值最小的两棵树s1和s2
        HT[s1].parent=i;
        HT[s2].parent=i;             //结点i为s1和s2的父结点
        HT[i].lchild=s1;
        HT[i].rchild=s2;             //结点s1和S2为结点i的孩子
        HT[i].weight=HT[s1].weight+HT[s2].weight; //结点i权值
    }
}
```

哈夫曼编码函数 HuffmanCoding 根据构造的哈夫曼树对每个叶子结点所表示的字符进行哈夫曼编码,从每个待编码字符对应叶子结点开始按照路经结点的 preant 指针向上搜索直至根结点,将搜索路径上获得的路径分支编号按倒序存储在码字的对应二进制位上,即获得该字符的二进制哈夫曼编码。哈夫曼编码类型为包含两个分量的结构体,其中存储分量 binary 为 16 位二进制整型,靠后存放哈夫曼码字;另一分量 length 存储码字长度。

算法程序 5.24

```
struct HuffmanCode //哈夫曼编码类型
{
    unsigned short binary;  //二进制码字(最长16位)
    unsigned short length;  //码长
};
void HuffmanCoding(HuffmanTree &HT,HuffmanCode *hfmcode, int n)
{
    for(int i=1; i<=n; ++i) { //按顺序产生n个叶子结点的哈夫曼编码
        hfmcode[i].binary=0;
        hfmcode[i].length=0;
        unsigned short rightpath=0x0001;
        int c=i;   //从第i叶子结点出发
        int f=HT[c].parent;
        while(f) {//从叶子结点到根逆向搜索
            hfmcode[i].length++;
            if(HT[f].rchild==c) hfmcode[i].binary+=rightpath; //取右分支编号1
            rightpath=rightpath<<1;
            c=f;
            f=HT[c].parent;
        }
    }
}
```

为便于更好理解构建哈夫曼树算法的原理,这里给出算法执行过程中存储哈夫曼树的结构数组 HT 元素从初态到终态的变化过程, 如图 5.21 所示, 其中 weight 值非 0 且 parent 指针值为 0 的元素是可以参与合并的树, parent 指针值非 0 的元素为已经参与合并的树。

初态

	1	2	3	4	5	6	7	8	9	10	11	12	13	14	15
weight	5	25	3	6	10	11	36	4	0	0	0	0	0	0	0
lchild	0	0	0	0	0	0	0	0	0	0	0	0	0	0	0
rchild	0	0	0	0	0	0	0	0	0	0	0	0	0	0	0
parent	0	0	0	0	0	0	0	0	0	0	0	0	0	0	0

↓

	1	2	3	4	5	6	7	8	9	10	11	12	13	14	15
weight	5	25	3	6	10	11	36	4	7	0	0	0	0	0	0
lchild	0	0	0	0	0	0	0	0	3	0	0	0	0	0	0
rchild	0	0	0	0	0	0	0	0	8	0	0	0	0	0	0
parent	0	0	9	0	0	0	0	9	0	0	0	0	0	0	0

↓

	1	2	3	4	5	6	7	8	9	10	11	12	13	14	15
weight	5	25	3	6	10	11	36	4	7	11	0	0	0	0	0
lchild	0	0	0	0	0	0	0	0	3	1	0	0	0	0	0
rchild	0	0	0	0	0	0	0	0	8	4	0	0	0	0	0
parent	10	0	9	10	0	0	0	9	0	0	0	0	0	0	0

↓

	1	2	3	4	5	6	7	8	9	10	11	12	13	14	15
weight	5	25	3	6	10	11	36	4	7	11	17	0	0	0	0
lchild	0	0	0	0	0	0	0	0	3	1	9	0	0	0	0
rchild	0	0	0	0	0	0	0	0	8	4	5	0	0	0	0
parent	10	0	9	10	11	0	0	9	11	0	0	0	0	0	0

↓

	1	2	3	4	5	6	7	8	9	10	11	12	13	14	15
weight	5	25	3	6	10	11	36	4	7	11	17	22	0	0	0
lchild	0	0	0	0	0	0	0	0	3	1	9	6	0	0	0
rchild	0	0	0	0	0	0	0	0	8	4	5	10	0	0	0
parent	10	0	9	10	11	12	0	9	11	12	0	0	0	0	0

↓

	1	2	3	4	5	6	7	8	9	10	11	12	13	14	15
weight	5	25	3	6	10	11	36	4	7	11	17	22	39	0	0
lchild	0	0	0	0	0	0	0	0	3	1	9	6	11	0	0
rchild	0	0	0	0	0	0	0	0	8	4	5	10	12	0	0
parent	10	0	9	10	11	12	0	9	11	12	13	13	0	0	0

↓

	1	2	3	4	5	6	7	8	9	10	11	12	13	14	15
weight	5	25	3	6	10	11	36	0	7	11	17	22	39	61	0
lchild	0	0	0	0	0	0	0	0	3	1	9	6	11	2	0
rchild	0	0	0	0	0	0	0	0	8	4	5	10	12	7	0
parent	10	14	9	10	11	12	14	9	11	12	13	13	0	0	0

↓

	1	2	3	4	5	6	7	8	9	10	11	12	13	14	15
weight	5	25	3	6	10	11	36	4	7	11	17	22	39	61	100
lchild	0	0	0	0	0	0	0	0	3	1	9	6	11	2	13
rchild	0	0	0	0	0	0	0	0	8	4	5	10	12	7	14
parent	10	14	9	10	11	12	14	9	11	12	13	13	15	15	0

终态

图 5.21　静态链表存储的哈夫曼树构建过程示意

哈夫曼编码的译码过程相对简单,其原理是从为编码构建的哈夫曼树的根结点开始,按照哈夫曼码字确定的路径搜索到终端结点进行译码。对由原始报文转换成的二进制哈夫曼编码报文,假设采用单字节型整型数组(字节串)存储,译码算法从哈夫曼编码报文的第一个二进制位即报文中第一个码字的首位二进制开始,将搜索指针指向哈夫曼树的根结点,按照该码字各位上 0 或 1 确定的左分支或右分支路径下探搜索,每当深入到哈夫曼树的叶子结点时,该结点对应的字符即为译码字符,然后再将搜索指针指向哈夫曼树的根结点,开始哈夫曼编码报文中下一个码字的译码,直至文中所有哈夫曼码字译码完成。

算法程序 5.25

```
void HuffmanDecoding(HuffmanTree &HT,int n,unsigned char *hfmcode,int digit)
{//对hfmcode位长digit的二进制串进行解码
    int i=0;
    int k=2*n-1;  //定位哈夫曼树根结点
    unsigned char ruler=0x80;
    while(digit>0) { //剩余二进制位数
        while(HT[k].lchild!=0||HT[k].rchild!=0) {
            int path=hfmcode[i]&ruler;
            k=(path==0)?HT[k].lchild:HT[k].rchild;
            ruler>>=1;
            if(ruler==0) {
                ruler=0x80;
                i++;  //进入下一个字节
            }
            digit--;
        }
        cout<<"字符C"<<k<<"频数:"<<HT[k].weight<<endl;
        k=2*n-1;
    }
}
```

5.4.6　哈夫曼树构建及编码和译码示例

现以 5.4.4 节中给出的 8 个字符 $C_1, C_2, C_3, C_4, C_5, C_6, C_7, C_8$ 构建哈夫曼树并进行哈夫曼编码。示例函数在定义存储 8 个字符权值数组 weight 时对其值进行初始化,在完成哈夫曼树构建和哈夫曼编码后,输出每个字符的标识符、频率、哈夫曼编码以及码长,由于产生的哈夫曼编码为二进制数,这里通过调用显示二进制哈夫曼编码函数 PrintHfmCode 实现码字输出。为验证译码算法,示例函数对由字符 $C_5, C_1, C_8, C_4, C_2, C_7, C_3, C_6, C_1$ 的哈夫曼码字组成的长度为 30 个二进制位的哈夫曼编码报文进行译码,这些字符的哈夫曼编码序列为 110、0001、001、1111、10、0000、1110、01、0001,按顺序将它们首尾连接成一个完整的二进制哈夫曼码串 110000100111111000001110010001,后补 2 位二进制 00 后按每 4 位对应一个 16 进制数即为 c27e0e44,其中每 2 位 16 进制数占用一个字节,所以存储待解译哈夫曼编码报文的单字节整型数组 hfmstring 初始化值为

{0xc2,0x7e,0x0e,0x44}。

算法程序 5.26

```
const int  MAXCHARS=20;  //最大编码字符数目
void PrintHfmCode(HuffmanCode hcode)  //输出二进制哈夫曼码字
{
    unsigned short ruler=0x0001;
    ruler=ruler<<(hcode.length-1);
    for(int k=1; k<=hcode.length; k++) {
        if(ruler&hcode.binary) cout<<'1';
        else  cout<<'0';
        ruler=ruler>>1;
    }
}
void main()
{
    HuffmanTree hfmtree;
    HuffmanCode hfmcode[MAXCHARS];
    float weight[]={0,5,29,7,8,14,23,3,11};
    CreateHuffTree(hfmtree, weight, 8); //构建哈夫曼树
    HuffmanCoding(hfmtree, hfmcode, 8); //哈夫曼编码
    float ACL=0.0;
    for(int i=1; i<=8; i++) {
        ACL+=weight[i]*hfmcode[i].length;
        cout<<"字符C"<<i<<"频数:"<<weight[i]<<" 哈夫曼编码:";
        PrintHfmCode(hfmcode[i]);
        cout<<" 码长:"<<hfmcode[i].length<<endl;
    }
    ACL/=100.0;
    cout<<"哈夫曼编码平均码长:"<<ACL<<endl;
    unsigned char hfmstring[]={0xc2,0x7e,0x0e,0x44};
    //由9个字符哈夫曼编码连接成长度为30个二进位的串
    cout<<"对哈夫曼编码串进行译码:"<<endl;
    HuffmanDecoding(hfmtree,8,hfmstring,30); //哈夫曼码短文译码
}
```

5.5 优 先 队 列

5.5.1 优先队列的概念

优先队列(priority queue)是计算机软件中一种常用的数据结构和队列形式，如在操作系统的作业调度管理中，每道作业都按照其类型及重要性、响应实时性要求、占用系统资源可满足性等条件参数计算得到相应的优先级并插入到优先队列中，系统在

分配处理器时，总是让队列中优先级最高的作业出队占用处理器运行。与普通队列先进先出、元素在队列尾部插入和在队列头部删除的规则不同，在优先队列中，每个元素都被赋予了一个优先级或优先数。当执行优先队列出队操作时，队列中具有最高优先级的元素将被取出并从队列中删除，显然，优先队列具有最高级别元素优先出列的行为特征。

通常优先队列采用堆数据结构来实现，一般以二叉堆和四叉堆最为常见，二叉堆和四叉堆分别是特殊的二叉树和特殊的四叉树。优先级的高到低可以按预先约定对应优先数的大到小，也可以按预先约定对应优先数的小到大。与普通队列一样，优先队列的常规操作主要是判队空、入队、出队和取队首元素等。

5.5.2　二叉堆实现的优先队列

堆(heap)是对由树形结构实现的一类特殊数据结构的形象总称，以二叉树实现的堆结构最为常见，也称为二叉堆。二叉堆首先是一棵完全二叉树，其次堆树中任何结点优先数与其孩子结点优先数之间的大小关系要满足一致的约定，由于完全二叉树非常适合用一维数组顺序存储，故二叉堆通常被定义为数组对象。

实现优先队列的一种有效方法是将优先队列的元素组织在堆结构中，并规定堆树中任何结点的优先数(关键字)不小于它的孩子结点的优先数(关键字)，具有这一性质的堆称为最大堆或大堆。如果堆树中任何结点的优先数(关键字)不大于它的孩子结点的优先数(关键字)，则定义为最小堆或小堆。显然，最大堆的根结点具有最大的关键字值，最小堆的根结点具有最小的关键字值。对堆实施元素删除操作时，总是删除根结点，并将原堆中底层上最后的结点上移并覆盖到根结点位置，然后对该结点按适应堆的性质下移到适当位置，直至形成一个新的堆。

构建二叉堆通过向一个最初为空的堆中实施一系列的插入操作完成。向二叉大堆中插入 1 个结点的过程为：先将插入结点放置在堆的尾部，扩容 1 个结点后原堆的完全二叉树形态仍然保持，若大堆的性质也保持，则本次插入操作完成；若大堆的性质已被破坏，则将关键字大于父结点关键字的插入结点与父结点位置对调，再对该插入结点进行同样的处理，直至其关键字不大于父结点的关键字为止，调整结束，插入操作完成。

例如，有一组记录的关键字序列为{21，8，33，54，19，62，47，75，91，88}，通过一系列的插入操作完成创建大堆的过程如图 5.22 所示。向堆中插入一个元素结点后，若其关键字小于父结点元素的关键字，则堆形态得以保持，无须调整，继续插入下一个元素结点，直至大堆性质被破坏，此时进行调整重建新堆，然后接着插入元素结点等，直至所有元素结点插入和调整完成。图中带阴影结点为堆元素结点。

图 5.23 给出向一个具有 12 个元素结点的二叉大堆中插入关键字为 83 元素的调整示意以及其堆顺序存储的变化示意。

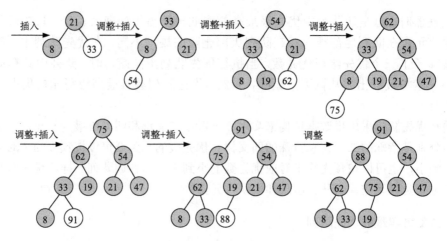

图 5.22　通过插入和调整创建二叉堆的过程

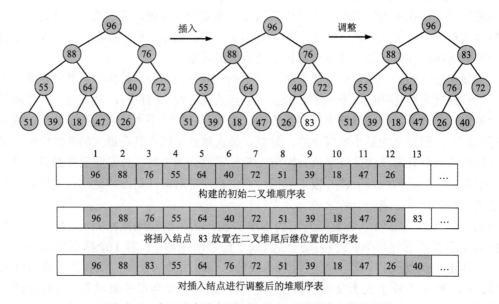

	1	2	3	4	5	6	7	8	9	10	11	12	13	
	96	88	76	55	64	40	72	51	39	18	47	26		...

构建的初始二叉堆顺序表

	96	88	76	55	64	40	72	51	39	18	47	26	83	...

将插入结点 83 放置在二叉堆尾后继位置的顺序表

	96	88	83	55	64	76	72	51	39	18	47	26	40	...

对插入结点进行调整后的堆顺序表

图 5.23　向二叉大堆中插入结点 83 并调整为新堆的顺序表

　　二叉堆的删除操作过程为：首先将堆树根结点元素取出并从堆中删除，将堆树底层上最后 1 个结点元素上移到根结点位置，堆尺寸减 1。原堆树经缩减后蜕变为一棵完全二叉树，若替换到根部位置结点元素的关键字小于其两个孩子结点元素关键字中的较大者，则与具有较大关键字的孩子结点元素位置互换；再对该结点进行同样处理，直到其关键字不小于孩子结点元素的关键字为止，此时调整获得新的二叉堆，删除操作完成。

　　图 5.24 给出从一个二叉大堆中删除一个元素、将尾结点元素上移替换到根结点位置以及进行调整的示意，图 5.25 给出二叉堆顺序存储变化的示意，阴影部分为堆元素。

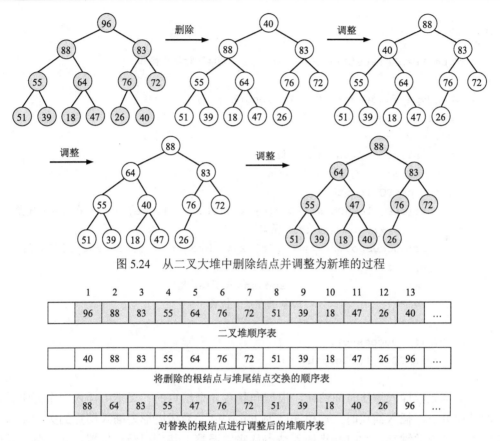

图 5.24　从二叉大堆中删除结点并调整为新堆的过程

	1	2	3	4	5	6	7	8	9	10	11	12	13	
	96	88	83	55	64	76	72	51	39	18	47	26	40	…

二叉堆顺序表

	40	88	83	55	64	76	72	51	39	18	47	26	96	
														…

将删除的根结点与堆尾结点交换的顺序表

	88	64	83	55	47	76	72	51	39	18	40	26	96	
														…

对替换的根结点进行调整后的堆顺序表

图 5.25　从二叉大堆中删除结点并调整为新堆的过程

5.5.3　二叉堆的基本算法

二叉堆的基本算法包括插入算法 HeapInsert 函数和删除算法 HeapDelete 函数。

算法程序 5.27

```
void HeapInsert(SeqList &PQ, RecType element)  //二叉堆插入结点操作
{
    if(PQ.length==SIZE) cout<<"堆空间溢出"<<endl;
    else {
        PQ.length++;
        int c=PQ.length;    //element当前位置
        int f=c/2;          //父结点位置
        while(f>=1 && PQ.r[f].key<element.key) {
            PQ.r[c]=PQ.r[f];    //父结点下移
            c=f;                //element上升到父结点位置
            f=c/2;              //新的父结点位置
        }
        PQ.r[c]=element;
```

```
            }
      }
RecType HeapDelete(SeqList &PQ)  //二叉堆删除结点操作
{
      RecType successor=PQ.r[PQ.length];
      PQ.r[PQ.length]=PQ.r[1];
      PQ.length--;
      int f=1;        //successor位置
      int c=2*f;      //左孩子结点位置
      while(c<=PQ.length) {
            if(c<PQ.length && PQ.r[c].key<PQ.r[c+1].key)  //存在较大右兄弟
                  c++;    //指向较大右兄弟
            if(successor.key>=PQ.r[c].key) break;  //successor大于较大孩子
            PQ.r[f]=PQ.r[c];    //较大孩子上移
            f=c;                //successor下移位置
            c=2*f;              //新的左孩子位置
      }
      PQ.r[f]=successor;
      return PQ.r[PQ.length+1];
}
```

二叉堆元素插入算法时间估计，根据向具有 n 个结点的二叉堆中插入一个元素并调整的过程分析，插入结点时，堆树深度为 $\lfloor \log_2 n \rfloor +1$，最坏情形为插入结点的关键字大于堆中所有结点关键字，此时需将插入结点从底层调整上移到根结点位置，即达到上移的上限 $\lfloor \log_2 n \rfloor$ 层，所以插入算法时间复杂度为 $O(n\log_2 n)$。

二叉堆元素删除算法时间估计，根据从具有 n 个结点二叉堆中删除一个元素并调整的过程分析，删除结点时，堆深度为 $\lfloor \log_2 n \rfloor +1$，最坏情形下替换到根部的原堆尾结点从顶层调整下移到底层，即最多下移 $\lfloor \log_2 n \rfloor$ 层，故删除算法时间复杂度为 $O(n\log_2 n)$。

5.5.4　四叉堆实现的优先队列

四叉堆首先是一棵完全四叉树(关于四叉树的概念和性质将在 5.6 节中详述)，完全四叉树是在满四叉树的底层最右侧连续缺省若干尾部结点形成的一种四叉树。当一棵完全四叉树中每个结点的关键字都不小于其孩子结点关键字时，即为四叉大堆，如图 5.26 所示；当一棵完全四叉树中每个结点的关键字都不大于其孩子结点关键字时，即为四叉小堆。四叉堆和二叉堆一样是实现优先队列的重要数据结构，还可以用来实现对数据的排序。四叉堆的存储实现通常采用顺序存储，一般从顺序表的 1 下标处开始存储，根结点存放在表首，下标为 i 非根结点的父结点下标为 $(i+2)/4$；如果存在，下标为 i 结点的第 1 个孩子下标为 $4i-2$，第 2 个孩子下标为 $4i-1$，第 3 个孩子下标为 $4i$，第 4 个孩子下标为 $4i+1$。

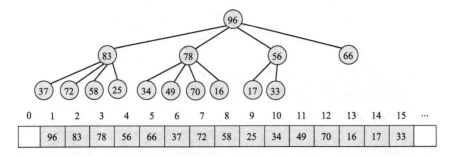

图 5.26　具有 15 个结点的四叉大堆

　　四叉堆的插入元素操作与二叉堆的插入元素操作类似，如图 5.27 和图 5.28 所示，首先将插入元素结点放置到底层最后一个结点的下一位置，以保持完全四叉树的形态，然后根据插入元素结点与父结点元素关键字的比较情况判断是否需要进行位置调整，插入结点与父结点的位置互换和上移规则与二叉堆基本一致，这里不再赘述。

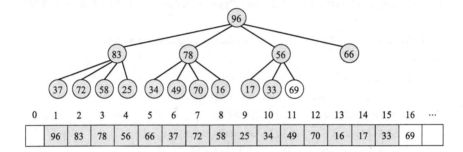

图 5.27　向四叉大堆插入一个关键字为 69 的结点

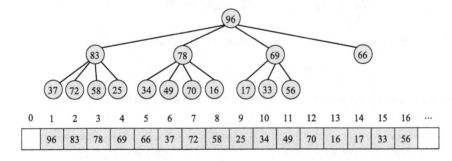

图 5.28　调整后形成新的四叉大堆

　　四叉大堆删除操作与二叉大堆的删除操作相似，图 5.29 给出图 5.28 所示四叉堆的根结点元素 96 删除后尾结点元素 56 暂时上移替换到根部并被调整下移到适当位置的示意。替换元素下移规则为：若其关键字小于 4 个孩子结点元素中关键字最大者，则与其进行位置互换，下移后继续同样调整操作直至四叉大堆的性质完全恢复。该操作调整获得新的四叉堆，删除元素可以暂存到新堆尾元素的后面。

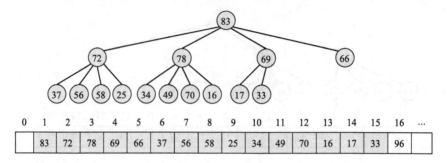

图 5.29　从四叉大堆中删除 1 个结点后调整为新的大堆

5.5.5　四叉堆的基本算法

四叉堆排序算法包括插入函数 QuadHeapIns 和删除函数 QuadHeapDel。
算法程序 5.28

```
void QuadHeapIns(SeqList &PQ, RecType element)  //四叉堆插入结点操作
{
    if(PQ.length==SIZE)  cout<<"Priority queue is full!";
    else {
        PQ.length++;
        int c=PQ.length;  //element当前位置
        int f=(c+2)/4;     //父结点位置
        while(f>=1 && PQ.r[f].key<element.key) {
            PQ.r[c]=PQ.r[f];  //父结点下移
            c=f;                //element上升到父结点位置
            f=(c+2)/4;         //新的父结点位置
        }
        PQ.r[c]=element;      //插入结点最终位置
    }
}
RecType QuadHeapDel(SeqList &PQ)  //四叉堆删除结点操作
{
    RecType successor=PQ.r[PQ.length]; //最后结点暂存successor
    PQ.r[PQ.length]=PQ.r[1];             //删除结点移至最后位置
    PQ.length--;      //堆尺寸减1
    int f=1;          //successor最初位置暂为根部
    int c=4*f-2;      //第一个孩子结点位置
    while(c<=PQ.length) {
        int Maxchild=c;        //最大孩子指针初指向第一个孩子
        if(c<PQ.length && PQ.r[Maxchild].key<PQ.r[c+1].key)
            Maxchild=c+1;
        if(c+1<PQ.length && PQ.r[Maxchild].key<PQ.r[c+2].key)
            Maxchild=c+2;
```

```
    if(c+2<PQ.length && PQ.r[Maxchild].key<PQ.r[c+3].key)
        Maxchild=c+3;
    if(successor.key>=PQ.r[Maxchild].key) break;
    PQ.r[f]=PQ.r[Maxchild]; //最大的孩子上移
    f=Maxchild;                    //successor下移至最大孩子结点处
    c=4*f-2;                       //新的第一个孩子结点位置
}
PQ.r[f]=successor;
return PQ.r[PQ.length+1];
}
```

根据向一个具有 n 个结点的四叉堆中插入一个数据并调整的过程分析，插入结点时四叉堆树的深度为 $\lfloor \log_4 3n \rfloor +1$，在最坏情形下插入结点从底层调整上移到根结点位置，即达到上移上限 $\lfloor \log_4 3n \rfloor$ 层，所以插入算法的时间复杂度为 $O(\log_4 3n) \approx O(\log_2 n)$。同样，根据从一个具有 n 个结点的四叉堆中删除一个数据并调整的过程分析，删除结点时，堆的深度为 $\lfloor \log_4 3n \rfloor +1$，在最坏情形下替换到根位置上的原堆尾结点从顶层调整下移到底层位置，即达到下移上限 $\lfloor \log_4 3n \rfloor$ 层，所以删除算法时间复杂度为 $O(\log_4 3n) \approx O(\log_2 n)$。

5.6　四叉树及其在空间数据存储中的应用

5.6.1　四叉树的概念及性质

与二叉树的定义类似，四叉树是由 $n(n \geq 0)$ 个结点组成的有限集合，该集合或者为空 $(n=0)$，此时表现为空四叉树；或者是由 1 个根结点加上至多 4 棵互不相交的四叉子树组成的非空四叉树。显然，四叉树的定义也是递归的，如图 5.30 所示，这棵四叉树中有 4 个结点度为 4，有 2 个结点度为 3，有 3 个结点度为 2，有 2 个结点度为 1，有 20 个结点为叶子结点。四叉树的相关运算和操作大多可以采用递归算法实现。

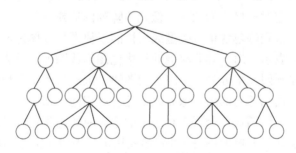

图 5.30　四叉树结构示意

四叉树具有与二叉树相类似的一些性质，主要有：

性质 1　如果四叉树的根结点为第 1 层，那么四叉树的第 i 层上最多可以拥有 4^{i-1} 个结点。可采用归纳法证明，此处省略。

性质 2　深度为 k 的四叉树中最多可以拥有 $(4^k-1)/3$ 个结点。证明如下：

根据性质 1，深度为 k 的四叉树中最多结点数 s 表示为各层最多结点之和，即

$$s = \sum_{i=1}^{k} 4^{i-1} = 1 + \sum_{i=2}^{k} 4^{i-1} = 1 + \sum_{i=1}^{k-1} 4^{i} \qquad (5.3)$$

显然，
$$4s = 4\sum_{i=1}^{k} 4^{i-1} = \sum_{i=1}^{k} 4^{i} = 4^{k} + \sum_{i=1}^{k-1} 4^{i} \qquad (5.4)$$

两式相减得　　　　　　　　　　　$3s = 4^{k} - 1$

故　　　　　　　　　　　　　　　$s = (4^{k} - 1)/3 \qquad (5.5)$

　　如果一棵四叉树取得了所具备深度四叉树结点的最大数，则称为满四叉树，显然，深度为 k 的满四叉树具有 $(4^{k}-1)/3$ 个结点。

　　性质 3　具有 n 个结点的完全四叉树的深度为 $\lfloor \log_4 3n \rfloor + 1$。证明和具有 n 个结点完全二叉树深度性质的证明相似，这里略。

　　性质 4　如果具有 n 个结点的四叉树中仅包括度为 4 的结点和度为 0 的叶子结点，若用 n_0 和 n_4 分别表示度为 0 的结点数和度为 4 的结点数，则有 $n_0 = 3n_4 + 1$，$n_0 = (3n+1)/4$，$n_4 = (n-1)/4$。证明如下：根据这类四叉树的两种结点组成，有

$$n = n_0 + n_4 \qquad (5.6)$$

　　从这类四叉树结点由唯一根结点和所有孩子结点构成的视角，又有

$$n = 4n_4 + 1 \qquad (5.7)$$

两式相减并整理得　　　　　　　　$n_0 = 3n_4 + 1 \qquad (5.8)$

由式 (5.7) 得　　　　　　　　　　$n_4 = (n-1)/4 \qquad (5.9)$

式 (5.9) 代入式 (5.8) 得　　　　　$n_0 = (3n+1)/4 \qquad (5.10)$

　　上述性质 3 表明，在这类四叉树中度为 0 的结点大约占结点总数的 3/4，度为 4 的结点大约占结点总数的 1/4。

5.6.2　常规四叉树编码

　　常规四叉树编码 (common quadtree coding) 是一种面向数字图像和栅格图形数据的有效压缩存储方法，它对规格化为 $2^n \times 2^n$ 像元的阵列图形或图像，采用可递归的四叉剖分方法逐步分解为一系列仅包含单一类型或属性的子块图形或图像，并用四叉树中一系列不同层次上的结点表示。对一幅非单调的规格化图形或图像，首先以其中心为原点按四个象限区域均等原则四叉剖分为 4 个较小的图块，依次对 4 个图块做单调性检测，如果检测到某个图块单调，即它的所有像元或单元值都相同，那么这个图块就不再往下分割，其单调值用一个与该图块剖分层次和层中顺序对应的四叉树叶子结点存储；否则，用一个中间结点表示这个非单调图块，并将该图块进一步四叉剖分为左上、右上、左下、右下等 4 个更小的子图块，再分别对它们进行单调性检测、分割或存储处理等，处理按递归处理机制进行，直至获得所有的单调子块及其存储结点为止。显然，常规四叉树中仅包括度为 4 的中间结点和度为 0 的叶子结点。

　　图 5.31 (a) 为一幅 $2^3 \times 2^3$ 简单的黑白二值图像，图 5.31 (b) 为这幅图像对应的常规四叉树结构，其中矩形结点表示将被继续剖分的非单调图块，圆形叶子结点表示属性单调一致的图块，白色圆结点存储对应白图块属性，黑色圆结点存储对应黑图块属性。

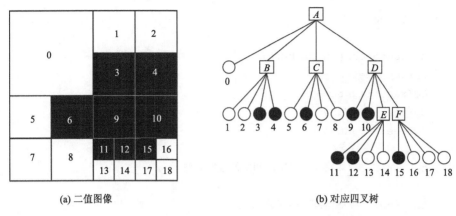

(a) 二值图像　　　　　　　　　　　　　(b) 对应四叉树

图 5.31　二值图像及其常规四叉树存储结构示意

图 5.32(a) 是一幅 $2^4 \times 2^4$ 的简单灰度图像，图 5.32(b) 为这幅图像对应的常规四叉树结构，其中矩形结点(中间结点)表示将被继续剖分的非单调图块，圆形叶子结点表示灰度单调一致的图块，不同灰度圆形结点存储了对应单调图块的灰度值。叶子结点在常规四叉树所处的层次反映了其所代表单调图块相对于原始图像被剖分的次数，如处于 2 层的叶结点代表的单调图块是相对于原始图像被四叉剖分 1 次数获得的，如处于 i 层的叶结点代表的单调图块是原始图像被四叉剖分 i-1 次数获得的，根据规格化原始图像的尺寸 size=2^s，可知第 i 层叶结点代表单调图块的尺寸为 size/2^{i-1}=2^{s-i+1}。

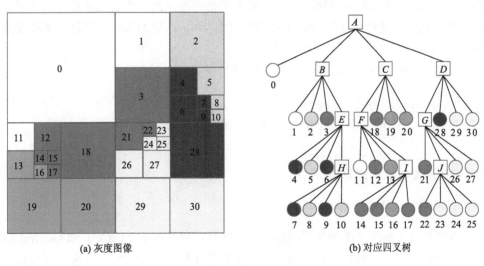

(a) 灰度图像　　　　　　　　　　　　　(b) 对应四叉树

图 5.32　灰度图像及其常规四叉树存储结构示意

在常规四叉树的定义中，树结点由属性域和 4 个孩子指针域构成，属性域可以是单字节或双字节无符号整型类型，4 个孩子指针域分别存放指向四个子块对应结点的地址，四个子块的顺序为左上(leftup)、右上(rightup)、左下(leftdown)、右下(rightdown)。规格化栅格图形和图像数据类型为 Raster，包括规格化图像阵列的行数、列数和阵列数据场指针 *array。具体定义如下：

```
struct CQTree
{
    unsigned char attribute;
    CQTree *leftup;
    CQTree *rightup;
    CQTree *leftdown;
    CQTree *rightdown;
};
struct Raster   //规格化栅格图形和图像数据类型
{
    int row;    //栅格阵列的行数
    int col;    //栅格阵列的列数
    unsigned char *array;   //阵列数据场指针
};
```

常规四叉树结点的指针存储开销相对于属性域的存储开销明显较大，具有 n 个结点的常规四叉树需开销 $4n$ 个指针域，在常规四叉树的结点当中，对应非单调图块的中间结点仅作为路径结点，这类占总数大约 1/4 结点的属性域空置；对应单调图块的叶子结点大约占总数的 3/4，这些结点的指针域为空。可见的存储空间利用率不理想，导致常规四叉树结构不适合存储复杂和高分辨率图像，表现为数据压缩效率低，有时甚至为负压缩，制约了其实际应用。一种有效的改进方法是为非单调图块一次开辟容量为 4 的结点顺序表，4 个孩子结点在表中顺序存储，用 1 个指向孩子结点表首地址的指针代替原有的 4 个孩子指针，这样将指针开销压缩到原来的 1/4，改进的常规四叉树结点类型描述如下：

```
struct CQUADTREE    //改进常规四叉树结点结构
{
    unsigned char attribute;
    CQUADTREE *children;    //子块结点表指针
};
```

5.6.3 常规四叉树的构建算法

1. 自顶向下的构建方法

自顶向下的常规四叉树构建采用递归算法实现，算法由 CreateCQT 和 GenerateCQT 两个函数构成，CreateCQT 函数首先计算获得规格化后图像的尺寸，以整个规格化图像为参数调用递归函数 GenerateCQT 建立与其对应的常规四叉树，返回其根结点指针；函数 GenerateCQT 通过调用 Uniform 函数对指定位置及大小的图块进行单调性检测，若单调，则将单调值赋予对应结点的值域，4 个孩子指针置 NULL，返回当前结点地址；否则，将图块四叉剖分为 4 个子块，对 4 个子块分别递归调用本构建函数，并将它们返回的地址值分别赋予当前结点的 4 个孩子指针。显然，自顶向下的构建算法在确定各层次剖分图块是否单调的块内属性一致性检测中包括了大量的重复判断，算法结构及实现虽然直观简单，但对大型复杂图像而言构树执行效率不高。

算法程序 5.29

```
//检测图块像素元属性是否单调函数
bool Uniform(Raster &image,int row,int col,int size,unsigned char &v)
{
    v=GetPixel(image,row,col);
    for(int i=row; i<row+size; i++) {
        for(int j=col; j<col+size; j++) {
            if(GetPixel(image,i,j)!=v)  return false;
        }
    }
    return true;
}
CQTree *GenerateCQT(Raster &image, int i, int j, int size)
{ //自顶向下构造常规四叉树算法递归函数
    unsigned char val;
    CQTree *cqt=new CQTree;
    if(Uniform(image, i, j, size, val)) { //若子图块单调
        cqt->attribute=val;
        cqt->leftup=cqt->rightup=NULL;
        cqt->leftdown=cqt->rightdown=NULL;
        return cqt;
    }
    else {   //非单调
        size=size/2 ;
        cqt->leftup=GenerateCQT(image, i, j, size);
        cqt->rightup=GenerateCQT(image, i, j+size, size);
        cqt->leftdown=GenerateCQT(image, i+size, j, size);
        cqt->rightdown=GenerateCQT(image, i+size, j+size, size);
        return cqt;
    }
}
CQTree *CreateCQT(Raster &image)
{ //自顶向下构造常规四叉树算法接口函数
    for(int size=1; size<image.row||size<image.col; size*=2) ; //规格化
    CQTree *cqt=GenerateCQT(image,0,0,size);
    return  cqt;
}
```

2. 自底向上的构建方法

自底向上的常规四叉树构建算法由 ConstructCQT 和 BuildCQT 两个函数构成，其中 BuildCQT 函数采用递归机制实现，ConstructCQT 算法首先计算获得规格化后图像的尺

寸，创建四叉树根结点，以整个规格化图像为参数调用递归函数 BuildCQT，并将创建常规四叉树第二层子树结点表首地址赋予根结点指针；函数 BuildCQT 首先判断当前图块的尺寸是否为像元或单元级，若是，则通过 GetPixel 函数获得单元属性值并赋给引用参数 value，返回 NULL；否则，四叉剖分当前图块成 4 个子块，分别对 4 个子块递归调用本构建函数，若 4 个子块单调且 4 个属性值相同，则以引用参数 value 取得合并图块的单调属性值，返回 NULL；否则，为非单调图块的 4 个子块开辟结点数据场，分别将 4 个子块图块的单调值（子块单调时有值）和下一级子块结点表首地址（子块单调时为NULL）赋予各自结点的值域和孩子指针域，返回子块结点数据表首地址。取像元值函数GetPixel 对原图像范围内的指定像元，直接取其属性或灰度作为返回值，对原图像范围以外、规格化图像范围以内的指定单元，以 0 作为返回值。

算法程序 5.30

```
CQUADTREE* BuildCQT(Raster &image, int irow, int jcol, int size, unsigned
char &value)
{ //自底向上构建常规四叉树递归函数
    if(size==1) {
        value= GetPixel(image, irow, jcol);
        return NULL;
    }
    else {
        size/=2;
        CQUADTREE *p[4];
        unsigned char val[4];
        p[0]= BuildCQT(image, irow, jcol, size, val[0]);
        p[1]= BuildCQT(image, irow, jcol+size, size, val[1]);
        p[2]= BuildCQT(image, irow+size, jcol, size, val[2]);
        p[3]= BuildCQT(image, irow+size, jcol+size, size, val[3]);
        if(val[0]==val[1]&&val[1]==val[2]&&val[2]==val[3]&&p[0]==NULL) {
            value=val[0];    //4个子块单调且等值
            return NULL;
        }
        else {
            CQUADTREE *children=new CQUADTREE[4];
            for(int i=0; i<4; i++) {
                children[i].attribute=val[i];
                children[i].children=p[i];
            }
            return children;
        }
    }
}
CQUADTREE *ConstructCQT(Raster &image)  //自底向上构建常规四叉树接口函数
```

```
{
    for(int size=1; size<image.row||size<image.col; size*=2) ;
    CQUADTREE *cqt=new CQUADTREE;
    cqt->children=BuildCQT(image,0,0,size,cqt->attribute);
    return cqt;
}
```

5.6.4　线性四叉树编码

线性四叉树(LQT)是对常规四叉树的改进,最初由 Gargantini 于 1982 年提出,线性四叉树只存储最后叶子结点的位置、图块尺寸和属性。LQT 的叶子结点的编码称为地址码或路径码,它隐含了叶子结点对应单调图块在原图中的位置信息,而码长则隐含了单调图块的尺寸信息。最常用的地址编码是基于四进制的 Morton 码(简称 M 码)和基于十进制自然数的 Morton 码(简称 N 码),十进制自然数 Morton 码由 Mark 等于 1989 年提出,1992 年龚健雅发展了 N 码及其图形几何分析和图像代数运算的规则与方法。

1. 基于四进制的 Morton 码

四进制 Morton 码用四进制数 0、1、2、3 或二进制的 00、01、10、11 分别表示剖分后产生的左上、右上、左下、右下四个象限的标号。在逐级剖分图像的过程中,标号的位数不断增加,每剖分一次,四进制编码增加 1 位或二进制编码增加 2 位。当一块图像因属性单调而停止剖分时所对应的剖分路径编码即为该块图像的 Morton 码,它记录了该子块在图像中的定位信息,显然,不同大小单调图块的 Morton 码长度也不同,因此,有必要为 Morton 码附加长度信息,以反映对应图块的剖分深度,同时也隐含了相对于原始规格化图像的子块尺寸。图 5.33 为线性四叉树存储一幅二值图像经剖分得到各个单调图块对应的四进制 Morton 码示意,图 5.34 为一幅 $2^3 \times 2^3$ 图像各像元的四进制 Morton 码示意。

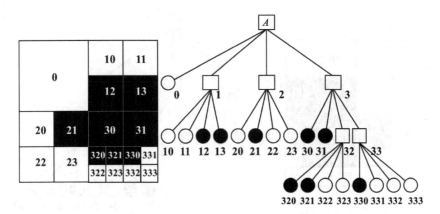

图 5.33　基于四进制的 Morton 码及对应四叉树示意

M码　列号		C_d	0	1	2	3	4	5	6	7
行号		C_b	0	1	10	11	100	101	110	111
R_d	R_b									
0	0		000	001	010	011	100	101	110	111
1	1		002	003	012	013	102	103	112	113
2	10		020	021	030	031	120	121	130	131
3	11		022	023	032	033	122	123	132	133
4	100		200	201	210	211	300	301	010	311
5	101		202	203	212	213	302	303	312	313
6	110		220	221	230	231	320	321	330	331
7	111		222	223	232	233	322	323	332	333

图 5.34　$2^3×2^3$ 图像四进制 Morton 码示意（据龚健雅，1992）

2. 基于十进制的 Morton 码

基于十进制的 Morton 码是以自然数表示线性四叉树单调图块的地址码，又称 N 码。构建方法是先对规格化图像所有像元进行编码，如图 5.35 所示，从 8×8 图像左上角四叉剖分框架内的 4 个像元开始，按左上、右上、左下、右下的顺序分别以 0、1、2、3 四个连续自然数编码，然后对它们右侧四叉剖分框架内的 4 个像元按序编码为 4、5、6、7，接着对它们左下方四叉剖分框架内的 4 个像元按序编码为 8、9、10、11，再对右下方四叉剖分框架内的 4 个像元按序编码为 12、13、14、15，以此类推，直至完成所有像元编码。图 5.36 展示了一幅 8×8 图像或较大图像左上角 8×8 图块的十进制 Morton 码。然后按照自底向上的剖分层次对四叉剖分框架内的 4 个相邻同值像元或同值图块进行合并，合并后的图块编码采用其左上角子块的编码，非同值图块中的单调子块即获得最终的 N 码表示，最后得到所有单调图块的十进制 Morton 码。N 码线性四叉树具有以下优势：①递增

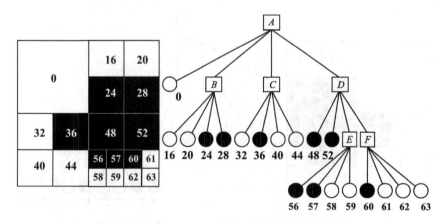

图 5.35　基于十进制的 Morton 码及对应四叉树示意

N 码　列号	C_d	0	1	2	3	4	5	6	7
行号	C_f	0	1	4	5	16	17	20	21
R_d	R_f								
0	0	0	1	4	5	16	17	20	21
1	1	2	3	6	7	18	19	22	23
2	4	8	9	12	13	24	25	28	29
3	5	10	11	14	15	26	27	30	31
4	16	32	33	36	37	48	49	52	53
5	17	34	35	38	39	50	51	54	55
6	20	40	41	44	45	56	57	60	61
7	21	42	43	46	47	58	59	62	63

图 5.36　$2^3 \times 2^3$ 图像十进制 Morton 码示意(据龚健雅，1992)

排列的相邻 N 码之差包含前码对应图块的尺寸信息，无须四进制 Morton 地址码的深度标识；②顺序表存储的图像可直接以 N 码作为对应像元灰度值的存储下标，方便相邻像元合并时的顺序扫描；③节省内存和排序开销，可有效降低构建线性四叉树的时间和空间复杂度。

根据像元或栅格的行列号计算相应 N 码有两种方法，即数学计算方法和按二进制位操作的计算方法。二进制位操作计算方法简单且易于实现，方法对行号为 R、列号为 C 的像元按其列号和行号二进制值从低位到高位交叉拼合组装得到像元的 N 码，具体如图 5.37 所示，首先将行号和列号的二进制数长度按较长者统一，较短者在高位不足处补 0，以使行号和列号的二进制数长度一致，假设长度一致为 n，按由低位到高位的顺序，列号的各二进制位复制到 N 码二进制数的奇数位,行号的各二进制位复制到 N 码二进制数的偶数位。

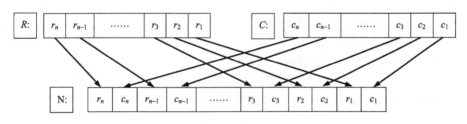

图 5.37　像元行列号二进制数交叉拼装成 N 码二进制数示意

线性四叉树存储图像经四叉剖分获得的所有单调子块信息的 Morton 码由 32 位路径地址码 addcode、路径地址码二进制长度 length 和属性或灰度 attribute 组成，路径码存储在分量 addcode 的右侧，其有效位由 length 确定，32 位二进制路径地址码可以处理的最大规格化图像的尺寸为 $2^{16} \times 2^{16}$ 及 65636×65636。线性四叉树类型 LinearQaudTree 由 Morton 码总数 count 和 Morton 码顺序表 codelist 组成。原始图像以及构建线性四叉树过程中产生的剖分子块图像的特征信息用 SubBlock 类型元素记录，子块图像信息结构体

SubBlock 包括子块的位置、尺寸、路径地址码、码长和属性等分量。下面给出线性四叉树类型及相关结构的定义：

```
struct SubBlock            //图像子块信息类型结构
{
    short int row;            //子块左下角行号
    short int col;            //子块左下角列号
    short int size;           //子块尺寸
    unsigned long addcode;    //子块地址码
    unsigned char length;     //地址码长度
    unsigned char attribute;  //子块单调属性值(0～255)
};
struct Morton  //线性四叉树单调子块编码
{
    unsigned long addcode;     //地址码
    unsigned char length;      //二进制码长
    unsigned char attribute;   //属性值(0～255)
};
struct LinearQaudTree //线性四叉树
{
    int count;      //线性四叉树编码总数
    int size;       //规格化图像的尺寸
    Morton *codelist;  //线性四叉树编码表
};
struct DecMorton //十进制自然数Morton编码(N码)
{
    unsigned long code;    //单调子块N码
    unsigned char gray;    //单调子块属性值
};
struct NLQaudTree //N码线性四叉树
{
    int count;     //编码数量
    int size;      //规格化图像行列数
    DecMorton *codelist;  //N码表数据场指针
};
```

5.6.5　线性四叉树的构建算法

线性四叉树可以采用三种方法构建：一种是自顶向下(up-down)的 Morton 码序列构建方法，这种构树方法从整幅规格化图像开始，按照对单调图块构建其 Morton 码，对非单调图块四叉剖分为 4 个子块继续处理的原则，按尺寸由大到小逐层剖分非单调图块，对剖分产生的单调子块构建其 Morton 码，直至为所有单调图块都创建了相应的 Morton 码为止。第二种方法是自底向上(down-up)的 Morton 码序列构建方法，这种方法采用递归机制实现，构建过程分为递推剖分阶段和回归合并与构码阶段，递推剖分阶段对尺寸大于 1 的图块四叉剖分为 4 个较小的图块，分别对 4 个较小的图块按同样原则进行剖分处理，以此类推，直至递推剖分到视为单调的像元为止；回归合并与构码阶段按由小到大的顺序，根据所在层级剖分框架内 4 个相邻子块的属性一致性与否决定是合并为较大的单调图块，还是构建其中单调子块的 Morton 码，当较低层次的图块合并和构码完成后，再进行较高层次的图块合并和构码，直至产生所有最大单调图块的 Morton 码。第三种方法是先计算每一个像素(栅格单元)的 Morton 码，然后按照一定的扫描方式自底向上(down-up)地合并具有相同父块且具有相同属性值的同级 Morton 码，直至不存在具有相同父块且具有相同属性值的同级 Morton 码为止。

1. 自顶向下法构建线性四叉树

自顶向下构建算法借助两个链式队列，队列 q1 用于存放待处理的子块图像信息元素，队列 q2 用于存放单调子块图像信息元素。算法首先将表征原始规格化图像或栅格图形的信息元素加入队列 q1，从非空队列 q1 中循环地出队一个图块元素，若其表示的图块单调，则将其加入到队列 q2；否则，将其剖分为 4 个子块，组织 4 个子块元素的信息，包括各子块的位置、尺寸、地址码、码长等，其中子块地址码通过右移父块的二进制地址码 2 位并加上该子块编号(0~3)获得，将 4 个子块信息元素加入到队列 q1，循环继续直至队列 q1 为空。然后按顺序将队列 q2 中的所有单调子块信息元素取出，拷贝其中地址路径码、二进制码长、属性等信息到创建的线性四叉树 Moton 编码顺序表 lqt 中，返回 lqt。Monotone 函数为子块图像单调检测函数，若其检测的子块图像非单调，返回 false，若其检测的子块图像单调，则子块图像信息元素中的 attribute 分量被赋予单调属性值，返回 true。

算法程序 5.31
```
typedef SubBlock ElemType;
unsigned char GetPixel(Raster &image,int i,int j) //提取像元属性值函数
{
    if(i>=image.row||j>=image.col) return 0;
    else return image.array[i*image.row+j];
}
bool Monotone(Raster &image, SubBlock &sb) //判图块像元属性是否单调
{
    unsigned char sv=GetPixel(image,sb.row,sb.col);
    for(int i=sb.row; i<sb.row+sb.size; i++) {
        for(int j=sb.col; j<sb.col+sb.size; j++) {
            if(GetPixel(image,i,j)!=sv)
                return false;
        }
    }
    sb.attribute=sv;
    return true;
```

```
    }
LinearQaudTree CreateLQT(Raster &image)  //自顶向下构建线性四叉树
{
    LinkQueue q1,q2;        //待处理图块元素队列和单调图块元素队列
    InitQueue(q1);          //初始化队列q1
    InitQueue(q2);          //初始化队列q2
    SubBlock block,sb;
    for(int Size=1; Size<image.row||Size<image.col; Size*=2);
    block.row=block.col=0;
    block.size=Size;
    block.addcode=0;
    block.length=0;
    EnQueue(q1, block);
    int mbcount=0;   //单调子块计数器
    while(DeQueue(q1, block)) {
        if(Monotone(image, block)) {   //判当前图块单调
            EnQueue(q2, block);   //单调块入队列q2
            mbcount++;
        }
        else {   //非单调块分解成4个子块并加入队列q1
            block.addcode<<=2;
            int subsize=block.size/2;
            sb.row=block.row;
            sb.col=block.col;
            sb.size=subsize;
            sb.addcode=block.addcode;   //地址码
            sb.length=block.length+2;   //码长
            EnQueue(q1,sb);   //第1个子块元素入队列q1
            sb.row=block.row;
            sb.col=block.col+subsize;
            sb.size=subsize;
            sb.addcode=block.addcode+1; //地址码
            sb.length=block.length+2;   //码长
            EnQueue(q1,sb);   //第2个子块元素入队列q1
            sb.row=block.row+subsize;
            sb.col=block.col;
            sb.size=subsize;
            sb.addcode=block.addcode+2; //地址码
            sb.length=block.length+2;   //码长
            EnQueue(q1,sb);   //第3个子块元素入队列q1
            sb.row=block.row+subsize;
            sb.col=block.col+subsize;
```

```
            sb.size=subsize;
            sb.addcode=block.addcode+3;  //地址码
            sb.length=block.length+2;    //码长
            EnQueue(q1,sb);  //第4个子块元素入队列q1
        }
    }
    LinearQaudTree lqt;  //创建线性四叉树顺序表
    lqt.codelist=new Morton[mbcount];
    lqt.count=0;
    lqt.size=Size;
    while(DeQueue(q2, block)) {  //若队列q2非空，则出队一个单调子块元素
        lqt.codelist[lqt.count].addcode=block.addcode;  //地址码
        lqt.codelist[lqt.count].attribute=block.attribute;  //单调属性
        lqt.codelist[lqt.count].length=block.length;    //码长
        lqt.count ++;
    }
    DestroyQueue(q1);
    DestroyQueue(q2);
    return lqt;
}
```

2. 自底向上法构建线性四叉树

算法由接口函数 ConstructLQT 和递归函数 BuildLQT 构成，自底向上构建算法中使用了 1 个包含元素计数器 count 的链式队列结构，队列初始化值时元素计数器置为 0，入队操作元素计数器增 1，出队操作元素计数器减 1。链式队列用于存放自底向上的单调同值子块合并过程中产生的所有最大单调子块图像的 Morton 码信息元素。

函数 ConstructLQT 计算图像的规格化尺寸，以规格化图像等为参数调用函数 BuildLQT 构建线性四叉树的 Morton 码序列，将队列 q 中获得的 Morton 码序列复制到创建的线性四叉树变量及其 Morton 码顺序表中，返回线性四叉树。

递归函数 BuildLQT 的形式参数包括图像、当前图块的位置、尺寸、路径码、路径码码长、链队指针。递归函数对尺寸 size=1 的像元级单调图块，直接取像元属性值返回，同时函数以返回值的正负表示图块单调与否；对尺寸大于 1 的图块，分别对其 4 个子块图像递归调用本函数，根据返回值判断它们的单调性，若 4 个子块单调，则进一步判断它们是否同属性值，若同值，则当前图块单调，返回其属性值；否则，当前图块非单调，产生 4 个单调子块的 Morton 码并加入到队列，返回−1。若 4 个子块不全部单调，则产生其中单调子块的 Morton 码并加入到队列，返回−1，其中非单调子块的下层单调子块的 Morton 码已经在较深层次的递归函数中产生，以此类推。

算法程序 5.32
```
typedef Morton ElemType;  //ElemType定义为子块Morton码类型
//自底向上构建线性四叉树
```

```
int BuildLQT(Raster &image,int i,int j,int size,unsigned long path,int
len,LinkQueue &q)
{
    if(size==1) return GetPixel(image,i,j);
    else {
        size=size/2;
        path=path<<2;
        len=len+2;
        int val[4];
        Morton cmort;
        val[0]=BuildLQT(image,i,j,size,path,len,q);
        val[1]=BuildLQT(image,i,j+size,size,path+1,len,q);
        val[2]=BuildLQT(image,i+size,j,size,path+2,len,q);
        val[3]=BuildLQT(image,i+size,j+size,size,path+3,len,q);
        if(val[0]>=0&&val[1]>=0&&val[2]>=0&&val[3]>=0) {   //4个子块单调
            if(val[0]==val[1]&&val[1]==val[2]&&val[2]==val[3]) {//本块单调
                return val[0];
            }
            else {//本块非单调
                for(int k=0; k<4; k++) { //产生各单调子块Morton码
                    cmort.addcode=path+k;
                    cmort.attribute=unsigned char(val[k]);
                    cmort.length=len;
                    EnQueue(q, cmort);
                }
                return -1;
            }
        }
        else { //产生其中单调子块Morton码
            for(int k=0; k<4; k++) {
                if(val[k]>=0) {
                    cmort.addcode=path+k;
                    cmort.attribute=unsigned char(val[k]);
                    cmort.length=len;
                    EnQueue(q, cmort);
                }
            }
            return -1;
        }
    }
}
LinearQaudTree ConstructLQT(Raster &image)
```

```
{
    LinkQueue q;  //Morton编码队列
    InitQueue(q);
    LinearQaudTree lqt;
    for(int Size=1; Size<image.row||Size<image.col; Size*=2);
    lqt.size=Size;
    int value=BuildLQT(image,0,0,Size,0,0,q);  //构建线性四叉树
    if(value>=0) {
        lqt.codelist=new Morton[1];
        lqt.codelist[0].addcode=0;
        lqt.codelist[0].attribute=unsigned char(value);
        lqt.codelist[0].length=0;
        lqt.count=1;
    }
    else {
        lqt.codelist=new Morton[q.count];
        Morton code;
        lqt.count=0;
        while(DeQueue(q, code)) {
            lqt.codelist[lqt.count++]=code;
        }
    }
    DestroyQueue(q);
    return lqt;
}
```

3. 自底向上法构建 N 码线性四叉树

自底向上构建基于十进制 N 码四叉树的方法有两种，一种与上述自底向上构建四进制 Morton 码线性四叉树的递归函数方法基本相同，这里算法清单略，只是在为单调图块构码时，需要以图块位置行列号调用函数 DecimalCode，通过行列号的二进制拼装相应的十进制 N 码值，并与单调图块的灰度值一起给单调图块编码赋值，而无须进行代码深度的计算与赋值。由于自底向上的构建方法不能确保产生的 N 码序列严格增序排序，故需要对产生的 N 码顺序表调用快速排序函数进行一次以 N 码为关键字的递增排列。

算法程序 5.33

```
unsigned long DecimalCode(int row, int col)
{
    bool bit;
    unsigned long digit=0x00000001;
    unsigned long code=0;
    while(row!=0 || col!=0) {
        bit=col & 0x00000001;
```

```
            if(bit) code=code+digit;
            digit=digit<<1;
            col=col>>1;
            bit=row & 0x00000001;
            if(bit) code=code+digit;
            digit=digit<<1;
            row=row>>1;
        }
        return code;
    }
```

　　另一种 N 码四叉树构建方法先将图像所有单元属性按其对应的 N 码下标地址复制到一个顺序表中，即该顺序表的单元下标为 N 码，单元存放其下标 N 码对应行列定位像元的属性。按四叉剖分层次从底层到顶层对顺序表中的像元值进行扫描，以当前扫描层次所确定的相邻单元间隔跨度，对扫描到的每 4 个一组相邻像元或相邻图块左上角像元，判断它们是否可以合并为一个较大的单调图块，若是，则将组中后三个像元或后三个图块的左上角像元对应 N 码标注为无效；若否，则将组中第一个像元或图块的左上角像元标注为组合块非单调。分层扫描处理完成后再次扫描顺序表，统计所有有效 N 码的数量，创建 N 码线性四叉树顺序表，将 N 码排序属性表中标记有效的下标 N 码及其对应像元属性拷贝到 N 码线性四叉树的码表中。

算法程序 5.34

```
struct PixFeatures     //像元特征类型
{
    unsigned char gray;   //像元灰度
    unsigned char mark;   //下标N采用标记
};
struct AttribList   //以N码排序的像元属性表
{
    long count;    //表长
    PixFeatures *list; //以N码顺序组织的灰度场指针
};
NLQaudTree ConstructNLQT(Raster &image)     //自底向上构建N码四叉树
{
    for(int Size=1; Size<image.row||Size<image.col; Size*=2);
    AttribList L;
    L.count=Size*Size;
    L.list=new PixFeatures[L.count];
    for(int i=0; i<Size; i++) {   //创建N码序列像元属性表
        for(int j=0; j<Size; j++) {
            int n=DecimalCode(i, j);   //计算相应N码
            L.list[n].gray=GetPixel(image,i,j);
            L.list[n].mark=1;   //初始标识
```

```
        }
    }
    bool sv[3];
    for(int gap=1; gap<L.count; gap*=4) {  // //由低到高的层次扫描
        int sb0=0,sb1,sb2,sb3;
        bool uniform=true;  //4子块均单调标志初值
        for(int i=0,k=0; i<L.count; i+=gap) {  //层次内按跨度gap扫描
            if(L.list[i].mark==3) uniform=false;  //存在非单调子块
            if(k<3) {  //前3个相邻块
                if(uniform) sv[k]=L.list[i+gap].gray==L.list[i].gray;
                k++;
            }
            else {   //第4个相邻块
                if(uniform&&sv[0]&&mv[1]&&sv[2]) {  //相邻4单调子块可合并
                    sb1=sb0+gap;
                    L.list[sb1].mark=2;  //置无须编码标志
                    sb2=sb1+gap;
                    L.list[sb2].mark=2;  //置无须编码标志
                    sb3=sb2+gap;
                    L.list[sb3].mark=2;  //置无须编码标志
                }
                else  L.list[sb0].mark=3;  //置非单调图块标志
                k=0;
                sb0=i+gap;
                uniform=true;
            }
        }
    }
    NLQaudTree nlqt;
    nlqt.size=Size;
    nlqt.count=0;
    for(i=0; i<L.count; i++) {  //统计有效N码数量
        if(L.list[i].mark!=2)  nlqt.count++;
    }
    nlqt.codelist=new DecMorton[nlqt.count];
    int k=0;
    for(i=0; i<L.count; i++) {  //提取有效下标N码及其块属性
        if(L.list[i].mark!=2) {
            nlqt.codelist[k].code=i;
            nlqt.codelist[k].gray=L.list[i].gray;
            k++;
        }
```

```
    }
    delete L.list; //释放属性顺序表空间
    return nlqt;
}
```

5.6.6　优势四叉树结构

为了克服常规四叉树结构和线性四叉树结构存在的问题与不足,作者于 2008 年提出一种基于优势属性存储的四叉树空间数据结构,简称优势四叉树结构。在优势四叉树中,结点结构由一个特征码、一个属性域和一个孩子结点表指针组成。特征码为无符号字符型数据,孩子结点表指针占 4 个字节,优势属性值域的数据类型可以根据存储图像的灰度量级深度设置 1 或 2 个字节,对于 2^8 灰度亮级图像的无损压缩存储,对应的优势四叉树结构为:

```
struct AQTREE
{
    unsigned char  feature;   //特征信息码
    unsigned char  grayscale; //优势属性值
    AQTREE  *children;    //孩子结点顺序表指针
};
```

单字节特征码数据是一个 8 位二进制数,如图 5.37 所示,它由三个信息段构成,分别用于描述当前结点对应图像子块在父块(上一层图块)中的位置、其孩子结点的个数和当前图块所含单调子块中优势属性的分布模板,特征码及各信息段定义如图 5.38。其中前 d_0d_1 为当前图块在父块中的位置编码,00～11 分别表示左上、右上、左下和右下,d_2d_3 为当前图块结点孩子结点的个数;$d_4d_5d_6d_7$ 为当前图块含有的单调子块优势属性分布模板 Template。d_4d_5 为 00 时含义可根据模板 Template 的值分为 2 种情形解释:当 Template=1111 或 16 进制数 F 时,表示当前图块单调,不存在子块结点;当模板 Template=0000 或 16 进制数 0 时,表示当前图块存在 4 个非单调子块结点。

d_0	d_1	d_2	d_3	d_4	d_5	d_6	d_7

图 5.38　优势四叉树特征码

优势属性是指当前图块中存在单调子块的情形下,数量上占优势的同属性值单调子块的共同属性,其值存放在当前结点的属性域中。优势属性分布模板 Template 用来记录和描述当前图块中具有优势属性的若干单调子块的分布特征。当图块不存在单调子块时,Template=0;当存在单调子块时,分布特征模板 Template 的 16 进制值可用图 5.39 说明,其中 1、2、4、8 为基本模板,分别表示一个单调子块处于图块的左上、右上、左下、右下 4 个位置,其他为合成模板,表示多个同值单调子块的块内分布特征。如合成模板值 9 表示左上和右下两个单调子块的合成分布,合成模板值 C 表示左下和右下两个单调子块的合成分布,合成模板值 B 表示左上、右上和右下三个单调子块的合成分布等。

处于不同分区位置上的图块所对应结点的特征码、属性、孩子结点指针所表达的局部优势四叉树结构可以由图 5.40 来表示。其中虚线箭头表示通过地址运算获得的指向,当子块结点存储的是非优势单调子块的属性时,子块结点为叶子结点,其指针域为空;当子块结点存储的是非单调子块时,其属性域存储子块的优势属性,其指针指向孩子结点;当非优势单调子块的属性为 0 时,不安排结点存储该子块。

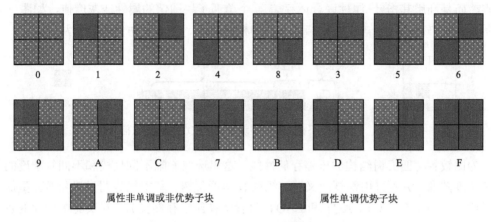

图 5.39 优势属性子块分布模板(16 进制)

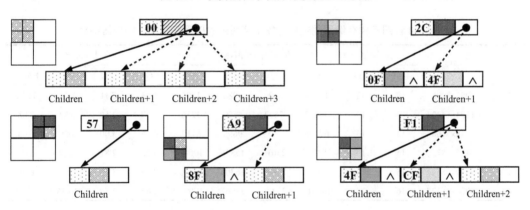

图 5.40 结点特征码表达的局部优势四叉树结构

在上述结构基础上作者还提出一种增强型优势四叉树(EAQTREE)空间数据结构,进一步增强了优势四叉树存储数字图像和栅格数据的无损压缩性能,最大限度利用结点指针域存储空间。增强型优势四叉树数据结构的结点类型定义描述如下:

```
struct  EAQTREE  //增强型优势四叉树结点类型定义
{
    unsigned char  feature;   //特征信息码
    unsigned char  gray;      //优势单调子块属性域
    union { //指针-属性联合体
        unsigned char  attribute[4];  //分块单调图像灰度或属性
        EAQTREE  children;  //孩子表指针
    }
};
```

其中指针-属性联合体可在存储孩子结点表地址或存储 4 个单调子块属性这两个互斥角色之间切换，若当前结点对应的图块存在非单调子块图像时，指针-属性联合体作为当前结点扩展的子块结点表指针域使用；若当前结点对应图块由不完全同值的 4 个单调子块图像构成时，当前结点不再像基本优势四叉树那样为非优势单调子块向下扩展孩子结点，而是利用其指针-属性联合体存储 4 个单调子块图像的属性或灰度值，如图 5.41 所示。因本书篇幅限制，有关优势四叉树的构建算法、搜索和访问等算法从略。

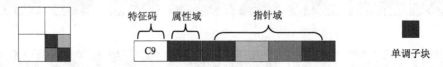

图 5.41　含有 4 个不完全同值图块对应 EAQTREE 结点信息示意

为比较各种四叉树结构的压缩存储性能，这里选取 6 幅不同规模和不同复杂度的单字节灰度图像，分别采用常规四叉树、线性 N 码四叉树、基本优势四叉树和增强型优势四叉树(简称 CQT、LQT、AQT 和 EAQT)进行图像压缩存储实验，对实验中构建的各型四叉树的深度、存储开销、压缩比等进行统计，如表 5.1 所示。

表 5.1　4 种四叉树存储不同规模与复杂度图像的树深、空间开销与压缩比

图形	规模	树的深度		存储空间开销(K)				存储压缩比			
		其他	EAQT	CQT	LQT	AQT	EAQT	CQT	LQT	AQT	EAQT
G1	4096×4096	13	12	14549	3209	1986	1398	1.13	5.11	8.25	11.72
G2	4184×6432	14	13	34072	7502	4509	3256	0.77	3.50	5.83	8.08
G3	6348×7168	14	13	67105	14789	9695	6712	0.66	3.00	4.59	6.63
G4	7455×8875	15	14	104769	23016	15836	10649	0.62	2.81	4.09	6.07
G5	9539×9856	15	14	111220	24461	16305	10810	0.83	3.75	5.64	8.50
G6	16934×18127	16	15	181315	39480	28962	17094	1.65	7.59	10.36	17.54

从表 5.1 可以看出，存储不同规模、不同复杂程度图像的增强型优势四叉树深度均比其他 3 种四叉树深度浅 1 层，得益于指针-属性联合体的树结点结构设计，其结果是增强型优势四叉树结点规模的大幅降低。在存储开销上，增强型优势四叉树是线性四叉树的 43.30%～46.27%，是优势四叉树的 59.02%～72.21%；在无损存储压缩比方面，增强型优势四叉树是线性四叉树的 2.16～2.31 倍，是优势四叉树的 1.39～1.69 倍，其性能优势明显。

习　题

一、简答题

1. 树有哪两种基本的存储方式，哪种形态的树最适合于采用顺序存储方式？

2. 一个具有 n 个结点的二叉树有多少个指针域，其中有多少个指针域存放了孩子结点的地址，多少个结点存放的是空值 NULL？

3. 二叉树的叶子结点数量和度为 2 的结点数量之间满足什么关系？具有 n 个结点的完全二叉树的深度如何计算？在完全二叉树中度为 1 的结点数量有哪几种情形？

4. 请写出按先序序列建立图 5.42 所示二叉树时顺序输入的字符序列，其中使用字符 $ 表示对应孩子结点或子树为空的情形。

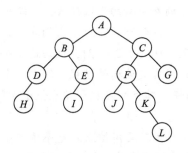

图 5.42　二叉树示意图

5. 请分别写出对图 5.42 中二叉树进行先序遍历、中序遍历和后序遍历的结果。

6. 已知一棵二叉树的先序遍历的结果序列是 *ABDGEHCF*，中序遍历的结果序列是 *DGBHEAIFC*，请恢复并画出这棵二叉树，并通过对其先序遍历和中序遍历来验证恢复结果的正确性。

7. 请对图 5.43 中左侧的二叉树进行中序线索化，画出相应的中序线索二叉树（右侧）。中序线索二叉树的每个结点有 5 个域，从左至右分别是左线索标志、左孩子指针、结点标识符、右孩子指针、右线索标志。请在数据域填上结点名，酌情在线索标识域填上 t 或 f 表示 true 或 false，画出从指针域射出的实线箭头指向孩子结点，从指针域射出的虚线箭头指向前驱结点或后继结点。

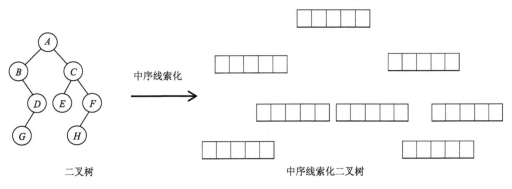

图 5.43　二叉树及其中序线索化示意图

8. 在中序线索化二叉树中查找指定结点的前驱结点或后继结点的效率与普通二叉树类似查找的效率相比是高还是低，为什么？

二、解算题

1. 一棵完全二叉树具有 764 个结点，试问这棵完全二叉树的深度是多少？其最底层上有多少叶子结点？倒数第二层上有多少叶子结点？

2. 一棵完全二叉树如果有 1293 个结点，试问这棵完全二叉树中度为 0、度为 1 和度为 2 的结点分别是多少？

3. 对关键字序列(23, 18, 36, 64, 9, 78, 53, 89, 45, 93)进行堆排序，使之按关键字递增次序排列。请画出排序过程中创建大堆的过程，给出建立的大堆结点序列，画出从大堆中删除一个结点并调整为新的大堆过程，并给出新的大堆结点序列。

4. 设有字符集 D={c1, c2, c3, c4, c5, c6, c7}，它们在电文中平均每 100 个字符中出现的频数分别为 W={38, 4, 17, 10, 3, 26, 2}，试为这 7 个字符设计哈夫曼编码，请构建出相应的哈夫曼树，画出构建哈夫曼树的过程，写出 7 个字符的哈夫曼编码，并计算其平均码长(要求哈夫曼树的任一结点的左孩子结点值小于等于右孩子结点值)。

三、算法题

1. 设计一个算法，根据一棵二叉树结点的先序序列字串和中序序列字串恢复并构建出该二叉树，分别输出该二叉树的先序、中序和后序遍历结果(要求采用链式二叉树)。

2. 按先序序列输入并建立二叉树，打印该二叉树中序遍历的结点序列，使用中序线索化二叉树的递归算法对其进行线索化处理，在指定结点的父结点后插入一个结点，输出插入结点后该线索二叉树中序遍历的结点序列。

3. 编写程序，根据一组字符在报文中的出现频率(如习题二解算题 4)，构建相应的哈夫曼树并求出每个字符的哈夫曼编码，输出每个字符的序号、频率、哈夫曼编码、码长以及哈夫曼编码的平均码长。

第6章 图

图形结构是一种非常重要的非线性数据结构，它适合于描述现实世界中各种复杂数据对象及其相互间的关系。图是空间对象及其连通性和相关性的表达模型，是复杂网络分析的重要基础。在计算机科学、物理化学、人工智能、地理信息科学、网络分析、工程计划、遗传学、社会科学和语言学等方面都得到广泛和成熟的应用。本章就图的概念、存储表示、相关算法等进行深入讨论。

6.1 图的基本概念

图是一种表示和演绎空间对象及其连通性的非线性结构，它比树形结构更为复杂，是图论研究的重要数学模型。与树结构结点直接前驱（父结点）的单一性、多分支扩展和层次性相比，图结构中任何结点对其直接前驱和后继均没有数量限制，结点的层次关系是相对的，任意两个结点之间可以相关，也可以不相关，表现出结点间邻接关系的任意性。

6.1.1 图的定义

图的定义 图是由顶点（vertex）集合及顶点间的关系集合组成的一种数据结构，表示为

$$G = (V, E)$$

其中，V 是顶点的有穷非空集合；E 是顶点之间关系的有穷集合（可以为空），也叫作边（edge）集合。

$$E = \{ (v, w) \mid v, w \in V \}$$

或

$$E = \{ <v, w> \mid v, w \in V \,\&\&\, \text{Path}\, (v, w) \}$$

无序偶对 (v, w) 表示顶点 v 与顶点 w 彼此互为邻接或关联，也称无向边，边 (v, w) 和 (w, v) 表示同一条边；有序偶对 $<v, w>$ 表示顶点 v 与顶点 w 邻接或关联，具有单向性，也称有向边，v 为边的起点，w 为终点，显然，边 $<v, w>$ 和 $<w, v>$ 是两条不同的边，Path (v, w) 表示从顶点 v 到 w 的一条直达单向通路。

6.1.2 图的术语

由顶点集合和无向边集合组成的图称为**无向图**（undirected graph），如图 6.1 中的 G_1，由顶点集合和有向边集合组成的图称为**有向图**（directed graph），如图 6.1 中的 G_2 和 G_3。

图 G_1 的顶点集合为

$$V(G_1) = \{v_1, v_2, v_3, v_4\}$$

边的集合为

$$E(G_1) = \{ (v_1, v_2),\ (v_1, v_3),\ (v_1, v_4),\ (v_2, v_3),\ (v_2, v_4),\ (v_3, v_4) \}$$

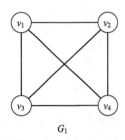 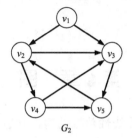 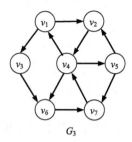

图 6.1　无向图和有向图的示例

图 G_2 的顶点集合为

$$V(G_2)=\{v_1,\ v_2,\ v_3,\ v_4,\ v_5\}$$

边的集合为

$E(G_2)=\{<v_1,\ v_2>,\ <v_1,\ v_3>,\ <v_2,\ v_3>\ ,\ <v_2,\ v_4>,\ <v_3,\ v_5>,\ <v_4,\ v_3>,\ <v_4,\ v_5>,\ <v_5,\ v_2>\ \}$

图 G_3 的顶点集合为

$$V(G_3)=\{v_1,\ v_2,\ v_3,\ v_4,\ v_5,\ v_6,\ v_7\}$$

边的集合为

$E(G_3)=\{<v_1,\ v_2>,\ <v_1,\ v_3>,\ <v_2,\ v_4>\ ,\ <v_3,\ v_6>,\ <v_4,\ v_1>,\ <v_4,\ v_5>,\ <v_4,\ v_6>,\ <v_5,\ v_2>\ ,$

$<v_5,\ v_7>,\ <v_6,\ v_7>,\ <v_7,\ v_4>\ \}$

　　具有 n 个顶点的无向图的边数在 0 到 $n(n-1)/2$ 之间，至多有 $n(n-1)/2$ 条边，若某无向图达到可能的最多边数，则称为**完全图**，如图 6.1 中的 G_1。具有 n 个顶点的有向图的边数在 0 到 $n(n-1)$ 之间，至多有 $n(n-1)$ 条边，若某有向图达到可能的最多边数，则称为**有向完全图**，如图 6.2 所示。相对于具有 n 个顶点图的可能最大边数，若图中的实际边数很少（e<< $n(n-1)/2$），则称为**稀疏图**，反之，若图中的实际边数很多，则称为**稠密图**。

 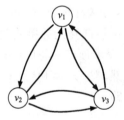 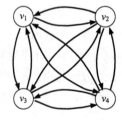

图 6.2　有向完全图示例

　　若无向边 $(v_i,\ v_j)$ 是 $E(G)$ 中的一条边，则称 v_i 与 v_j 互为邻接顶点，或称 v_i 与 v_j 互相邻接，无向边 $(v_i,\ v_j)$ 关联于顶点 v_i 和 v_j。若有向边 $<v_i,\ v_j>$ 是 $E(G)$ 中的一条边，则称 v_j 是 v_i 邻接顶点，或称 v_i 与 v_j 邻接。

　　在无向图中，一个顶点 v 的度（degree）是与它相关联的边的数目，记作 $D(v)$。在有向图中，以顶点 v 为终点的边的数目称为顶点 v 的**入度**（Indegree），记作 $ID(v)$；以顶点 v 为始点的边的数目称为顶点 v 的**出度**（Outdegree），记作 $OD(v)$，有向图中顶点的度等于该顶点的入度与出度之和，即 $D(v) = ID(v) + OD(v)$。在图 6.1 中，无向图 G_1 的顶点 v_1、v_2、v_3、v_4 的度均为 3；有向图 G_2 的顶点 v_1、v_2 和 v_4 的出度均为 2，顶点 v_3 和 v_5 的出度均为 1，顶点 v_1 的入度为 0，顶点 v_4 的入度为 1，顶点 v_2 和 v_5 的入度均为 2，顶点 v_3 的入度为 3。

设有两个图 $G = (V, E)$ 和 $G' = (V', E')$。若 $V' \subseteq V$ 且 $E' \subseteq E$，并且 E' 中的边所关联的顶点都在 V' 中，则称图 G' 是图 G 的子图（subgraph）。如图 6.3 所示，(a) 和 (b) 为图 6.1 中 G_1 的子图，(c) 和 (d) 为 G_2 的子图。

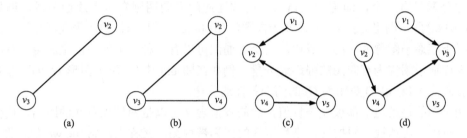

图 6.3　无向图和有向图的部分子图示例

在无向图中，若存在顶点序列 v_{i_0}, v_{i_1}, v_{i_2}, $\cdots$, v_{i_m}，并且序列中相邻两点构成的边 (v_{i_0}, v_{i_1}), (v_{i_1}, v_{i_2}), $\cdots$, $(v_{i_{m-1}}, v_{i_m})$ 均属于 $E(G)$，则称从顶点 v_{i_0} 到 v_{i_m} 存在一条路径（path）。若 G 为有向图，则路径也是有向的，它由 $E(G)$ 中的有向边 $<v_{i_0}, v_{i_1}>$, $<v_{i_1}, v_{i_2}>$, $\cdots$, $<v_{i_{m-1}}, v_{i_m}>$ 组成，路径上边的数目称为**路径长度**，对带权图而言，路径上所有边的权值之和称为路径长度。若路径上除了始点 v_{i_0} 和终点 v_{i_m} 可以相同外，其余顶点均不相同，则称这条路径为**简单路径**，始点和终点相同的简单路径称为**回路**或**环**（cycle），如图 6.4(a) 的 *AIJBA* 以及图 6.4(d) 中的 *ACGDA* 就是回路。

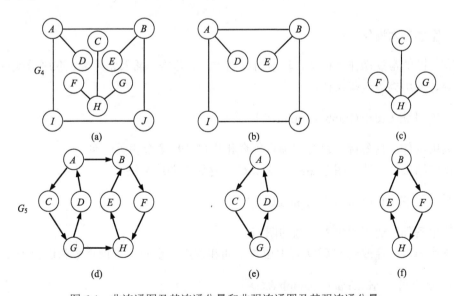

图 6.4　非连通图及其连通分量和非强连通图及其强连通分量

在无向图 G 中，若从顶点 v_i 到顶点 v_j 有一条路径，则称 v_i 和 v_j 是连通的。若 $V(G)$ 中任意两个不同的顶点 v_i 和 v_j 都连通，即 v_i 到 v_j 有路径，则称 G 为**连通图**(connected graph)。在有向图 G 中，若对于 $V(G)$ 中任意两个不同的顶点 v_i 和 v_j，都存在从 v_i 到 v_j 以及从 v_j 到 v_i 的路径，即 v_i 和 v_j 互相连通，则称 G 是**强连通图**。图 6.1 中的无向图 G_1 是连通图，因为它的任意两个顶点之间都有路径，而有向图 G_2 不是强连通图，其中顶点 v_2、v_3、v_4 和 v_5 到顶点 v_1 之间都没有路径，有向图 G_3 是强连通图。

无向图的极大连通子图称为无向图的**连通分量**(connected component)，任何连通图的连通分量只有一个，即连通图自身，而非连通的无向图则有多个连通分量，例如在图 6.4 中(a)所示图形 G_4 为一非连通无向图，(b)和(c)两图为 G_4 的两个连通分量。连通图的极小连通子图称为它的生成树，一个连通图可以有一种以上的不同生成树。有向图的极大连通子图称为有向图的**强连通分量**。例如在图 6.4 中(d)所示图形 G_5 为一非强连通图有向图，(e)和(f)两图为 G_5 的两个强连通分量。

如果图的每条边上都被赋予权值，边的权值含义可以是两端顶点间的距离、代价、费用、时间、可达性、阻抗等，则称这样的图为**带权图**，又称为**网络**(network)，图 6.5 给出无向带权图(无向网络) G_6 和有向带权图(有向网络) G_7。

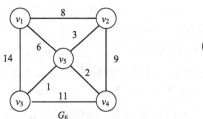 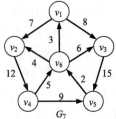

图 6.5　无向带权图(无向网络)和有向带权图(有向网络)

6.1.3　图的基本操作

有关图的常规操作有很多，基本的有创建与清除类、插入删除类、取序号或权值类、度量类、遍历类等一些操作。

1. 创建图 CreateGraph(Graph &G)

调用条件：具备待创建图的顶点集合和边(弧段)集合相关信息。
操作结果：构造由图存储结构变量 G 所存储的图或网络。

2. 消除图 ClearGraph(Graph &G)

调用条件：适用邻接表存储的图 G。
操作结果：释放图 G 邻接表中边表空间和顶点表空间，置顶点数和边数为 0。

3. 输出图：PrintGraph (Graph &G)

调用条件：图 G 存在。

操作结果：输出图所有顶点和边的相关信息。

4. 取顶点的序号：VexSeqNum（Graph &G，VexType v）

调用条件：图 G 存在且顶点 v 为图 G 的顶点。
操作结果：根据指定顶点标识符 v 搜索得到该顶点的顺序号。

5. 取指定顶点的第一个邻接点 FirstAdjVertex（Graph &G，int v）

调用条件：图 G 存在且顶点 v 为图 G 的顶点。
操作结果：搜索指定顶点 v 的第一个邻接点并返回其序号，若无邻接点，则返回–1。

6. 取指定顶点的下一个邻接点 FirstAdjVertex（Graph &G，int v，int w）

调用条件：图 G 存在且顶点 v 为图 G 的顶点，w 为 v 的邻接顶点。
操作结果：搜索指定顶点 v 的邻接点 w 后的下一个邻接点并返回其序号，若无下一个邻接点，则返回–1。

7. 求指定顶点的入度 InDegree（Graph &G，int v）

调用条件：图 G 存在且顶点 v 为图 G 的顶点。
操作结果：通过搜索统计指定顶点的关联边数，返回统计结果。

8. 求指定顶点的出度 OutDegree（Graph &G，int v）

调用条件：图 G 存在且顶点 v 为图 G 的顶点。
操作结果：通过搜索统计指定顶点的关联边数，返回统计结果。

9. 取指定边的权值 ArcWeight（Graph &G，int v, int w）

调用条件：网络（带权图）G 存在且边的端点 v 和 w 均为网络 G 的顶点。
操作结果：搜索指定边，若存在，返回其权值；否则，返回无权值标志。

10. 插入边（弧段）InsertArc（Graph &G，ArcType arc）

调用条件：图 G 存在且指定边的两个端点均为图 G 的顶点。
操作结果：图 G 中新增一条边 arc。

11. 遍历图顶点 TraverseGraph（Graph &G, int start）

调用条件：图 G 存在且指定起点 start 为图 G 的顶点。
操作结果：按照某种图遍历模式访问图 G 所有顶点，且每个顶点只访问一次。

6.2 图的存储结构

由于图的结构较为复杂，图中任意顶点之间都有邻接关联的可能性，图中的每个顶点与其他顶点间都可能存在一对多的均一或非均一关系。显然，基本的顺序存储结构和链式结构无法直接表示这种复杂的关系，图的常规存储结构有邻接矩阵表示法、邻接表表示法、十字链表表示法等，下面重点介绍前两种表示方法。

6.2.1　图的邻接矩阵存储

邻接矩阵(adjacency matrix) 是表示图的顶点之间相邻关系的矩阵，邻接矩阵的每一行对应图的一个顶点，行上各列元素分别表示行对应顶点与包括自身在内其他顶点之间是否存在边或邻接关系，为表示具有 n 个顶点的图，采用的邻接矩阵应该为 n 行×n 列的方阵。

1. 图的邻接矩阵存储结构

设 $G=(V, E)$ 是含有 $n(n\geqslant 1)$ 个顶点的图，如果仅仅表示图的顶点之间邻接或不邻接关系，邻接矩阵 A 为具有下列性质的 n 阶方阵，其中 i 行 j 列上元素以 1 或 0 表示顶点 i 和顶点 j 邻接或不邻接的关系。

$$A[i][j]=\begin{cases} 1 & (v_i,v_j)或<v_i,v_j>\in E(G) \\ 0 & (v_i,v_j)或<v_i,v_j>\notin E(G) \end{cases}$$

如图 6.6 所示，无向图 G_8 的邻接矩阵是 A_8，由于无向图中的一条边所关联的两个顶点相互邻接，即邻接具有对称性，所以无向图的邻接矩阵是对称矩阵，若矩阵规模比较大，可以采用压缩顺序存储方式只存储邻接矩阵的下三角部分。

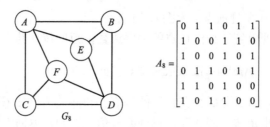

图 6.6　无向图的邻接矩阵

如图 6.7 所示，有向图 G_9 的邻接矩阵是 A_9，由于有向图中的一条边只表示所关联的起始顶点与终止顶点邻接，单边维持的邻接关系不具对称性，邻接对称性需要有连接两顶点的两条互为反向边来维持，所以有向图的邻接矩阵不一定对称。

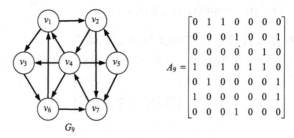

图 6.7　有向图的邻接矩阵

通过邻接矩阵容易判断任意两顶点间是否邻接或具有边，并可求出各顶点的度。对于无向图，邻接矩阵第 i 行上非零元素个数是顶点 v_i 的度；对于有向图，邻接矩阵第 i 行上非零元素个数是顶点 v_i 的出度，第 i 列上非零元素个数是顶点 v_i 的入度。

对具有 $n(n \geq 1)$ 个顶点的带权图即网络 $G=(V, E)$ 的邻接矩阵，其元素不仅表示顶点间的邻接关系，还要表示这种关系的阻抗或代价，邻接矩阵 A 为具有下列性质的 n 阶方阵，其中 i 行 j 列上元素以权值 w_{ij} 或无穷大表示顶点 i 和顶点 j 的邻接代价或不邻接（邻接代价无穷大），为表示顶点邻接自身的 0 代价，这里权值 $w_{ii}=0$，$i=1, 2, 3, \cdots, n$。

$$A[i][j] = \begin{cases} w_{ij} & (v_i, v_j) \text{或} <v_i, v_j> \in E(G) \\ \infty & (v_i, v_j) \text{或} <v_i, v_j> \notin E(G) \end{cases}$$

图 6.8 所示一个无向带权图 G_{10} 及其邻接矩阵 A_{10}，其中 i 行 j 列上的数值是顶点 i 到顶点 j 有向边的权值，数值 ∞ 表示顶点 i 到顶点 j 无有向边，显然，无向带权图的邻接矩阵同样满足对称性。图 6.9 所示一个有向带权图（有向网络）G_{11} 及其邻接矩阵 A_{11}，有向带权图的邻接矩阵满足对称性的条件比较苛刻，只有当图中的每一条有向边都具有对应的同权值反向边时，其邻接矩阵才满足对称性。

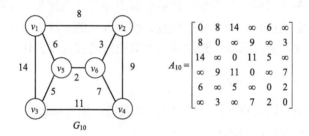

图 6.8　无向带权图（无向网络）及其邻接矩阵

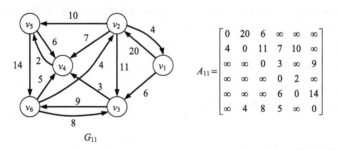

图 6.9　有向带权图（有向网络）及其邻接矩阵

2. 图邻接矩阵结构定义

```cpp
#include "iostream.h"
typedef char VexType;    //顶点标识类型(预设字符型)
typedef int WgtType;     //权值数据类型
const int VexNumMax=50;  //顶点个数预设最大值
const WgtType INFINITY=32767; //无穷大权值替代值
```

```
struct AdjMatGraph  //基于邻接矩阵图的结构定义
{
    int type;      //类型(1:无向图/2:有向图/3:无向网络/4:有向网络)
    int vexnum;    //顶点数
    int arcnum;    //边数
    VexType vertex[VexNumMax+1];  //顶点标识数组
    WgtType arcs[VexNumMax+1][VexNumMax+1];  //邻接矩阵数组
};
struct ArcType  //弧段(顶点序号对及权值)
{
    int sv;  //起点
    int tv;  //终点
    WgtType cost;  //权值
};
```

6.2.2 邻接矩阵图的基本操作算法

基于邻接矩阵图和网络的基本操作包括取顶点序号、创建邻接矩阵图或网络、输出图的邻接矩阵、搜索顶点的第一个邻接顶点、搜索顶点的后续邻接顶点、求顶点的度或出度、求顶点的入度、插入弧段、删除弧段及取弧段的权值等操作。

1. 由顶点标识符定位顶点序号

通过搜索邻接矩阵图顶点标识符顺序表，查找符合指定标识符的顶点，若查找成功，返回该顶点的序号；否则，返回 0。

算法程序 6.1

```
int VexSeqNum(AdjMatGraph &G, VexType v)  //由顶点标识符定位顶点序号
{
    for(int i=1; i<=G.vexnum; i++) {
        if(G.vertex[i]==v) return i;
    }
    return 0;   //无该顶点时返回0
}
```

2. 创建图的邻接矩阵算法

算法程序 6.2

```
void CreateAdjMat(AdjMatGraph &G, int type, int vexnum, int arcnum)
{//type=1/2/3/4(无向图/有向图/无向网络/有向网络)
    if(type<1||type>4) return ;
    G.type=type;
    G.vexnum=vexnum;
    G.arcnum=arcnum;
    for(int i=1; i<=G.vexnum; i++) {
```

```
        cout<<"输入第"<<i<<"顶点标识符:";
        cin>>G.vertex[i];      //输入顶点标识符
    }
    for(i=1; i<=G.vexnum; i++) {
        for(int j=1; j<=G.vexnum; j++) {//邻接矩阵初始化
            if(type==1||type==2) G.arcs[i][j]=0; //图
            else G.arcs[i][j]=(i==j)?0:INFINITY; //网络
        }
    }
    VexType vstart,vend;
    WgtType wgt;
    for(int k=1; k<=G.arcnum; k++) {
        if(type==1||type==2) { //图
            cout<<"输入第"<<k<<"条边的起点和终点标识符:";
            cin>>vstart>>vend;
            wgt=1;
        }
        else { //网络
            cout<<"输入第"<<k<<"条边的起点和终点标识符及权值:";
            cin>>vstart>>vend>>wgt;
        }
        int vi=VexSeqNum(G,vstart);
        int vj=VexSeqNum(G,vend);
        G.arcs[vi][vj]=wgt;
        if(type==1||type==3) G.arcs[vj][vi]=G.arcs[vi][vj];
    }
}
```

3. 输出图的邻接矩阵

利用上面两个算法函数及下面的邻接矩阵输出函数，可以通过以下测试主函数创建邻接矩阵图或网络。

算法程序 6.3

```
void PrintAdjMatrix(AdjMatGraph &G)  //输出图的邻接矩阵
{
    cout<<"邻接矩阵"<<endl;
    cout<<"顶点数:"<<G.vexnum<<" 边数:"<<G.arcnum<<endl;
    for(int i=1; i<=G.vexnum; i++) {
        for(int j=1; j<=G.vexnum; j++) {
            if(G.arcs[i][j]==INFINITY) cout<<"& ";
            else cout<<G.arcs[i][j]<<' ';
        }
        cout<<endl;
```

```
        }
    }
void main()  //创建邻接矩阵图的测试函数
{
    int type,vexnum,arcnum;
    AdjMatGraph ga;
    cout<<"输入创建图的类型(1-4):";
    cin>>type;
    cout<<"输入图的顶点数 边数:";
    cin>>vexnum>>arcnum;
    CreateAdjMat(ga, type, vexnum, arcnum);
    PrintAdjMatrix(ga);
}
```

4. 求顶点 *v* 的首个邻接点

算法程序 6.4

```
int FirstAdjVex(AdjMatGraph &G, VexType v)//求指定顶点的首个邻接顶点
{
    int vi=VexSeqNum(G,v);
    if(G.type==1||G.type==2) {//图
        for(int vj=1; vj<=G.vexnum; vj++)
            if(G.arcs[vi][vj]!=0) return vj;
    }
    else {  //网络(带权图)
        for(int vj=1; vj<=G.vexnum; vj++) {
            int ame=G.arcs[vi][vj];  //邻接矩阵vi行vj列元素
            if(ame!=0 && ame!=INFINITY) return vj;
        }
    }
    return -1;
}
```

5. 求顶点的出度

算法程序 6.5

```
int Outdegree(AdjMatGraph &G, VexType v)//求指定顶点的出度
{
    int vi=VexSeqNum(G,v);
    int degree=0;
    if(G.type==1||G.type==2) {//无权图
        for(int vj=1; vj<=G.vexnum; vj++) {
            if(G.arcs[vi][vj]!=0) degree++;
        }
```

```
    }
    else {  //网络(带权图)
        for(int vj=1; vj<=G.vexnum; vj++) {
            int ame=G.arcs[vi][vj];   //邻接矩阵vi行vj列元素
            if(ame!=0 && ame!=INFINITY) degree++;
        }
    }
    return degree;
}
```

6. 求顶点的入度

算法程序 6.6

```
int Indegree(AdjMatGraph &G, VexType v)//求指定顶点的入度
{
    int vj=VexSeqNum(G,v);
    int degree=0;
    if(G.type==1||G.type==2) {//无权图
        for(int vi=1; vi<=G.vexnum; vi++)
            if(G.arcs[vi][vj]!=0) degree++;
    }
    else {
        for(int vi=1; vi<=G.vexnum; vi++) {
            int ame=G.arcs[vi][vj];   //邻接矩阵vi行vj列元素
            if(ame!=0 && ame!=INFINITY) degree++;
        }
    }
    return degree;
}
```

7. 插入弧段

算法程序 6.7

```
bool InsertArc(AdjMatGraph &G,ArcType arc)//插入弧段
{
    int i=arc.sv;
    int j=arc.tv;
    if(i<1||i>G.vexnum||j<1||j>G.vexnum) return false;
    if(G.type<=2) {  //图
        G.arcs[i][j]=1;
        if(G.type==1) G.arcs[j][i]=1; //无向图
    }
    else {  //网络
        G.arcs[i][j]=arc.cost;
```

```
        if(G.type==3) G.arcs[j][i]=arc.cost; //无向网络
    }
    G.arcnum++;
    return true;
}
```

8. 删除弧段

算法程序 6.8

```
bool DeleteArc(AdjMatGraph &G,ArcType arc)//删除弧段
{
    int i=arc.sv;
    int j=arc.tv;
    if(i<1||i>G.vexnum||j<1||j>G.vexnum) return false;
    if(G.type<=2) { //图
        G.arcs[i][j]=0;
        if(G.type==1) G.arcs[j][i]=0; //无向图
    }
    else { //网络
        G.arcs[i][j]=INFINITY;
        if(G.type==3) G.arcs[j][i]=INFINITY; //无向网络
    }
    G.arcnum--;
    return true;
}
```

9. 取弧段的权值

算法程序 6.9

```
WgtType ArcWeight(AdjMatGraph &G, int v, int w)
{
    if(v<1||v>G.vexnum||w<1||w>G.vexnum) return INFINITY;
    return G.arcs[v][w];
}
```

6.2.3　图的邻接表存储

1. 图的邻接表存储结构

邻接表是适应大型复杂图或网络分析处理的一种存储结构，也是链表结构的典型应用。邻接表表示法为图中的每个顶点 v_i 建立一个带表头结点的单向链表，以存储与顶点 v_i 关联的邻接顶点信息，由于单向链表中的每一个结点与图中的一条边对应，故称其为边表。所有边表的表头结点组成一个顺序表，存放顶点标识信息(vertex)和边表首结点指针(first)，故称为顶点表，如图 6.10(a)所示。边表中的结点信息包括邻接顶点的序号

(adjvex)和指向下一个结点的指针(next)，如图 6.10(b)所示；对于带权图(网络)，还包括对应边的值权(weight)，如图 6.10(c)所示。如果某个顶点无邻接顶点，则其边表为空。顶点的序号是由创建顶点表时输入的顶点顺序确定的，序号从 1 开始，顶点输入的顺序号即为其序号。

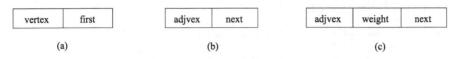

图 6.10 顶点表结点结构和边表结点结构

对于无向图，顶点 v_i 边表中的结点个数即为它的度；对于有向图，顶点 v_i 的边表中的一个结点表示由 v_i 出发指向所存邻接顶点的一条有向边，边表中的结点个数即为顶点 v_i 的出度。为获得邻接表有向图中顶点 v_i 的入度，需对其他所有顶点的边表进行遍历，各边表结点的顶点序号域中 i 值出现的次数即为顶点 v_i 的入度。

由于无向图每条边所关联的两个顶点相互邻接，若顶点 v_j 作为顶点 v_i 的邻接点出现在 v_i 的边表中，则顶点 v_i 也一定会出现在 v_j 的边表中，所以具有 n 个顶点 e 条边的无向图邻接表的边表中有 $2e$ 个结点。由于有向图每条边所关联的两个顶点单向邻接，故具有 n 个顶点 e 条边的有向图邻接表的边表中只有 e 个结点。图的邻接表存储结构只存储涉及边的相关信息，因而较邻接矩阵存储结构节省大量空间开销。

图 6.11 所示为图 6.6 中无向图 G_8 的邻接表结构，其中顶点表顺序存储各顶点的标识信息及其边表的头指针，边表结点存储邻接顶点的序号和指向下一个结点指针。

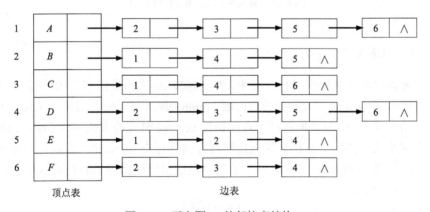

图 6.11 无向图 G_8 的邻接表结构

图 6.12 所示为图 6.9 中有向带权图(有向网络) G_{11} 的邻接表结构，其中顶点表与无向图的顶点表一致，边表结点存储邻接顶点的序号、对应关联边的权值和指向下一个结点指针。

如果在有向图或有向网络的邻接表中，顶点表中顶点的角色为有向边的终点，其边表中存放有向边的起点，则构成逆邻接表，在网络分析中逆邻接表可以发挥特殊的作用。图 6.13 给出了有向网络 G_{11} 的逆邻接表结构。

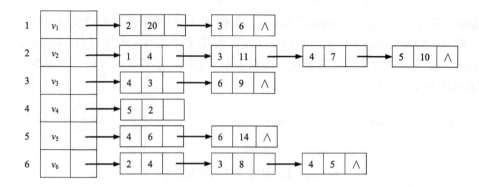

图 6.12　有向网络 G_{11} 的邻接表结构

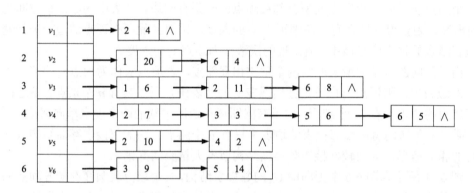

图 6.13　有向网络 G_{11} 的逆邻接表结构

2. 网络邻接表结构定义

在下面给出网络邻接表结构定义中，ArcListNode 为边表结点结构描述，结构分量包括邻接点序号域 adjvex、对应边的权值域 weight 和后继邻接点指针域 next；VertexList 为顶点表结构描述，结构分量包括顶点标识符 vertex、对应边表头指针 first；AdjListGraph 为邻接表网络结构描述，结构分量包括网络有向性标志 directed、顶点数 vexnum、边或弧数 arcnum、顶点表首指针 VexList。另外，还给出网络弧段(边)结构 ArcType 的定义。

```
#include "iostream.h"
typedef char VexType;        //顶点数据类型
typedef int WeightType;      //权值类型
struct ArcListNode           //网络边表结点结构定义
{
    int adjvex;              //邻接点域
    WgtType weight;          //权值域
    ArcListNode *next;       //链域
};
struct VertexList            //顶点表结构定义
```

```
{
    VexType vertex;          //顶点标识符
    ArcListNode *first;      //边表头指针
};
struct AdjListGraph          //邻接表网络结构定义
{
    bool directed;           //有向标志
    int vexnum;      //顶点数
    int arcnum;      //边数
    VertexList *VexList;  //顶点表首指针
};
struct ArcType //网络弧段结构定义
{
    int sv;  //起点
    int tv;  //终点
    WgtType cost;  //权值
};
```

3. 图和网络邻接表的创建方法

有头插法和尾插法两种创建图和网络邻接表的方法，在头插法创建的邻接表中，与顶点 v_i 关联的邻接顶点在 v_i 边表里的排序与它们输入的顺序正好相反；而在尾插法创建的邻接表中，与顶点 v_i 关联的邻接顶点在 v_i 边表里的排序与它们输入的顺序完全一致。无权图和带权图（网络）的创建算法大同小异，网络邻接表的创建需要在边表结点结构 ArcListNode 定义中增加权值 weight 字段，在输入边的顶点对时需附加输入相应边的权值，并赋予边表插入结点的权值域。图或网络的不同创建方法所构造的邻接表的差异会对基于邻接表图的遍历结果产生影响。

6.2.4　邻接表图的基本操作算法

1. 由顶点标识符定位顶点序号

通过搜索邻接表图顶点标识符顺序表，查找符合指定标识符的顶点，若查找成功，返回该顶点的序号；否则，返回-1。

算法程序 6.10

```
int VexSeqNum(AdjListGraph &G, VexType v)
{
    for(int i=1; i<=G.vexnum; i++) {
        if(G.VexList[i].vertex==v) return i;
    }
    return -1;
}
```

2. 尾插法建立无向网络和有向网络的邻接表

由于复杂图形多为网络(带权图)形式,网络邻接表的尾插法创建模式较为常见,这里给出尾插法创建网络邻接表的算法。函数 CreatAdjList_TI 可建立无向网路和有向网络的邻接表,参数包括邻接表网络引用参数 G,网络顶点数 n 和边数 e,网络类型参数 directed(布尔型)为 0 或 false 时表示创建无向网络邻接表,为 1 或 true 时表示创建有向网络邻接表。创建时对输入的每一条边 (v_i,v_j,w),将存放顶点 v_j 序号及权值 w 的新结点插入到 v_i 的边表尾部,对创建无向网络而言,还需将存放顶点 v_i 序号及权值 w 的新结点插入到 v_j 的边表尾部,所以相比有向网络的每条边增加了一次插入操作。如果考虑一定程度满足所建网络在分析时的扩展性需求,算法可适当提高顶点表空间的开设容量。

算法程序 6.11

```
void swap(int &a, int &b)
{
    int temp=a; a=b; b=temp;
}
//尾插法建立网络邻接表
void CreatAdjList_TI (AdjListGraph &G, int n, int e, bool directed)
{//directed=0/1(无向网络/有向网络)
    ArcListNode **tail=new ArcListNode*[n+1]; //边表尾指针表
    G.directed=directed; //有向性
    G.vexnum=n;  //结点数
    G.arcnum=e;  //边数
    G.VexList=new VertexList[n+1]; //开辟顶点表
    for(int i=1; i<=n; i++) {
        cout<<"输入顶点信息:";
        cin>>G.VexList[i].vertex;
        G.VexList[i].first=tail[i]=NULL;
    }
    WgtType weight;
    VexType vstart,vend;
    for(int k=1; k<=e; k++) {
        cout<<"输入第"<<k<<"条边的顶点对标识符和权值(空格分隔):";
        cin>>vstart>>vend>>weight;
        int vi=VexSeqNum(G,vstart);
        int vj=VexSeqNum(G,vend);
        int insert=(directed)?1:2;  //插入结点次数
        do {
            ArcListNode *s=new ArcListNode;
            s->adjvex=vj;    //顶点vj头插到vi的边表中
            s->weight=weight;
            if(G.VexList[vi].first==NULL)
```

```
            G.VexList[vi].first=s;
          else tail[vi]->next=s;
          tail[vi]=s;
          if(insert==2) swap(vi, vj);
      }while(--insert>0);
  }
  for(i=1; i<=n; i++)
      if(tail[i]!=NULL) tail[i]->next=NULL;
  delete [] tail;
}
```

3. 输出网络的邻接表

算法程序 6.12

```
void PrintAdjList(AdjListGraph &G)  //输出网络邻接表
{
  for(int i=1; i<=G.vexnum; i++) {
      cout<<"vertex:"<<G.VexList[i].vertex;
      ArcListNode *p=G.VexList[i].first;
      while(p!=NULL) {
          cout<<"->"<<G.VexList[p->adjvex].vertex<<'('<<p->weight<<')';
          p=p->next;
      }
      cout<<endl;
  }
}
```

下面给出尾插法创建网络邻接表的测试主函数，分别创建一个无向网络邻接表和一个有向网络邻接表，并分别输出。

算法程序 6.13

```
void main()  //测试函数
{
  AdjListGraph ga;
  int vexnum,arcnum;
  cout<<"输入无向网络的顶点数和边数(空格分隔):";
  cin>>vexnum>>arcnum;
  CreatAdjList(ga, vexnum, arcnum, 0);  //尾插法建立无向网络邻接表
  PrintAdjList(ga);
  cout<<"输入有向网络的顶点数和边数(空格分隔):";
  cin>>vexnum>>arcnum;
  CreatAdjList(ga, vexnum, arcnum, 1);  //尾插法建立有向网络邻接表
  PrintAdjList(ga);
}
```

4. 取指定顶点的第一个邻接顶点及相应边的权值

搜索指定顶点 v 的第一个邻接顶点，通过引用参数 cost 取得对应边的权值，若搜索成功，返回第一个邻接顶点的序号；否则，返回–1。

算法程序 6.14

```
int FirstAdjVertex(AdjListGraph &G, int v, WgtType &cost)
{  //取顶点的第一个邻接顶点即相应边的权值
    if(v<1||v>G.vexnum) return -1;
    if(G.VexList[v].first!=NULL) {
        ArcListNode *p=G.VexList[v].first;
        cost=p->weight;
        return p->adjvex;
    }
    else return -1;
}
```

5. 取指定顶点的下一个邻接顶点

搜索指定顶点 v 的邻接顶点 w 后的下一个邻接顶点。通过引用参数 cost 取得对应边的权值，若搜索成功，返回第一个邻接顶点的序号；否则，返回–1。

算法程序 6.15

```
int NextAdjVertex(AdjListGraph &G, int v, int w, WgtType &cost)
{ //取顶点的下一个邻接顶点
    if(v<1||v>G.vexnum) return -1;
    ArcListNode *p=G.VexList[v].first;
    while(p!=NULL&&p->adjvex!=w) p=p->next;
    if(p!=NULL) {   //顶点w存在
        if(p->next!=NULL) {
            cost=p->next->weight;
            return p->next->adjvex;
        }
    }
    return -1;
}
```

6. 取弧段 (v,w) 或 $<v,w>$ 的权值

搜索起始顶点 v 的邻接表，若表中存在邻接顶点 w，则返回弧段 (v,w) 或 $<v,w>$ 的权值；否则，返回无权值标志值。

算法程序 6.16

```
WgtType ArcWeight(AdjListGraph &G, int v, int w)
{  //取弧段(v,w)或<v,w>的权值
    ArcListNode *p=G.VexList[v].first;
```

```
    while(p!=NULL&&p->adjvex!=w)
        p=p->next;
    if(p!=NULL) return p->weight;
    else return NotWeight;
}
```

7. 求指定顶点的出度

通过搜索指定顶点 v 的邻接表，对顶点 v 的邻接顶点进行计数，将统计结果作为返回值。

算法程序 6.17
```
int Outdegree(AdjListGraph &G, int v)
{   //求图顶点v的度或出度
    int degree=0;
    ArcListNode *p=G.VexList[v].first;
    while(p!=NULL) {
        degree++;
        p=p->next;
    }
    return degree;
}
```

8. 求有指定顶点的入度

分别对所有顶点的邻接表进行搜索，若当前搜索的邻接表中包含指定顶点 v，则进行计数，所有顶点的邻接表搜索完成后将统计结果作为返回值。

算法程序 6.18
```
int Indegree(AdjListGraph &G, int v)
{   //求有向图顶点v的入度
    if(!G.directed) return(Outdegree(G,v));  //无向图
    int degree=0;
    for(int i=1; i<=G.vexnum; i++) {
        if(i==v) continue;
        ArcListNode *p=G.VexList[i].first;
        while(p!=NULL) {
            if(p->adjvex==v) {
                degree++;
                break;
            }
            p=p->next;
        }
    }
    return degree;
}
```

9. 插入弧段

插入弧段操作基于有序边表进行。将存储弧段终点及弧段权值的结点插入到弧段起点对应边表的适当位置，以保持该边表按邻接顶点序号递增的有序性。对于无向网络，还需将存储弧段起点及弧段权值的结点插入到弧段终点对应边表的适当位置，以保持该边表按邻接顶点序号递增的有序性。插入操作成功，网络弧段数增 1，返回 true；否则，返回 false。

算法程序 6.19

```
bool InsertArc(AdjListGraph &G, ArcType arc)
{
    if(arc.sv<1||arc.sv>G.vexnum||arc.tv<1||arc.tv>G.vexnum) return false;
    int insert=(G.directed)?1:2;  //插入结点次数
    do {
        ArcListNode *p=G.VexList[arc.sv].first;
        ArcListNode *q=NULL;
        ArcListNode *node=new ArcListNode;
        node->adjvex=arc.tv;
        node->weight=arc.cost;
        while(p!=NULL&&p->adjvex<arc.tv) {
            q=p;
            p=p->next;
        }
        if(p!=NULL) node->next=p;
        else node->next=NULL;
        if(q!=NULL) q->next=node;
        else G.VexList[arc.sv].first=node;
        if(insert==2) swap(arc.sv,arc.tv);  //弧起止点互换
    }while(--insert>0);
    G.arcnum++;
    return true;
}
```

10. 删除弧段

搜索弧段起点对应边表，定位存放待删除弧段终点及弧段权值的结点并将其从表中删除。对于无向网络，还需搜索弧段终点对应边表，定位存放待删除弧段起点及弧段权值的结点并将其从表中删除。删除操作成功，网络弧段数减 1，返回 true；否则，返回 false。

算法程序 6.20

```
void DeleteArc(AdjListGraph &G, ArcType arc)
{
    if(arc.sv<1||arc.sv>G.vexnum||arc.tv<1||arc.tv>G.vexnum) return false;
```

```
        int insert=(G.directed)?1:2;   //删除结点次数
        do {
            ArcListNode *p=G.VexList[arc.sv].first;
            ArcListNode *q=NULL;
            while(p!=NULL&&p->adjvex!=arc.tv) {
                q=p;
                p=p->next;
            }
            if(p!=NULL&&p->adjvex==arc.tv) {
                if(q!=NULL) q->next=p->next;
                else G.VexList[arc.sv].first=p->next;
                delete p;
            }
            else return false;   //无此边退出
            if(insert==2) swap(arc.sv,arc.tv);   //弧起止点互换
        }while(--insert>0);
        G.arcnum--;
        return true;
}
```

11. 清除邻接表网络

算法程序 6.21

```
void ClearAdjList(AdjListGraph &G)
{ //清除邻接表图
    for(int i=1; i<=G.vexnum; i++) {
        ArcListNode *p=G.VexList[i].first;
        while(p!=NULL) {
            G.VexList[i].first=p->next;
            delete p;
            p=G.VexList[i].first;
        }
    }
    delete [] G.VexList;
    G.vexnum=0;
    G.arcnum=0;
}
```

6.3 图 的 遍 历

遍历(traverse)是图的一种基本访问操作。图的遍历意指对给定图 *G* 和图中指定的任意一个顶点 *v*，从 *v* 出发沿图中已有边系统地访问图中每个顶点且每个顶点仅访问一次。

对连通图而言，一次遍历总能访问到图中的所有顶点；而对非连通图而言，一次遍历只能访问到出发顶点所在连通分量中的所有顶点，为确保图遍历的完整性，还需对剩余的连通分量进行遍历。有两种基本的图遍历方式，一种是深度优先搜索遍历(DFS)，另一种是广度优先搜索遍历(BFS)。

6.3.1 深度优先搜索概念

深度优先搜索(depth-first search)可定义为：在图 G 中任选一顶点 v_i 作为初始出发点，首先访问顶点 v_i，并将其标记为已访问过，然后搜索与 v_i 邻接的第一个未被访问的顶点 v_j，以 v_j 作为新的出发点继续进行深度优先搜索。深度优先搜索满足递归机制，其特点是尽可能地向相对于出发点的纵深方向进行搜索，这是一种递推和回溯结合的搜索过程。若在递推搜索的某个层次上访问顶点 v_k 并标注以后，发现 v_k 不存在未被访问过邻接顶点，则回溯到上一个搜索层次，搜索这一层次访问顶点未被访问过的邻接顶点，若存在，则以此作为新的出发点继续进行深度优先搜索，否则继续回溯，以此类推。通常，深度优先搜索算法采用递归函数实现。

执行图的深度优先搜索算法得到的顶点访问序列除了与遍历的最初出发点有关，还与图的存储结构有关，如果是邻接表存储结构，还与创建邻接表采用的是头插法还是尾插法有关，即与邻接顶点在边表中的排列顺序有关。例如对于图 6.14 中的无向图 G_{12}，假设创建图时输入的边序列按照边起点递增的顺序，边起点相同时按终点递增的顺序，则以 A 为出发点的深度优先搜索遍历的可能结果如下。

基于邻接矩阵的深度优先遍历结果：

$$A\text{->}B\text{->}D\text{->}C\text{->}E\text{->}F$$

基于头插法创建邻接表的深度优先遍历结果：

$$A\text{->}E\text{->}F\text{->}D\text{->}C\text{->}B$$

基于尾插法创建邻接表的深度优先遍历结果：

$$A\text{->}B\text{->}D\text{->}C\text{->}E\text{->}F$$

由于在约定边的输入规则前提下尾插法建立的邻接表为有序表，所以基于邻接矩阵的深度优先遍历结果与基于尾插法建立邻接表的深度优先遍历结果一致，当然也与基于有序插入法(边的输入顺序随意)建立邻接表的深度优先遍历结果一致。

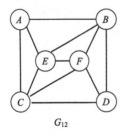
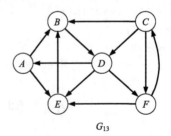

图 6.14　无向图 G_{12} 和有向图 G_{13}

例如对于图 6.14 中的有向图 G_{13}，假设创建图时输入的边序列按照边起点递增的顺序，边起点相同时按终点递增的顺序，则以 A 为出发点的深度优先搜索遍历的可能结果如下。

基于邻接矩阵的深度优先遍历结果：

$$A\text{->}B\text{->}D\text{->}E\text{->}F\text{->}C$$

基于头插法创建邻接表的深度优先遍历结果：

$$A\text{->}E\text{->}B\text{->}D\text{->}F\text{->}C$$

基于尾插法创建邻接表的深度优先遍历结果：

$$A\text{->}B\text{->}D\text{->}E\text{->}F\text{->}C$$

6.3.2　深度优先搜索算法

这里分别给出基于邻接矩阵的深度优先搜索算法和基于邻接表的深度优先搜索算法的实现函数 DFS_Traverse，两种遍历函数同名，差异在于图参数 G 的类型一个为邻接矩阵图的形参变量，一个为邻接表图的形参变量，参数 vstart 为遍历出发顶点的标识变量。DFS 为相应的递归函数，参数 start 为顶点整型编号，参数 visited 为顶点访问标志数组。算法函数 DFS_Traverse 在以指定出发点为起点进行一轮深度优先搜索访问后，检测是否存在未被访问的顶点，若有，则以此为新的出发顶点对其所在连通分量进行深度优先搜索访问，直至所有顶点均被访问。

1. 邻接矩阵图的深度优先搜索算法

算法程序 6.22

```
void DFS(AdjMatGraph &G, int start, bool *visited) //起点为start
{
    cout<<"Vertex:"<<G.vertex[start]<<endl;
    visited[start]=true;
    for(int j=1; j<=G.vexnum; j++) {
        if(G.arcs[start][j]!=0&&!visited[j])  DFS(G, j, visited);
    }
}
void DFS_Traverse(AdjMatGraph &G, VexType vstart)
{
    bool *visited=new bool[G.vexnum+1];  //访问标志数组
    for(int i=1; i<=G.vexnum; i++) visited[i]=false; //初始化
    int start=VexSeqNum(G,vstart);
    DFS(G, start, visited);
    for(int v=1; v<=G.vexnum; v++) {
        if(!visited[v]) {
            cout<<"遍历后继的连通分量:"<<endl;
            DFS(G, v, visited);
```

```
        }
    }
    delete [] visited;
}
```

2. 邻接表图的深度优先搜索算法

算法程序 6.23

```
void DFS(AdjListGraph &G, int start, bool *visited) //起点为start
{
    cout<<"Vertex:"<<G.VexList[start].id<<endl;
    visited[start]=true;
    ArcListNode *p=G.VexList[start].first;  //取边表头指针
    while(p!=NULL)  { //搜索邻接点
        if(!visited[p->adjvex])
            DFS(G, p->adjvex, visited);
        p=p->next;  //指向下一邻接点
    }
}
void DFS_Traverse(AdjListGraph &G, VexType vstart)
{
    bool *visited=new bool[G.vexnum+1];  //访问标志数组
    for(int i=1; i<=G.vexnum; i++) visited[i]=false; //初始化
    int start=VertexNum(G,vstart);
    DFS(G, start, visited);
    for(int v=1; v<=G.vexnum; v++) {
        if(!visited[v]) {
            cout<<"遍历后继的连通分量:"<<endl;
            DFS(G, v, visited);
        }
    }
    delete [] visited;
}
```

分别对两种深度优先搜索算法的性能进行分析。对于基于邻接表图的深度优先搜索算法而言，算法初始化时间为 n，对出发点调用 BFS 函数，递归函数 BFS 为检测到已访问顶点的一个未被访问邻接顶点的最大搜索次数为边表长度，由于有向图和无向图每个顶点边表的平均长度分别为 e/n 和 $2e/n$，最大搜索次数分别为 e 和 $2e$，且对每个未被访问顶点递归调用自身一次，所以算法的时间复杂度为 $O(n+e)$。对非连通图而言，各个连通分量调用函数 BFS 算法，邻接表整体上也是被搜索了一次，故时间复杂度仍然为 $O(n+e)$。

对于基于邻接矩阵图的深度优先搜索算法，BFS 函数为检测已访问顶点未被访问邻接顶点的最大搜索次数为 n，故算法的时间复杂度为 $O(n^2)$；若遍历具有 k 个连通分量的

非连通图，算法时间开销分配到遍历各连通分量的过程中，但算法的时间复杂度仍为
$O(n^2)$。显然，算法性能与图的边数无关，适合边稠密图的遍历。

6.3.3　广度优先搜索概念

广度优先搜索是一种分层的搜索过程，按邻接出发顶点由近(浅)到远(深)的层次顺序对各层上路径可达且未被访问的顶点逐个进行访问，访问遵守广度拓展优先于深度拓展的搜索原则，只有当上一层次上的顶点搜索访问完成以后，才能进入下一层次的搜索访问，显然，广度优先搜索不适合像深度优先搜索那样采用递归和回溯机制。

广度优先搜索通过一个队列临时记录已访问顶点，并借助出队操作引出这些顶点的未被访问的邻接点进行访问并入队来实现，已访问顶点的邻接点的搜索按照所遍历图的存储结构顺序进行。在广度优先搜索过程中，首先访问出发点，然后将其加入一个最初为空的队列，循环地从该队列中退出一个顶点，引出邻接它且未被访问的顶点依次访问并加入队列，直至队列为空结束，从而实现逐层访问机制。这一机制确保"先被访问顶点的邻接点"先于"后被访问顶点的邻接点"被访问。为标记已访问过的顶点，仍需要借助一个已访问标志数组 visited，其所有元素初始化值为 false，当顶点 i 被访问后立即将其访问标志 visited[i] 置为 true。

例如，对于图 6.15 中具有 7 个顶点 13 条边的无向图 G_{14}，假设创建图时输入的边序列的规则同上，以下为以 A 为出发点的广度优先搜索遍历的可能结果，其中基于邻接矩阵的广度优先遍历结果和基于尾插法创建邻接表的广度优先遍历结果完全相同。

基于邻接矩阵的广度优先遍历结果：

$$A->B->C->E->F->G->D$$

基于头插法创建邻接表的广度优先遍历结果：

$$A->E->C->B->F->D->G$$

基于尾插法创建邻接表的广度优先遍历结果：

$$A->B->C->E->F->G->D$$

而对于图 6.15 中具有 8 个顶点 16 条边的有向图 G_{15}，以 A 为出发点的广度优先搜索遍历的可能结果如下，其中基于邻接矩阵的广度优先遍历结果和基于尾插法创建邻接表的广度优先遍历结果完全相同。

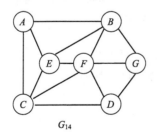

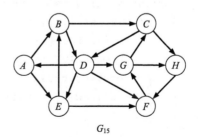

图 6.15　无向图 G_{14} 和有向图 G_{15}

基于邻接矩阵的广度优先遍历结果：

$$A\text{-}>B\text{-}>E\text{-}>C\text{-}>D\text{-}>F\text{-}>H\text{-}>G$$

基于头插法创建邻接表的广度优先遍历结果：

$$A\text{-}>E\text{-}>B\text{-}>F\text{-}>D\text{-}>C\text{-}>G\text{-}>H$$

基于尾插法创建邻接表的广度优先遍历结果：

$$A\text{-}>B\text{-}>E\text{-}>C\text{-}>D\text{-}>F\text{-}>H\text{-}>G$$

6.3.4 广度优先搜索算法

这里分别给出基于邻接矩阵的广度优先搜索算法和基于邻接表的广度优先搜索算法的实现函数 BFS_Traverse，两种遍历函数同名，差异在于图参数 G 的类型有别，一个为邻接矩阵图的形参变量，一个为邻接表图的形参变量，参数 vstart 为遍历出发顶点的标识变量。BFS 为相应的递归函数，参数 start 为顶点整型编号，参数 visited 为顶点访问标志数组。算法函数 BFS_Traverse 在以指定出发点为起点进行一轮广度优先搜索访问后，检测是否存在未被访问的顶点，若有，则以此为新的出发顶点对其所在连通分量进行广度优先搜索访问，直至所有顶点均被访问。

1. 邻接矩阵图的广度优先搜索算法

算法程序 6.24

```
typedef int ElemType //链队元素类型
#include "LinkQueue.h"
void BFS(AdjMatGraph G, int start, bool *visited)
{
    LinkQueue Q;
    InitQueue(Q);
    EnQueue(Q, start);
    cout<<"vertex:"<<G.vertex[start]<<endl;
    visited[start]=true; //注访问标志
    int vi;
    while(DeQueue(Q, vi)) { //取队头元素序号并出队
        for(int vj=1; vj<=G.vexnum; vj++) { //访问顶点vi的邻接点
            if(G.arcs[vi][vj]>0&&G.arcs[vi][vj]<INFINITY) {
                if(visited[vj]) continue;
                EnQueue(Q, vj);   //未访问过顶点入队
                cout<<"vertex:"<<G.vertex[vj]<<endl;
                visited[vj]=true;
            }
        }
    }
}
void BFS_Traverse(AdjMatGraph G, VexType vstart)
```

```
{
    int start=VexSeqNum(G,vstart);
    bool *visited=new bool[G.vexnum+1];  //访问标志
    for(int i=1; i<=G.vexnum; i++) visited[i]=false;  //初始值
    BFS(G, start, visited);
    for(start=1; start<=G.vexnum; start++) {
        if(!visited[start]) {
            cout<<"搜索后继连通分量:"<<endl;
            BFS(G, start, visited);
        }
    }
    delete [] visited;
}
```

2. 邻接表图的广度优先搜索算法

算法程序 6.25

```
void BFS(AdjListGraph G, int start, bool *visited)
{
    LinkQueue Q;
    InitQueue(Q);
    EnQueue(Q, start);  //顶点入队
    cout<<"vertex:"<<G.VexList[start].id<<endl;
    visited[start]=true;
    int v;
    while(DeQueue(Q, v)) {//取队头元素序号并出队
        ArcListNode *p=G.VexList[v].first;  //取首个邻接点指针
        while(p!=NULL) {       //访问顶点vi+1的邻接点
            if(!visited[p->adjvex]) {
                EnQueue(Q, p->adjvex);  //未访问过顶点入队
                cout<<"vertex:"<<G.VexList[p->adjvex].id<<endl;
                visited[p->adjvex]=true;
            }
            p=p->next;  //取下一个邻接点指针
        }
    }
}
void BFS_Traverse(AdjListGraph G, VexType vstart)
{
    int start=VertexNum(G,vstart);
    bool *visited=new bool[G.vexnum+1];  //访问标志
    for(int i=1; i<=G.vexnum; i++) visited[i]=false;  //初始值
    BFS(G, start, visited);
```

```
for(start=1; start<=G.vexnum; start++) {
    if(!visited[start]) {
        cout<<"搜索后继连通分量:"<<endl;
        BFS(G, start, visited);
    }
}
delete [] visited;
}
```

分别对两种算法的性能进行分析。对于基于邻接表图的广度优先搜索算法而言，算法首先对出发点调用 BFS 函数，BFS 函数的两重循环正好完成对整个邻接表的所有边表结点的一次遍历，由于有向图和无向图每个顶点边表的平均长度分别为 e/n 和 $2e/n$，遍历的搜索次数分别为 e 和 $2e$。如果图的连通分量数为 k，每个连通分量的顶点数为 $n_i(i=1,2,\cdots,k)$，算法调用 BFS 函数 k 次，遍历有向图的搜索次数 $(n_1+n_2++n_k)\cdot e/n=e$，遍历无向图搜索次数为 $2e$，故算法时间复杂度为 $O(e)$，显然，基于邻接表图的广度优先搜索算法的时间复杂度与顶点数量无关，适合于边稀疏图的遍历。

对于基于邻接矩阵图的广度优先搜索算法，若遍历连通图，BFS 函数内外循环的频度为 n，总的频度为 n^2；若遍历具有 k 个连通分量的非连通图，算法调用 BFS 函数 k 次，BFS 函数的内循环的频度依然为 n，外循环的频度为连通分量顶点个数，总的执行频度仍然为 n^2；故算法的时间复杂度为 $O(n^2)$，显然，算法性能与图的边数无关，适合边稠密图的遍历。

6.3.5　图的连通性

对于无向的连通图(如图 6.14 中 G_{12} 和图 6.15 中 G_{14})而言，以图中任意一个顶点作为出发点进行深度优先搜索或广度优先搜索，可以访问到图中的所有顶点，利用这一特性可以通过遍历检测无向图的连通性，判断其是否为连通图。对无向连通图遍历过程中经历的边的集合和顶点集合构成它的极小连通子图，也称为连通图的一棵生成树，深度优先搜索得到深度优先生成树，广度优先搜索得到广度优先生成树。

而对于非连通图来说，由于其存在一个以上的连通分量，不同连通分量之间相互分离，算法 DFS 和 BFS 只能访问到出发顶点所在连通分量中的顶点集合。若要完成对图的遍历过程，就需要在前次搜索后从未被访问的顶点中选取一个顶点作为新的出发点再度进行深度优先搜索或广度优先搜索，得到新出发点所在连通分量顶点的访问序列，重复这一过程直至图中所有顶点都被访问为止，这一过程可以获得非连通图的各个连通分量。6.3.2 中给出的 DFS_Traverse 算法能完成对非连通图所有连通分量的深度优先搜索遍历，同样，6.3.4 中给出的 BFS_Traverse 算法也能完成对非连通图所有连通分量的广度优先搜索遍历。

对于有向的连通图即强连通图(如图 6.14 中 G_{13} 和图 6.15 中 G_{15})而言，以图中任意一个顶点作为出发点进行一次深度优先搜索或广度优先搜索，均可访问到图中顶点集合中的所有顶点，利用这一特性可以通过遍历检测有向图的连通性，判断其是否为强连通图。而对于非强连通图来说，以图中任意或某些顶点出发进行深度优先搜索或广度优先搜索，只能访问到图中的部分顶点(出发顶点所能连通的一些顶点)，若要完成对这类图的遍历过程，就需要从未被访问的顶点中选取一个顶点作为新的出发点再度进行深度优先搜索或广度优先搜索，直至图中所有顶点都被访问。

6.4 最小生成树

6.4.1 最小生成树的概念

对于无向连通图 $G=(V, E)$，从 G 的任一顶点出发进行一次深度优先或广度优先搜索便可遍历图中的所有顶点。设遍历过程中走过边的集合为 TE，$TE \subseteq E$，显然，$T=(V, TE)$ 是 G 的一个连通子图，称为 G 的生成树(spanning tree)。不难看出，具有 n 个顶点的无向连通图的生成树具有 $n-1$ 条边，在生成树的任意两个顶点之间增加一条边都会产生一条回路。

如果无向连通图 $G=(V, E)$ 为带权图(网络)，则其生成树各边的权值之和称为生成树的代价。通常，无向网络的生成树不止一棵，在图 G 所有的生成树中代价最小的生成树称为最小代价生成树(minimun cost spanning tree)，简称最小生成树。如对图 6.16 中的图 G_{16}，考虑构建其邻接表时边的各种随机输入序列，其可能的深度优先生成树有 11 棵，如图 6.16 (a)~(k)所示，可能的广度优先生成树有 3 棵，如图 6.16 (l)~(n)所示。图 G_{16} 的最小代价生成树如图 6.16(b)所示，其代价和为 18。

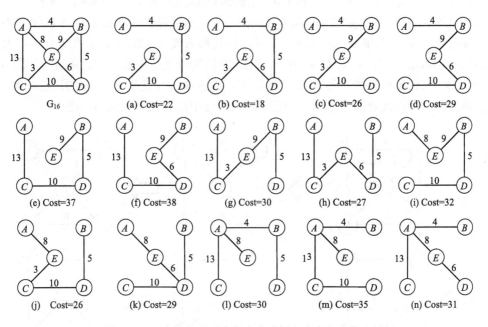

图 6.16 无向网络的深度优先生成树和广度优先生成树

假定在 n 个城市之间规划建设确保它们连通的路网，其中任意两个城市之间至多建设一条道路，网络中边的权值用代表两端城市间的道路建造代价定义，那么对该网络求最小代价生成树的问题就成了寻找以最低的建设成本实现网络中所有城市通过道路连通的最优方案问题，尽管这一方案并不能确保城市间的通达效率最高。最小生成树的应用领域还可以拓展到城市之间通信网络的构建和输电网的构建等。

构建最小生成树的经典算法主要有 Prim 算法和 Kruskal 算法两种，这两种算法的理论基础均为最小生成树特性，也称 MST 特性。MST 特性简单表述为：设 $G=(V, E)$ 是一个无向带权连通图(无向网络)，U 为顶点集合 V 的一个非空子集，若 (u, v) 是一条具有最小权值的边，且 $u \in U$，$v \in V-U$，则必然存在一棵包含边 (u, v) 的最小生成树。这一性质可简单表述为在连接无向网络 $G=(V, E)$ 顶点集合的任意两剖分 U 和 $V-U$ 的所有边中，具有最小权值的边一定属于 G 的一棵最小生成树。

上述性质可以采用反证法加以证明。假设无向网络 G 的任何一棵最小生成树 T 都不包括跨越顶点任意两剖分 U 和 $V-U$ 的最小权值边 (u, v)，现将边 (u, v) 加入到 T 中，根据生成树的定义，G 中必存在一条包含 (u, v) 的回路，删除这条回路中跨越 U 和 $V-U$ 的另一条边 (u', v')，将得到另一棵生成树 T'，因为边 (u, v) 的权值小于边 (u', v') 的权值，则生成树 T' 的代价低于 T 的代价，这与 T 是最小代价生成树相矛盾。

6.4.2　Prim 算法

Prim 算法描述如下：假设 $G=(V, E)$ 是一个无向带权连通图，TE 是 G 的最小生成树边的集合。算法开始时从顶点集合 V 中任选一个顶点(如 v_1)加入顶点集合 U，即 $U=\{v_1\}$，置 $TE=\{\}$，寻找连接顶点集合 U 和 $V-U$ 的最小权值边 (v_1, v_i)，其中 $v_1 \in U$，$v_i \in V-U$，将边 (v_1, v_i) 加入集合 TE，将顶点 v_i 加入顶点集合 U，重复寻找连接顶点集合 U 和 $V-U$ 的最小权值边 (u, v)，其中 $u \in U$，$v \in V-U$，并将该边加入集合 TE，将该边在集合 $V-U$ 中的端顶点 v 加入集合 U，直至 $U=V$ 为止。Prim 算法构建最小生成树的具体过程如图 6.17 所示，图中灰色顶点为加入集合 U 中的顶点，白色顶点为集合 $V-U$ 中的顶点，虚线表示为连接两个顶点集合的候选边，加粗直线表示选中成为最小生成树的边。

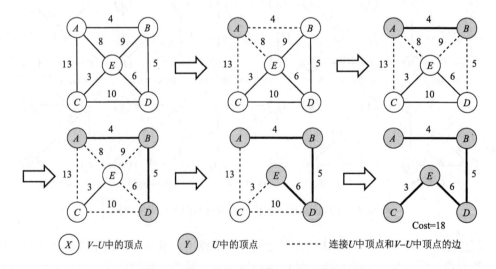

图 6.17　Prim 算法产生最小生成树边的过程

这里分别给出基于邻接矩阵网络构建最小生成树的 Prim 算法和基于邻接表网络构建最小生成树的 Prim 算法，算法以出发点 vstart(标识符)开始对网络 G 构建最小生成树 T。算法首先区分出发点 start 和其他顶点分别隶属于最小生成树顶点集合 U 和 $V-U$，构造跨越两顶点集合的初始候选边集，重复地从候选边集中挑选出具有最小权值代价的边作为最小生成树的边，将其在 $V-U$ 中的顶点 u 取出并加入集合 U，对收缩的候选边集中的剩余边做松弛处理，原候选边被松弛和更新的依据是该边在 U 中的顶点若替换为 u 是否权值代价更低，若是则更新，原候选边被松弛。

1. 基于邻接矩阵网络构建最小生成树 Prim 算法

算法程序 6.26

```
struct MinSpanTree //最小生成树类型
{
    int vexnum, edgenum;
    VexType *Vertex;
    ArcType *Edge;
};
void PrintMST(MinSpanTree &T)  //输出最小生成树
{
    WgtType costsum=0;
    for(int i=1; i<=T.edgenum; i++) {
        costsum+=T.Edge[i].cost;
        int v1=T.Edge[i].sv;
        int v2=T.Edge[i].tv;
        VexType vs=T.Vertex[v1];
        VexType vt=T.Vertex[v2];
        cout<<"第"<<i<<"条边:"<<vs<<"->"<<vt<<":"<<T.Edge[i].cost<<endl;
    }
    cout<<"最小生成树的连接代价:"<<costsum<<endl;
}
void Prim(AdjMatGraph &G, VexType vstart, MinSpanTree &T)
{
    int start-VexSeqNum(G,vstart);
    T.Vertex=new VexType[G.vexnum+1];
    for(int v=1; v<=G.vexnum; v++) T.Vertex[v]=G.vertex[v];
    T.vexnum=G.vexnum;
    T.Edge=new ArcType[G.vexnum];
    T.edgenum=G.vexnum-1;
    for(int i=1,k=1; i<=G.vexnum; i++)  { //构造初始候选边集
        if(i!=start) {
            T.Edge[k].sv=start;
            T.Edge[k].tv=i;
```

```
            T.Edge[k].cost=G.arcs[start][i];
            k++;
        }
    }
    for(k=1; k<G.vexnum; k++) {  //构造MST树的第k条边
        for(int j=k+1, m=k; j<G.vexnum; j++)
            if(T.Edge[j].cost<T.Edge[m].cost) m=j;  //检出候选边集最短边m
        if(m!=k) {
            ArcType e=T.Edge[k];
            T.Edge[k]=T.Edge[m];
            T.Edge[m]=e;
        } //交换得到MST的第k条边
        int u=T.Edge[k].tv;    //新加入到树中的顶点
        for(j=k+1; j<G.vexnum; j++) {  //调整候选边集
            int v=T.Edge[j].tv;    //当前候选边在树外的顶点
            if(G.arcs[u][v] < T.Edge[j].cost) {
                T.Edge[j].cost= G.arcs[u][v];
                T.Edge[j].sv=u;
            }//边(u,v)可松弛v到树的当前候选边
        }
    }
}
```

2. 基于邻接表网络构建最小生成树 Prim 算法

算法程序 6.27

```
void Prim(AdjListGraph &G, VexType vstart, MinSpanTree &T)
{
    int start=VertexNum(G,vstart);
    T.Vertex=new VexType[G.vexnum+1];
    for(int v=1; v<=G.vexnum; v++) T.Vertex[v]=G.VexList[v].id;
    T.vexnum=G.vexnum;
    T.Edge=new ArcType[G.vexnum];
    T.edgenum=G.vexnum-1;
    bool *U=new bool[G.vexnum+1];  //MST顶点集合标志
    for(int i=1,n=1; i<=G.vexnum; i++) {  //构造初始候选边集
        U[i]=false;
        if(i!=start) {
            T.Edge[n].sv=start;
            T.Edge[n].tv=i;
            T.Edge[n].cost=INFINITY;
            n++;
        }
```

```
    }
    U[start]=true;   //start加入MST顶点集U
    ArcListNode *p=G.VexList[start].first;  //取边表头指针
    while(p!=NULL) {  //搜索邻接点
        if(p->adjvex<start) T.Edge[p->adjvex].cost=p->weight;
        else T.Edge[p->adjvex-1].cost=p->weight;
        p=p->next;  //指向下一邻接点
    }
    for(int k=1; k<=T.edgenum; k++) {  //构造MST树的第k条边
        for(int j=k+1, m=k; j<=T.edgenum; j++)
            if(T.Edge[j].cost<T.Edge[m].cost) m=j;  //检出候选边集最短边m
        if(m!=k) {
            ArcType e=T.Edge[k];
            T.Edge[k]=T.Edge[m];
            T.Edge[m]=e;
        } //交换得到MST的第k条边
        int u=T.Edge[k].tv;   //新加入到树中的顶点
        U[u]=true; //u加入MST
        for(j=k+1; j<=T.edgenum; j++) {
            int v=T.Edge[j].tv;   //当前候选边在树外的顶点
            ArcListNode *p=G.VexList[u].first;  //顶点u边表头指针
            while(p!=NULL) {  //搜索邻接点
                if(!U[p->adjvex]&&p->adjvex==v&&p->weight<
                T.Edge[j].cost) {
                    T.Edge[j].sv=u;
                    T.Edge[j].cost=p->weight;  //松弛原候选边
                    break;
                }
                p=p->next;
            }
        }
    }
    delete [] U;
}
void main()  //测试函数
{
    AdjMatGraph G1;
    AdjListGraph G2;
    MinSpanTree T;
    int n,e;
    VexType vstart;
    cout<<"输入无向网络的顶点数和边数:";
```

```
cin>>n>>e;
CreateAdjMat(G1, 2, n, e);  //创建邻接矩阵无向网络
PrintAdjMatrix(G1);
cout<<"输入最小生成树的出发点:";
cin>>vstart;
Prim(G1, vstart, T);
cout<<"邻接矩阵网络最小生成树边集"<<endl;
PrintMST(T);
CreatAdjList(G2, n, e, 0, 2); //创建邻接表无向网络
PrintAdjList(G2);
cout<<"输入最小生成树的出发点:";
cin>>vstart;
Prim(G2, vstart, T);
cout<<"邻接表网络最小生成树边集"<<endl;
PrintMST(T);
}
```

为对两种 Prim 算法进行分析，假设无向网络顶点数和边数分别为 n 和 e。对基于邻接矩阵网络的 Prim 算法而言，为构造最小生成树所需的候选边顺序表，需进行一次频度为 n 的循环。构造最小生成树各边的循环频度为 $n-1$，其中分别包含了寻找跨越 U 和 $V-U$ 最小边的内部循环和调整候选边集的内部循环，两个内部循环的频度最大为 $n-1$ 且随外循环逐次递减，综合的循环频次为 $2(n-1+n-2+\cdots+3+2+1)=n(n-1)$，故算法的时间复杂度估计为 $O(n^2)$。显然，基于邻接矩阵网络的 Prim 算法时间复杂度与网络边数无关，算法比较适合构建边稠密无向网络的最小生成树。

对基于邻接表网络的 Prim 算法而言，为构造最小生成树所需的候选边顺序表，需进行一次频度为 n 的循环和一个频度为 $2e/n$（边表平均长度）的循环。构造最小生成树各边的循环频度为 $n-1$，其中包含的寻找跨越 U 和 $V-U$ 最小边的内部循环频度最大为 $n-1$ 且随外循环逐次递减，其中包含的调整候选边集的内部循环还内嵌一个频度为 $2e/n$ 的 while 循环，所以综合的循环频次为 $n+2e/n+[(n-1+n-2+\cdots+3+2+1)+n(n-1)/2\cdot(2e/n)]\approx(n-1)(n/2+e)$。由于一般无向网络的 $e>n/2$，所以算法的时间复杂度为 $O(n\cdot e)$。显然，基于邻接表网络的 Prim 算法时间复杂度与网络顶点数和边数有关。

6.4.3 Kruskal 算法

Kruskal 算法描述如下：假设图 G 的最小代价生成树为 $T=(V,TE)$，开始时，TE 为空集，把图的顶点集合 V 中的每个顶点看成一个连通分量，算法按权值递增的顺序检测图中每一条边，若当前边为 (u, v) 且顶点 u 和 v 在两个不同的连通分量中，则将边 (u, v) 加入到集合 TE 中，合并这两个连通分量。若当前边的两个顶点在同一连通分量中，则丢弃这条边，以避免使连通分量中出现回路的情形。然后再按顺序检测下一条边，如此重复下去，直到集合 TE 中含有 $n-1$ 条边、所有顶点均处于同一个连通分量时为止。此时，T 便是图 G 的一棵最小代价生成树。

Kruskal 算法构建最小生成树的具体过程如图 6.18 所示。算法首先将网络的 5 个顶点分别标记为 5 个连通分量(1~5),按权值由小到大顺序检测网络各条边,权值最小边 (A, B) 以及次小边 (C, E) 和 (C, D) 由于各自两端顶点处于不同连通分量而被选择,将顶点 B 并入到顶点 A 所在连通分量 1 中,顶点 D 和 E 并入到顶点 C 所在连通分量 3 中;接着检测边 (D, E),由于其两端顶点 D 和 E 均处于连通分量 3 中,若选择将造成回路,故丢弃,接下来检测边 (B, C),由于其两端顶点处于不同连通分量而被选择,连通分量 3 中的顶点 C、D、E 并入到连通分量 1 中,此时已构建了最小生成树的全部 4 条边,包含全部顶点的连通分量 1 即为最小生成树,算法结束。

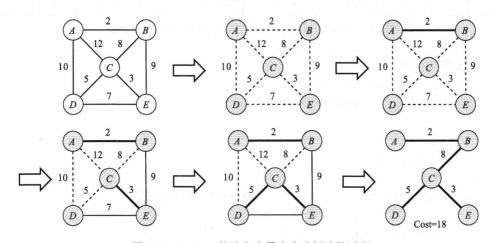

图 6.18 Kruskal 算法产生最小生成树边的过程

对于同一连通网络,Prim 算法和 Kruskal 算法构建的最小生成树结果相同,但两种算法产生最小生成树边的顺序往往不同。Prim 算法产生最小生成树边的顺序因选择不同出发点而异,一旦出发点确定,算法根据 MST 特性构树产出边的顺序也是确定的;而 Kruskal 算法按照网络边的代价由小到大一次检测和提取符合要求的边构建最小生成树,所以,产生边的顺序是唯一的。

下面给出 Kruskal 算法的实现函数,算法首先为待构建的最小生成树 T 开辟顶点集数组 T.Vertex 空间和边集数组 T.Edge 空间,开辟最小生成树候选边集数组 CandEdge 和顶点所在连通分量树根指针数组 Root。接着遍历网络邻接表,生成最小生成树的顶点集合和初始的候选边集,用 0 指针值将各顶点标记为所在连通分量树根结点,调用快速排序算法以权值为关键字对候选边集顺序表进行递增排序,顺序检测每一条候选边,对两端顶点不在同一连通分量的候选边,选中并加入最小生成树的边集,合并两个连通分量;丢弃两端顶点共处同一连通分量的候选边,直至完成最小生成树的边集的构建。

取顶点 v 所在连通分量树序号函数 TreeNo 根据 Root[v]是否为 0 判断其是否为根结点,若为 0,v 即为连通分量树根序号;否则,以 Root[v]为下标指针定位到它的父结点,继续同样的判断,直至定位到连通分量树的根结点,取其下标作为连通分量序号返回。合并两个连通分量树函数 TreeMerge 分别定位到 vs 所在连通分量树的根和 vt 所在连通分量树的根,将后者由根变更为指向前者的普通结点,从而完成合并。图 6.19 详细列出了

Kruskal 算法构建图 6.18 左上角所示无向网络最小生成树过程中顶点 $v(v=1,2,3,4,5)$ 所在连通分量树根指针 Root[v]以及 v 所在连通分量 TreeNo[v]的变化过程。

构建步骤	构建 MST 边的起点和终点		连通分量合并后 Root[1~5]					顶点所在连通分量 TreeNo[1~5]				
			0	0	0	0	0	1	2	3	4	5
1	1	2	0	1	0	0	0	1	1	3	4	5
2	3	5	0	1	0	0	3	1	1	3	4	3
3	3	4	0	1	0	3	3	1	1	3	3	3
4	2	3	0	1	1	3	3	1	1	1	1	1

图 6.19　Kruskal 算法执行过程中有关数组和函数值的变化

算法程序 6.28

```
typedef ArcType ElemType;
struct SeqList  //候选边顺序表类型定义
{
    long length;
    ElemType *r;
};
int TreeNo(int *root, int v)  //取顶点所在连通分量树序号
{
    while(root[v]!=0) v=root[v];
    return v;
}
void TreeMerge(int *root, int vs, int vt)  //合并vs和vt各自所在连通分量
{
    while(root[vs]!=0) vs=root[vs];
    while(root[vt]!=0) vt=root[vt];
    root[vt]=vs;
}
void Kruskal(AdjListGraph G, MinSpanTree &T)
{
    T.Vertex=new VexType[G.vexnum+1]; //最小生成树点集
    T.vexnum=G.vexnum;
    T.Edge=new ArcType[G.vexnum]; //最小生成树边集
    T.edgenum=G.vexnum-1;
    SeqList CandEdge;  //候选边顺序表
    CandEdge.length=G.arcnum;
    CandEdge.r=new ElemType [G.arcnum+1]; //候选边集数组
    int *Root=new int[G.vexnum+1];     //树的根指针数组
    for(int v=1,k=1; v<=G.vexnum; v++) {
        T.Vertex[v]=G.VexList[v].id;
        Root[v]=0;  //顶点v初始化标记为树根结点
```

```
        ArcListNode *p=G.VexList[v].first;   //顶点v边表头指针
        while(p!=NULL)  {  //搜索邻接点
            if(p->adjvex>v) {
                CandEdge.r[k].sv=v;
                CandEdge.r[k].tv=p->adjvex;
                CandEdge.r[k++].cost=p->weight;
            }
            p=p->next;
        }
    }
    MQuickSort(CandEdge,1,CandEdge.length);   //候选边以权值递增排序
    for(int i=1,n=1; i<=CandEdge.length; i++) {
        int vs=CandEdge.r[i].sv;
        int vt=CandEdge.r[i].tv;
        if(TreeNo(Root,vs)!=TreeNo(Root,vt)) {
            T.Edge[n]=CandEdge.r[i];
            TreeMerge(Root,vs,vt);   //两个连通分量树合并
            if(++n>T.edgenum) break;
        }
    }
    delete [] Root;
}
```

　　Kruskal 算法为组织构建最小生成树所需的候选边顺序表,算法需对无向网络邻接表进行遍历。由于每个顶点边表的平均长度为 $2e/n$,遍历 n 个顶点边表的搜索时间为 $2e$;采用快速排序算法对 e 条候选边顺序表进行增递排序的时间为 $e\log_2 e$,对候选边进行检测和选择的最大次数为 e,其中被选中成为最小生成树的边为 $n-1$ 条,故 Kruskal 算法的时间复杂度为 $O(e\log_2 e)$。显然,基于邻接表网络的 Kruskal 算法时间复杂度与网络顶点数无关,算法比较适合构建边稀疏无向网络的最小生成树。

6.5　最　短　路　径

　　城市间的交通网络可抽象成一个无向带权图,网络中的顶点代表城市,网络中的边表示城市之间的道路,边的权值可以是道路长度,或者是道路等级、通行时间、通行费用、费效比等。城市化区域交通道路网也可表示成有向或无向带权图,网络中的顶点为3 条及以上道路的交汇点,网络中的边表示相邻顶点之间的道路,边的权值可以是道路长度、通达便捷度、通行时间、阻滞概率等。无论是城市间还是城市化区域内的交通网络,其中一个最基本和实用的分析问题是如何搜索到从网络中的任意某个顶点(源点)到另一个顶点(终点)的一条代价(权值)和最小的路径,也就是网络最短路径搜索问题,其求解方法的潜在应用领域非常广泛。

　　设 $G=(V,E)$ 是一个带权图(网络),如果从图中顶点 v 到顶点 w 存在一条简单路径 $(v,$

v_1, v_2, $\cdots$, w），反映其各边权值和度量的路径长度不大于从 v 到 w 的任何其他简单路径的路径长度，则该路径就是从 v 到 w 的最短路径(shortest path)。通常从有向网络或无向网络中的某一指定顶点(称为源点)到达另一指定顶点(称为终点)的路径可能不止一条，如何找到一条简单路径，使得沿此路径各条边上的权值总和达到最小，这就是网络分析中著名的最短路径算法研究的问题。

最基本的最短路径问题包括搜索单个顶点到其他所有顶点之间的最短路径和搜索所有两个不同顶点之间的最短路径，前者称单源最短路径问题，相应的经典求解算法为 Dijkstra(狄杰斯特拉)算法，后者称多源最短路径问题，相应的经典求解算法为 Floyd(弗洛伊德)算法。

6.5.1　单源最短路径问题

Dijkstra 算法由荷兰计算机科学家、图灵奖获得者 Edsger Wybe Dijkstra(迪杰斯特拉)于 1959 年提出，算法基于贪心算法策略的基本思想，按最短路径长度不减顺序原则和最小生成树特性求源点到其他顶点之间的最短路径。设 $G=(V, E)$ 是一个带权图，其中 V 为顶点集合，E 为带权边的集合，设置一个最短路径顶点集合 S，其初始状态为仅含一个源点。不断从起点为源点、终点在集合 $V-S$ 的所有路径中选取一条长度最短的路径，设其终点为 u，把 u 加入集合 S，直到 S 中包含了从源点出发可以到达的所有顶点为止，便求得从源点到其他每个顶点的最短路径。

Dijkstra 算法原理可以通过以下表述证明，首先每次选出的最短路径的中间点都是集合 S 中的顶点，假设从源点到 $V-S$ 中某个顶点 u 的最短路径经过顶点 x 且 $x \notin S$，则从源点到 u 的路径包含了源点到 x 的路径。因为每条弧的权值都大于 0，所以源点到 x 的路径长度必定小于源点到 u 的路径长度。但算法要求按最短路径不减的顺序求最短路径，从源点到 u 的最短路径生成之前，源点到 x 的最短路径已经生成，即顶点 x 已加入集合 S 中，这与 x 不属于 S 的假设矛盾。

Dijkstra 算法方法用一个布尔型数组 S 标记已求得源点到其最短路径且加入到 S 中的顶点集合，若顶点 k 属于集合 S，则 $S[k]$=true；否则 $S[k]$=false。另设置一个记录最短路径长度的数组 D 和记录路径最后中间顶点的数组 T，对 $k \in V-S$，$D[k]$ 为从源点到 k 且中间只经过 S 中顶点的最短路径长度。计算 $D[u] \leftarrow \min\{D[k] \mid k \in V-S\}$，并将顶点 u 加入到集合 S。由于顶点 u 的加入，源点到 $V-S$ 中其他点的最短路径可能发生改变。此时，若源点经过 u 到顶点 k ($k \in V-S$) 的最短路径长度小于原先源点到 k 不经过 u 的最短路径长度，则这条新的最短路径必然是一条由源点到 u 的最短路径与边 $<u, k>$ 组成的路径，所以 $D[k]$ 应修改为 $D[k]= D[u]$+WGT($<u, k>$)；同时记录当前源点到顶点 k 最短路径上最后一个中间顶点这一路径踪迹信息 $T[u]=k$，以便在完成单源最短路径求解后，可以利用其回溯得到源点到其他各点最短路径上经过的各个顶点。

图 6.21 为 Dijkstra 算法对图 6.20 所示有向网络求解源点为 A 的单源最短路径的示意，算法在步骤 1 将源点加入集合 S，源点到其他顶点($B \sim F$)的路径长度 $D[2] \sim D[6]$ 的初始化值取自邻接矩阵中源点 A 的邻接点对应的第 1 行，显然所有路径最初均不存在中间点，故 $T[2] \sim T[6]$ 初值均为 0，$D[3]$ 作为最短的一条路径被检出，即源点到顶点 C 的最短路径

已被确定；接下来步骤 2 将顶点 C 加入集合 S，利用这条长度为 15 的最短路径可将源点到 B 的路径长度降至 20，源点到 D 和 F 的路径长度分别降至 34 和 23，顶点 C 作为 3 条更新路径的中间点其序号 3 被记录在数组 T 的相对应单元中；步骤 3 到步骤 5 的处理与上述处理类似。图中详细展示了集合 S 和各条路径逼近最短路径以及路径最后中间顶点的变化过程。

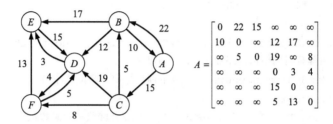

图 6.20　具有 6 个顶点 13 条边的有向网络及其邻接矩阵

步骤	集合 S	D[2]/ T[2]	D[3]/ T[3]	D[4]/ T[4]	D[5]/ T[5]	D[6]/T[6]
1	{A}	22/0	15/0	∞/0	∞/0	∞/0
2	{A,C}	20/3	15/0	34/3	∞/0	23/3
3	{A, C, B}	20/3	15/0	32/2	37/2	23/3
4	{A, C, B, F}	20/3	15/0	28/6	36/6	23/3
5	{A, C, B, F, D}	20/3	15/0	28/6	31/4	23/3

图 6.21　Dijkstra 算法求解有向网络最短路径的过程

6.5.2　单源最短路径算法

　　为实现 Dijkstra 算法，这里预先定义路径信息结构体类型 PathInfo 和最短路径结构体类型 ShortPath，其中前者由路径长度（代价）cost 和路径踪迹（最后中间顶点）track 两个分量组成，后者由源点 source 和路径信息结构数组首地址指针 info 两个分量组成组成，info 数组取代了图 6.21 中的 D 数组和 T 数组。基于邻接矩阵的 Dijkstra 算法实现函数的三个形式参数分别为邻接矩阵网络 G、源点 source 和最短路径 P，其中 P 为引用参数。算法首先对源点到其他顶点的最短路径及其踪迹、各点与集合 S 的关系标记进行初始化，将源点标记为加入集合 S，然后不断地在未加入到 S 的顶点中寻找当前距源点最近的顶点 u，标记 u 加入集合 S，利用刚获得的源点到顶点 u 的最短路径，对源点到每一个非 S 中顶点 k 的当前最短路径进行松弛可能性检测，若检测通过，则进行松弛处理并记录新路径中间点的踪迹信息，直到所有顶点均加入到集合 S 中为止，此时单源最短路径求解完成。

算法程序 6.29

```
struct PathInfo  //路径信息类型
{
```

```
        WgtType cost;  //最短路径代价
        int track;        //路径踪迹
};
struct ShortPath  //最短路径类型
{
        VexType source;     //源点
        PathInfo *info;     //路径信息
};
void Dijkstra(AdjMatGraph &G, VexType source, ShortPath &P)
{//基于邻接矩阵有向网络最短路径Dijkstra算法
        int v=VexSeqNum(G,source); //由顶点标识符定位其序号
        P.source=source;
        P.info=new PathInfo[G.vexnum+1];    //开辟路径信息数组
        bool *S=new bool[G.vexnum+1];         //并入集合S标志数组
        for(int k=1; k<=G.vexnum; k++) {    //初始化
            P.info[k].cost=G.arcs[v][k];    //源点到各点k初始距离
            S[k]=false;                   //未加入集合S标志
            P.info[k].track=0;
        }
        S[v]=true;       //将源点v加入集合S
        for(int i=1; i<G.vexnum; i++) {
            for(int u=1; S[u]; u++) ;        //寻找首个未加入S的顶点
            for(k=u+1; k<=G.vexnum; k++)    //寻找源点到V-S中路径最小的顶点
                if(!S[k]&&P.info[k].cost<P.info[u].cost) u=k;
            S[u]=true;  //将u加入集合S
            for(k=1; k<= G.vexnum; k++)   //由于u的加入而修正D (P.info[k].cost)
                if(!S[k]&&P.info[k].cost>P.info[u].cost+G.arcs[u][k]) {
                    P.info[k].cost=P.info[u].cost+G.arcs[u][k];
                    P.info[k].track=u;
                }
        }
        delete [] S;
}
```

以下为上述算法的测试函数 main 以及单源最短路径输出函数，其中 PrintPath 函数输出单源到所有其他顶点最短路径途径的顶点及其路径长度，并通过调用递归函数 Medpath 回溯并输出每条最短路径上的所有中间顶点。

算法程序 6.30

```
void Medpath(AdjMatGraph &G, PathInfo *path, int v) //输出路径中间顶点
{
        int k=path[v].track;
        if(k!=0) {
            Medpath(G, path, k);
```

```
            cout<<"->"<<G.vertex[k];
        }
    }
    void PrintPath(AdjMatGraph &G, ShortPath P)  //输出单源最短路径
    {
        int source=VexSeqNum(G, P.source);  //由顶点标识符定位其序号
        for(int v=1; v<=G.vexnum; v++) {
            if(v!=source) {
                cout<<P.source<<"->"<<G.vertex[v]<<"的路径:";
                cout<<P.source;
                Medpath(G, P.info, v);
                cout<<"->"<<G.vertex[v]<<":"<<P.info[v].cost<<endl;
            }
        }
    }
    void main()  //测试函数
    {
        AdjMatGraph G;
        ShortPath P;
        int n,e;
        VexType Source;
        cout<<"输入有向网络的顶点数和边数:";
        cin>>n>>e;
        CreateAdjMat(G, 4, n, e);  //建立邻接矩阵有向网络
        PrintAdjMatrix(G);         //输出有向网络邻接矩阵
        cout<<"请输入源点标识符:";
        cin>>Source;
        Dijkstra(G, Source, P);  //调用Dijkstra算法
        PrintPath(G, P);         //输出最短路径信息
    }
```

与基于邻接矩阵的 Dijkstra 算法相类似，基于邻接表的 Dijkstra 算法实现函数相应的三个形式参数分别为邻接表网络 G、源点 source 和最短路径 P，与前者的区别仅在于算法通过遍历源点的边表对最短路径信息进行补充初始化，通过遍历顶点 u 的边表完成对待求解的最短路径进行松弛可能性检测和需要的松弛处理，最终获得单源最短路径。

算法程序 6.31
```
//基于邻接表有向网络单源最短路径Dijkstra算法
void Dijkstra(AdjListGraph &G, VexType source, ShortPath &P)
{
    int vs=VertexNum(G,source);  //由顶点标识符定位其序号
    P.source=source;
    P.info=new PathInfo[G.vexnum+1];  //开辟路径信息数组
    bool *S=new bool[G.vexnum+1];
```

```
    for(int k=1; k<=G.vexnum; k++) {   //初始化
        P.info[k].cost=INFINITY;
        S[k]=false;
        P.info[k].track=0;
    }
    ArcListNode *p=G.VexList[vs].first;   //取边表头指针
    while(p!=NULL)  {  //搜索边表补充初始化
        P.info[p->adjvex].cost=p->weight;
        p=p->next;   //指向下一邻接点
    }
    S[vs]=true;        //将源点v加入集合S
    for(int i=1; i<G.vexnum; i++) {
        for(int u=1; S[u]; u++) ;        //寻找首个未加入S的顶点
        for(k=u+1; k<=G.vexnum; k++)    //寻找源点到v-S中路径最小的顶点u
            if(!S[k]&&P.info[k].cost<P.info[u].cost) u=k;
        S[u]=true;   //将源点u加入集合S
        ArcListNode *p=G.VexList[u].first;   //取边表头指针
        while(p!=NULL) {  //搜索邻接点
            int v=p->adjvex;   //u的邻接点
            if(!S[v]&&P.info[v].cost>P.info[u].cost+p->weight) {
                P.info[v].cost=P.info[u].cost+p->weight;
                P.info[v].track=u;
            }//经u到v可松弛路径
            p=p->next;   //指向下一邻接点
        }
    }
    delete [] S;
}
```

　　基于邻接矩阵网络的最短路径 Dijkstra 算法外层有两个并列的 for 循环，频度均为 n，其中第二个循环中还嵌套了两个并列且频度均为 n 的 for 循环，所以算法的时间复杂度为 $O(n^2)$。而基于邻接表网络的最短路径 Dijkstra 算法外层并列两个的 for 循环和一个 while 循环，前两者频度均为 n，后者频度均为 e/n，其中第二个 for 循环还嵌套了 for 和 while 两个并列循环，前者频度均为 n，后者频度均为 e/n，所以算法的时间复杂度仍然为 $O(n^2)$。显然，Dijkstra 算法适合边稠密的网络最短路径分析。

6.5.3　多源最短路径问题

　　多源最短路径可以通过多次调用 Dijkstra 算法求解，即依次把网络 G 的每个顶点作为源点，分别调用 Dijkstra 算法求解相应的最短路径，显然其时间复杂度为 $O(n^3)$。但更经典的求解多源最短路径方法是 Floyd 算法，它由美国计算机科学家、图灵奖获得者 Robert Floyd（弗洛伊德）于 1962 年提出，又称插点法，这是一种利用动态规划的思想寻找给定带权图中所有两个不同顶点之间最短路径的算法。Floyd 算法的执行结果是获得所有顶点对之间最短路径的长度，对算法做适当修改还可以还原或重建各条最短路径途径顶点序列。

算法的核心思路为采用对路径矩阵迭代的求解方法。假设带权图（网络）的邻接矩阵为 $M_{n×n}$，初始的路径长度矩阵 $D^0=M$，对其进行 n 次迭代更新，相继得到 $D^1, D^2, D^3, \cdots, D^n$ 序列，其中路径长度矩阵 $D^k(k=1,2,\cdots,n)$ 由对矩阵 D^{k-1} 对应的多源路径实施插入中间顶点 k 的松弛探测和松弛操作得到，D^n 为最终获得的多源最短路径矩阵。同时还可引入一个存放路径最后松弛顶点的矩阵 P 来记录所有最短路径上的最后中间顶点，以便于后继对各条最短路径细节的回溯和重建。

假设有向网络 G 的顶点集合为 $V=\{1,2,\cdots,n\}$，其邻接矩阵为 $M_{n×n}$，Floyd 算法以 $D_{n×n}$ 作为存储多源路径长度矩阵，具体步骤为：①假定从顶点 i 到顶点 j 的最短路径表示为 (i,j)，开始时其长度为 $D[i][j]=M[i][j]$，若弧 $<i, j>$ 不存在，$D[i][j]$ 值为 ∞；②在路径 (i,j) 做插入顶点 1 的松弛试探，若网络中存在弧 $<i, 1>$ 和 $<1, j>$，则比较路径 (i,j) 和 $(i,1,j)$ 的长度，取长度较短者作为当前求得的从顶点 i 到 j 且中间顶点编号不大于 1 的最短路径，记为 $(i,\cdots,j)$；③在上一步路径更新的基础上，对各条路径 $(i,\cdots,j)$ 再做插入顶点 2 的松弛试探，如果存在 $(i,\cdots,2)$ 和 $(2,\cdots,j)$ 两条中间点编号不大于 1 的最短路径，则比较中间点编号不大于 1 的最短路径 $(i,\cdots,j)$ 和 $(i,\cdots,2,\cdots,j)$ 的长度，取长度较短者作为当前求得的从顶点 i 到 j 且中间顶点编号不大于 2 的最短路径。以此类推，逐个插入一个后续顶点做路径松弛试探及处理，最终求解获得从 i 到 j 的最短路径。算法从 D^0 开始递推得到一个路径长度矩阵序列 $(D^1, D^2, \cdots, D^n)$ 用来记录每插入一个顶点后从 i 到 j 的最短路径长度的变化：

$$D^0[i][j] = M[i][j];$$
$$D^k[i][j] = \min\{D^{k-1}[i][j], D^{k-1}[i][k] + D^{k-1}[k][j]\} \ldots (1 \leqslant k \leqslant n)$$

其中，$D^k[i][j]$ 表示经过第 k 次迭代后得到的路径长度矩阵，它是从 i 到 j 中间点编号不大于 k 的最短路径长度。

下面以图 6.22 中的有向网络为例，给出求解其多源最短路径的过程，首先由其邻接矩阵 M 得到初始的多源最短路径长度矩阵 D^0，对各条路径做插入顶点 1 的松弛试探及处理，考虑到顶点 1 仅能作为试探可否松弛不同顶点间路径的中间顶点，故需对 D^0 中除第 1 行、第 1 列和主对角线以外的矩阵元素所对应的路径做松弛探测，即对第 2 行的 $D^0[2][3]$ 与 $D^0[2][1]+D^0[1][3]$，$D^0[2][4]$ 与 $D^0[2][1]+D^0[1][4]$；第 3 行的 $D^0[3][2]$ 与 $D^0[3][1]+D^0[1][2]$，$D^0[3][4]$ 与 $D^0[3][1]+D^0[1][4]$，第 4 行的 $D^0[4][2]$ 与 $D^0[4][1]+D^0[1][2]$，$D^0[4][3]$ 与 $D^0[4][1]+D^0[1][3]$ 等做大小比较，取所有比较双方的较小者作为前者的递推值即可得到 D^1。

再对当前的各条路径做插入顶点 2 的松弛试探，由于顶点 2 仅能作为试探可否松弛不同顶点间路径的中间顶点，故只需对 D^1 中除第 2 行、第 2 列和主对角线以外矩阵元素所对应的路径做松弛探测，即对第 1 行的 $D^1[1][3]$ 与 $D^1[1][2]+D^1[2][3]$，$D^1[1][4]$ 与 $D^1[1][2]+D^1[2][4]$；第 3 行的 $D^1[3][1]$ 与 $D^1[3][2]+D^1[2][1]$，$D^1[3][4]$ 与 $D^1[3][2]+D^1[2][4]$，第 4 行的 $D^1[4][1]$ 与 $D^1[4][2]+D^1[2][1]$，$D^1[4][3]$ 与 $D^1[4][2]+D^1[2][3]$ 做大小比较，取所有

比较双方的较小者作为前者的递推值即可得到 D^2。

以此类推，同样在获得 D^2 的基础上再做插入顶点 3 的松弛试探及处理得到 D^3，在获得 A^3 的基础上接着再做插入顶点 4 的松弛试探及处理得到 D^4，也就是最终的求解目标。多源最短路径长度矩阵 D 的递推变化过程如图 6.23 所示。

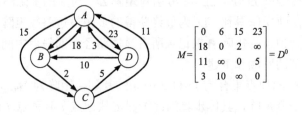

$$M = \begin{bmatrix} 0 & 6 & 15 & 23 \\ 18 & 0 & 2 & \infty \\ 11 & \infty & 0 & 5 \\ 3 & 10 & \infty & 0 \end{bmatrix} = D^0$$

图 6.22　具有 4 个顶点 9 条边的有向网络及其邻接矩阵

$$D^0 = \begin{bmatrix} 0 & 6 & 15 & 23 \\ 18 & 0 & 2 & \infty \\ 11 & \infty & 0 & 5 \\ 3 & 10 & \infty & 0 \end{bmatrix} \quad D^1 = \begin{bmatrix} 0 & 6 & 15 & 23 \\ 18 & 0 & 2 & 41 \\ 11 & 17 & 0 & 5 \\ 3 & 9 & 18 & 0 \end{bmatrix} \quad D^2 = \begin{bmatrix} 0 & 6 & 8 & 23 \\ 18 & 0 & 2 & 41 \\ 11 & 17 & 0 & 5 \\ 3 & 9 & 11 & 0 \end{bmatrix}$$

$$D^3 = \begin{bmatrix} 0 & 6 & 8 & 13 \\ 13 & 0 & 2 & 7 \\ 11 & 17 & 0 & 5 \\ 3 & 9 & 11 & 0 \end{bmatrix} \quad D^4 = \begin{bmatrix} 0 & 6 & 8 & 13 \\ 10 & 0 & 2 & 7 \\ 8 & 14 & 0 & 5 \\ 3 & 9 & 11 & 0 \end{bmatrix}$$

图 6.23　多源最短路径长度矩阵递推变化过程

6.5.4　多源最短路径算法

下面给出基于邻接矩阵网络的多源最短路径 Floyd 算法函数及其测试主函数，Floyd 算法函数的三个参数分别为邻接矩阵网络图变量 G、多源最短路径长度矩阵 D 和多源最短路径踪迹矩阵 P。测试主函数在建立并输出邻接矩阵有向网络后调用 Floyd 算法函数，并将求解获得的多源最短路径通过调用 PrintPath 函数以及 Path 函数还原出详细的路径信息。PrintPath 函数输出每一条路径的首末顶点及其长度信息，并通过调用 Path 递归函数追踪最短路径上的中间顶点序列并按顺序还原输出。

算法程序 6.32

```
const int VexMax=50;  //最大顶点数
typedef int TraMatrix[VexMax+1][VexMa+1];    //踪迹矩阵类型
typedef WgtType AdjMatrix[VexMax+1][VexMax+1];    //权值矩阵类型
void Floyd(AdjMatGraph &G, AdjMatrix D, TraMatrix P)  //弗洛伊德算法
{
    for(int i=1; i<=G.vexnum; i++) {
        for(int j=1; j<=G.vexnum; j++) {
            D[i][j]=G.arcs[i][j];
            P[i][j]=0;
        }
```

```
    }
    for(int k=1; k<=G.vexnum; k++) {
        for(i=1; i<=G.vexnum; i++) {
            if(i==k) continue;  //起点与k相同时跳过
            for(int j=1; j<=G.vexnum; j++) {
                if(j==k||i==j) continue;  //终点与k或与起点相同时跳过
                if(D[i][k]+D[k][j]<D[i][j]) {
                    D[i][j]=D[i][k]+D[k][j];
                    P[i][j]=k;
                }
            }
        }
    }
}
void Path(AdjMatGraph &G, TraMatrix P, int i, int j)
{
    int k=P[i][j];
    if(k!=0) {
        Path(G,P,i,k);
        cout<<"->"<<G.vertex[k];
        Path(G,P,k,j);
    }
}
void PrintPath(AdjMatGraph &G, AdjMatrix D,TraMatrix P, int n)
{ //输出多源最短路径
    for(int i=1; i<=n; i++) {
        for(int j=1; j<=n; j++) {
            if(i==j) continue;
            cout<<G.vertex[i]<<"->"<<G.vertex[j]<<"的路径:";
            cout<<G.vertex[i];
            Path(G, P, i, j);
            cout<<"->"<<G.vertex[j]<<":"<<D[i][j]<<endl;
        }
    }
}
void main()
{
    AdjMatGraph G;
    AdjMatrix Cost;
    TraMatrix P;
    int n,e;
    cout<<"输入有向网络的顶点数和边数:";
```

```
    cin>>n>>e;
    CreateAdjMat(G, 4, n, e);   //建立邻接矩阵有向网络
    PrintAdjMatrix(G);          //输出有向网络邻接矩阵
    Floyd(G, Cost, P);          //求解多源最短路径
    PrintPath(G, Cost, P, n);   //输出多源最短路径信息
}
```

多源最短路径 Floyd 算法外层有两个并列的 for 循环，频度均为 n，它们各自嵌套了一个频度为 n 的内部 for 循环，其中第二个内部循环又嵌套了一个频度为 n 的 for 循环，即构成三重嵌套循环，总的执行频度为 n^2+n^3，所以算法的时间复杂度为 $O(n^3)$。

可以对多源最短路径 Floyd 算法做适应邻接表网络的修改，调整主要在多源最短路径长度矩阵的初始化部分，对算法的性能没有影响，故基于邻接表网络的 Floyd 算法的时间复杂度仍然为 $O(n^3)$。

习　　题

一、简答题

1. 请画出图 6.24(a)所示无向图的邻接表，要求每一个顶点的边表中的邻接点按编号增序排列。

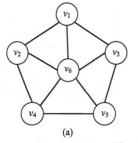 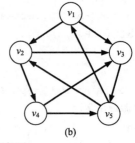

图 6.24　无向图和有向图

2. 请画出图 6.24(b)所示有向图的邻接表，要求每一个顶点的边表中的邻接点按编号增序排列。

3. 请画出下面描述的无向网络 G_1 的邻接表，该邻接表采用头插法建立。

无向图 $G_1=(V, E)$，其中，

顶点集合：$V(G_1)=\{1, 2, 3, 4, 5, 6\}$

边的集合：$E(G_1)=\{(1, 2, 5), (1, 3, 8), (2, 3, 11), (2, 4, 7),(2, 5, 15), (3, 4, 9), (3, 6, 10), (4, 5, 21), (4, 7, 17), (5, 6, 12)\}$

4. 请画出下面描述的有向网络 G_2 的邻接表，该邻接表采用尾插法建立。

有向图 $G_2=(V, E)$，其中，

顶点集合：$V(G_2)=\{1, 2, 3, 4, 5\}$

边的集合：$E(G_2)=\{<1, 2, 7>, <1, 4, 8>, <2, 1, 13>, <2, 3, 10>, <2, 5, 11>, <3, 2, 9>, <3, 6, 5>, <4, 3, 15>, <4, 5, 3>, <5, 1, 2>, <5, 3, 6>, <6, 2, 14>,<6, 4, 17>, <6, 5, 4>\}$

5. 请对图 6.25(a)所示无向图从顶点 A 开始分别做基于邻接矩阵的深度优先搜索访

问和广度优先搜索访问，并给出得到的相应搜索顶点序列。

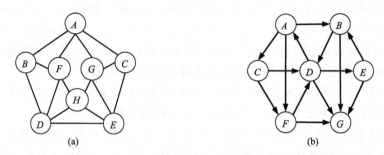

图 6.25　具有 8 个顶点的无向图和具有 7 个顶点的有向图

6. 请对图 6.25(b)所示有向图从顶点 A 开始分别做基于邻接表的深度优先搜索访问和广度优先搜索访问，并给出得到的相应搜索顶点序列。

二、解算题

1. 对图 6.26 所示的无向连通网络，请画出其从结点 A 出发的最小生成树图形，并分别写出用 Prim 算法和 Kruskal 算法构造的从结点 A 出发的最小生成树边集序列。

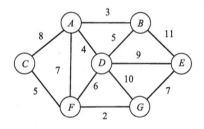

图 6.26　具有 7 个顶点的无向网络

2. 对图 6.27(a)表示的有向带权连通图(有向网络)，写出对应的邻接矩阵，并用求单源最短路径 Dijkstra 算法写出求解从源点 1 到其他各点最短路径的详细过程。

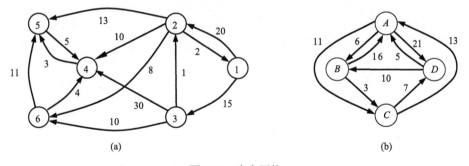

图 6.27　有向网络

3. 对图 6.27(b)表示的有向带权连通图(有向网络)，写出对应的邻接矩阵，并用 Floyd 算法写出计算最短路径矩阵的过程($D^0 \rightarrow D^1 \rightarrow D^2 \rightarrow D^3 \rightarrow D^4$)。

三、算法题

1. 一个有向图具有 7 个顶点和 11 条边(顶点对),其边集为$<v_1,v_2>$, $<v_1,v_3>$, $<v_1,v_4>$, $<v_2,v_5>$, $<v_3,v_5>$, $<v_3,v_6>$, $<v_4,v_6>$, $<v_5,v_7>$, $<v_6,v_3>$, $<v_6,v_5>$, $<v_6,v_7>$,试编算法程序基于头插法构建该有向图对应的邻接表,并基于该邻接表,进行从顶点 v_1 开始的深度优先搜索和广度优先搜索,并输出遍历访问得到的 DFS 序列和 BFS 序列。

2. 编写程序,对图 6.26 中的无向网络分别用 Prim 算法和 Kruskal 算法生成从 A 出发的最小生成树,并按生成的顺序输出其中各边的顶点对。

3. 编写程序,对图 6.27(a)所示的有向网络,建立相应的邻接表,并采用基于邻接表的 Dijkstra 算法求从源点 1 到其余各点的最短路径长度,并输出这些最短路径。

4. 编写程序,对图 6.27(b)所示的有向网络,建立相应的邻接矩阵,并采用基于邻接矩阵的 Floyd 算法求每对顶点间的最短路径长度,并输出这些最短路径。

第7章 查　　找

查找作为一种广泛应用的数据定位和获取方法，是实施在数据集合上最常用的操作与运算。查找往往是程序和软件系统中最耗费时间的操作之一，尤其对庞大的数据库系统或基于数据库的应用系统，高性能查找算法的重要性不言而喻。查找的效率直接依赖于所采用的查找算法和数据结构(查找表)。所以，查找算法以及相应数据结构的学习与研究非常重要，本章将讨论各种查找方法及相应的数据结构。

7.1　查找的概念

7.1.1　查找概述

在计算机科学中查找(searching)也称检索(retrieval)，是面向信息提取和处理最重要的技术方法。查找操作根据预先给定的查找值，在数据集合中找出其关键字与给定值相同的数据元素(记录)。查找有两种可能的结果，一种是查找成功，其标志是找到满足条件的数据记录，此时，既可以返回该记录的位置信息，也可以信息检索的形式返回该记录的完整信息；另一种是查找失败，即通过遍历整个数据集合后确认不存在满足条件的数据记录，此时一般返回一个约定的查找失败标志值。

可供用于查找的数据集合即为查找表，查找表组成元素之间的关系可以是松散的，表的结构具备查找所需的基本条件。查找表由具有相同数据类型的一组数据元素(记录)组成，查找表的每个数据记录又由若干存储不同属性的字段(数据项)构成，其中至少应有一个属性字段可以唯一标识该数据记录，该属性字段称为关键字或关键码(key)，也可称为主关键字。例如在城市人口户籍档案中，身份证号码可作为唯一标识居民个人的关键字，使用其查找个人户籍档案的结果满足唯一性。而姓名、曾用名、出生日期、父母姓名等属性是可以重复的，现实中存在大量的同名人口户籍，但在实际应用中，对查找条件的限制相对宽松，可以按个人姓名等属性作为关键字进行查找，但查找结果往往不唯一。

有两种形态的查找表，一种是静态查找表，另一种是动态查找表。静态查找表面向的主要是查找型操作，即确定其关键字等于指定值的特定数据元素是否存在，或检索提取其关键字等于指定值的特定数据元素的完整信息。静态查找表的结构是稳定的，即使对其实施插入和删除操作也不会导致其结构发生改变。动态查找表可以同时满足查找型操作和增删等更新型操作，即在查找定位及检索数据元素后可以对其实施删除操作，或在查找定位的数据元素前或后实施新数据元素的插入操作，或对查找定位的数据元素实施包括关键字在内的数据项更新操作等，这类操作可能会导致查找表原有的性质或结构发生改变，必须对其进行适当调整以恢复固有的结构性质和较高的查找效率。

7.1.2　查找方法及性能评价

查找方法的设计和应用取决于查找表的组织形态和结构，不同结构的查找表适用的查找方法也不同。例如，对静态查找表中的顺序表和链表而言，适用顺序查找方法；对关键字有序的顺序表而言，适用高效的折半查找方法；对将超大的顺序表分成若干块且满足块内无序、块间有序的查找表结构而言，则适用分块查找方法；对动态查找表中的二叉查找树而言，适用快速的二叉查找树查找方法等。

分析和评价查找算法的性能需对其时间复杂性和空间复杂性进行估计和度量，更重要的是时间复杂性的度量，通常以平均查找长度（average search length，ASL）作为评价查找算法效率的标准，它表示为确定关键字为 key 的记录在查找表中的位置，key 与表中记录关键字平均比较次数的期望值。假设查找表中有 n 个数据元素，表中第 i 个元素被查找的概率为 P_i，若所有元素的查找概率相同，则有 $P_i=1/n$，查找第 i 个元素所需比较次数为 C_i，则平均查找长度 ASL 可用下列公式计算。

$$\text{ASL} = \sum_{i=1}^{n} P_i C_i \qquad \sum_{i=1}^{n} P_i = 1$$

7.2　基本查找方法

7.2.1　顺序查找

顺序查找（sequential search）是一种适用于线性表的查找方法，又称线性查找（linear search），该方法对表中记录关键字是否有序没有要求，在顺序表和链表这两种形式的线性表上同样适用。顺序查找是一种基于表中记录逻辑顺序的按序查找方法，其查找过程为从表的一端（通常为表头）开始逐个进行记录的关键字和给定查找值的比较，直至搜索到满足比较条件的记录为止，此时表示查找成功；若直至搜索到表尾也不存在满足比较条件的记录，此时表示查找失败。查找成功通常以选中记录在顺序表中的下标或在链表中的结点地址作为返回值，查找失败对顺序表而言返回–1，对链表则返回 NULL。算法程序 7.1 给出基于顺序表的顺序查找算法。

算法程序 7.1

```
typedef int KeyType;
struct Record
{
    KeyType key;   //关键字(码)
    char other;    //其他字段
};
typedef Record ElemType;   //元素类型为Record
struct SeqList
{
```

```
    ElemType *data;   //表数组首指针(动态申请空间)
    int length;       //表长
    int ListSize;     //表空间尺寸(容量)
};
int SearchSgList(SeqList &L, KeyType key)
{
    for(int i=1; i<=L.length; i++) {
        if(key==L.data[i].key) return i;
    }
    return -1;
}
```

查找算法性能分析。假设表中每个记录的查找概率相等，即 $P_i=1/n$，显然，查找第 i 个元素所需的比较次数为 $C_i=i$，根据平均查找长度 ASL 的公式计算有

$$ASL = \sum_{i=1}^{n} P_i C_i = \sum_{i=1}^{n} \frac{1}{n} \times i = \frac{n+1}{2}$$

以上分析结果表明，对于顺序表而言，为查找一个记录平均需访问和比较表中一半记录的关键字，对于大体量的查找表而言，这一查找代价有时是无法接受的。一般而言，查找表中各个记录的查找概率存在差异性，一些记录的查找频次确实大于另一些记录，如果事先掌握每个记录的查找概率并以此为依据对记录按查找概率由大到小重新进行排序，使得查找记录所需的比较次数与该记录的查找概率成反比，则可在一定程度上提高查找效率。当然，在缺乏对查找表中记录被查概率先验知识的情况下，可以通过查找表的使用过程中对大量查找事件的统计获知每个记录的查找趋势概率。不妨在每个记录中增设一个访问频度域，统计记录被查找与访问的次数，每当查找表被实施了一定数量的查找操作后，就对查找表中的记录按查找频度由高到低重新排序，使得查找概率大的记录在查找过程中逐步前移，以减少高频被查记录的查找比较次数。

如果将查找不成功考虑到查找效率分析中，尤其是查找成功与查找不成功的概率相同时，则可能要对上述查找效率的结论做适当修正。我们知道一次查找不成功所需的记录关键字比较是 $n+1$ 次，每个记录的查找概率仍然相等并降低到上述分析中假设的一半，即 $P_i=1/(2n)$，可以理解为平均在每 $2n$ 次的查找中，有 n 次是查找存在的各个记录，另有 n 次是查找不存在的记录，则顺序表的平均查找长度为

$$ASL = \sum_{i=1}^{n} \frac{1}{2n} \times i + n \times \frac{1}{2n}(n+1) = \frac{3}{4}(n+1)$$

通过上述分析可知，顺序查找算法简单，适用于顺序表和链表两种线性表，对表的结构和关键字的有序性均无特别要求，但查找效率低下，适用于中小规模的线性表，而当线性表的规模很大甚至巨大时，顺序查找方法的适用性严重降低，应考虑采用其他的查找方法以及查找表结构。

7.2.2 折半查找

折半查找(half-interval search)又称为二分法查找(binary search)，是针对有序顺序表的一种高效查找技术，查找原理为每次判断待查记录表的中间记录关键字是否等于给定值，若是，则查找成功；否则，根据中间记录关键字与给定值的大小关系，决定下一步查找的折半子表是中间记录以前的半张表，还是以后的半张表，对折半子表重复这一查找过程，直至查找成功或查找失败。

折半查找的对象必须是顺序表，顺序表支持由首尾记录的下标地址折中定位到中间记录的下标地址；其次该顺序表已经做过按关键字递增排序的预处理，形成了有序的顺序表，这是折半查找的前提与条件。由链表的特性可知，折半查找不适用有序链表，这是由于链表中的结点地址是构建时随机获得的，按关键字有序排序的链表结点地址不存在连续的关系，根据链表首尾记录的地址是无法计算获得中间记录的地址。

为描述折半查找方法的原理与过程，这里以包含 19 个数据元素有序表为例，该有序表的关键字序列如下：

$$\{\,3, 8, 15, 19, 23, 26, 34, 39, 41, 47, 55, 58, 63, 67, 70, 76, 83, 88, 94\,\}$$

为查找关键字为 26 和 66 的数据元素，假设下标指针 head 和 tail 分别指向当前待查找表的首元素和末元素，下标指针 mid 指向当前待查找表的中间元素，则 mid$=\lfloor(\text{head}+\text{tail})/2\rfloor$，显然，对于上表，head 和 tail 初值分别为 1 和 19，图 7.1 示意了在有序表中折半查找关键字为 26 的记录并获成功的过程，其中共经历了 3 次折半分表就将待查找表缩小到仅仅包含关键字为 26 的数据元素，查找成功。图 7.2 示意了在有序表中折半查找关键字为 66 的记录并最终失败的过程，其中共经历了 5 次折半分表就将待查找表缩小到空表。

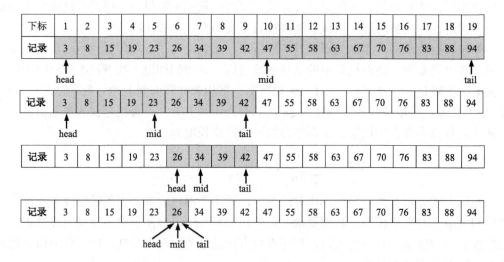

图 7.1　在有序表中折半查找关键字为 26 的记录并获成功的过程

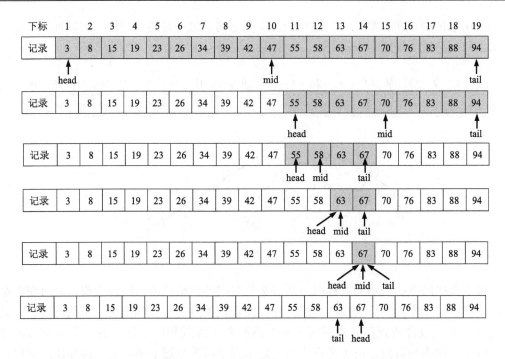

图 7.2 在有序表中折半查找关键字为 66 的记录并失败的过程

折半查找算法描述如下:

算法程序 7.2

```
int Binary_search(SeqList L, KeyType key)
{
    int head=1;
    int tail=L.length;
    while(head<=tail) {
        int mid=(head+tail)/2;
        if(key==L.data[mid].key)
            return mid;         //查找成功
        else if(key<L.data[mid].key)
            tail=mid-1;
        else head=mid+1;
    }
    return -1;  //查找失败
}
```

这里采用描述折半查找过程的一种二叉树即二叉判定树对折半查找算法的性能进行评价。以上述包含 19 个元素的有序表为例,二叉判定树的根结点为第一次折半分表时中点指针 mid 所指的结点,其左边子表(地址在 head～mid–1 之间)中的结点作为左子树的结点,其右边子表(地址在 mid+1～tail 之间)中的结点作为右子树的结点,对左右子树中的结点仍按对应子表折中分表原则构建相应的的根结点及其左右子树结点等,最终得到

图 7.3 所示的判定树，显然，上述构造二叉判定树的过程是递归过程。可以证明具有 n 个结点的判定树的深度为 $\lfloor \log_2 n \rfloor + 1$。

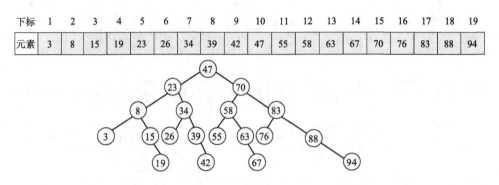

下标	1	2	3	4	5	6	7	8	9	10	11	12	13	14	15	16	17	18	19
元素	3	8	15	19	23	26	34	39	42	47	55	58	63	67	70	76	83	88	94

图 7.3　二叉判定树示例

折半查找法查找成功的过程就是从二叉判定树的根结点沿指向待查找元素所在各级子树的路径向下深入到待查找结点的过程，而查找失败的过程就是从二叉判定树的根结点沿指向可能包含待查找元素各级子树的路径向下深入到叶子结点进而进入空树的过程。对于一次成功查找，由于待查找结点处在判定树各个层上的可能性均存在，所以，比较次数最少 1 次，最多 $\lfloor \log_2 n \rfloor + 1$ 次；对于一次不成功的查找，由于叶子结点只可能分布在二叉判定树最深的两层上，所以比较次数最少为 $\lfloor \log_2 n \rfloor$、最多为 $\lfloor \log_2 n \rfloor + 1$。综合以上分析，如果只考虑成功查找情形，且表中所有元素的查找概率相同，折半查找的平均查找长度就是其二叉判定树根结点到各个结点路径上途径的结点数（路径长度+1）之和的平均值。

对上述包含 19 个元素有序表的折半查找而言，根据其二叉判定树各层上结点的数目及其到根结点路径长度可计算实施折半查找的平均查找长度：

$$\text{ASL} = \frac{1}{19}\left[1 \times 1 + 2 \times 2 + 4 \times 3 + 8 \times 4 + 4 \times 5\right] \approx 3.63$$

为分析方便起见，假设具有 n 个结点的二叉判定树为满二叉树，其深度为 $\log_2(n+1)$，平均查找长度 ASL 为

$$\text{ASL} = \sum_{i=1}^{n} P_i C_i = \frac{1}{n}\sum_{i=1}^{h} i \cdot 2^i \qquad h = \log_2(n+1)$$

$$= \frac{1}{n}\left[1 \times 1 + 2 \times 2 + 4 \times 3 + \cdots + 2^{\log_2(n+1)} \times \log_2(n+1)\right]$$

$$= \frac{1}{n}\sum_{i=1}^{h} i \cdot 2^i = \frac{n+1}{n}\log_2(n+1) - 1$$

显然，当有序表长度 n 充分大时有

$$\text{ASL} \approx \log_2(n+1) - 1$$

由此可见，折半查找法的时间复杂度为 $O(\log_2 n)$。适用有序顺序表高效查找的方法除了折半查找以外，还有静态树表查找、斐波那契查找和插值查找等。

7.2.3 静态树表查找

折半查找法以有序顺序表中所有记录的查找概率相同为前提条件，如果表中各记录的查找概率不完全相同，折半查找法的性能表现如何？这里以下面的例子加以说明。

例如，对包含 9 个记录的有序顺序表，其关键字序列为{ 17, 22, 39, 46, 53, 61, 78, 85, 97 }，各记录的查找概率分别为{0.05, 0.14, 0.06, 0.2, 0.02, 0.15, 0.1, 0.16, 0.12}，图 7.4 给出了该表折半查找对应的二叉判定树(左)以及另一个不与折半查找对应二叉判定树。

图中左侧二叉判定树成功查找的平均查找长度为

ASL=0.02×1+(0.14+0.1)×2+(0.05+0.06+0.15+0.16)×3+(0.2+0.12)×4=3.04

图中右侧二叉判定树成功查找的平均查找长度为

ASL=0.2×1+(0.14+0.16)×2+(0.05+0.06+0.15+0.12)×3+(0.02+0.1)×4=2.42

显然，图中右侧的判定树的平均查找长度小于左侧二叉判定树的平均查找长度。

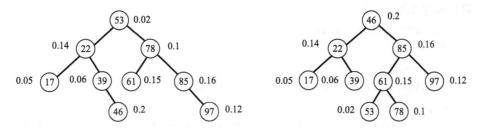

图 7.4 不同二叉判定树性能比较

由此可以看出，在有序顺序表中各记录查找概率不完全相同的情形下，折半查找法的平均查找长度并不为最优。图 7.4 中右侧的判定树的特点是查找概率大的记录离根结点近，查找概率小的记录离根结点远，其结果效应是缩减了二叉树所有记录结点带权路径长度之和，从而获得较小的平均查找长度。

为构造描述查找过程的某种判定树并使其查找性能达到最优，这里只考虑查找成功的情形，度量判定树查找性能的指标为带权路径长度之和 PH：

$$PH = \sum_{i=1}^{n} w_i h_i$$

其中，n 为二叉树中的结点个数；w_i 为第 i 个结点的查找概率；h_i 为第 i 个结点的深度或层次数。称 PH 值达到最小的二叉树为静态最优查找树(static optimal search tree)。通常，构造静态最优查找树的时间代价较高，而一种近似于最优查找树的二叉树即次优查找树(nearly optimal search tree) 则相对容易获得。下面介绍次优查找树的递归构建方法。

已知有一按关键字有序的记录序列{$r_h, r_{h+1}, \cdots, r_t$}，若将记录的查找概率视为权重，则相应的权值序列为{$w_h, w_{h+1}, \cdots, w_t$}，现构造一棵二叉树，使这棵二叉树的带权路径长度 PH 值在其结点具有同样权值的所有二叉树中近似为最小。首先在初始记录序列中寻找适合做次优查找树根结点的记录 r_i，使得

$$\Delta P_i = \left| \sum_{k=i+1}^{t} w_k - \sum_{k=h}^{i-1} w_k \right|$$

在所有的 ΔP_j $(h \leqslant j \leqslant t)$ 中达到最小，确定次优查找树根结点后，分别对有序表中记录 r_i 左右两侧的记录序列 $\{r_h, r_{h+1}, \cdots, r_{i-1}\}$ 和 $\{r_{i+1}, r_{i+2}, \cdots, r_t\}$ 使用同样方法构造左右两棵次优查找子树的根结点，以此类推，直至完成次优查找树的构造。

为便于计算 ΔP，引入累计权值和

$$sw_i = \sum_{k=h}^{i} w_k = \sum_{k=h}^{i-1} w_k + w_i = sw_{i-1} + w_i$$

并设 $w_{h-1}=0$，$sw_{h-1}=0$，则

$$\Delta P_i = \left| (sw_t - sw_i) - (sw_{i-1} - sw_{h-1}) \right|$$
$$= \left| (sw_t + sw_{h-1}) - sw_i - sw_{i-1} \right|$$

构造次优查找树算法描述如下：

算法程序 7.3

```
void WightSum(double w[],double sw[],int n)
{
    sw[0]=0;
    for(int i=1; i<=n; i++) sw[i]=sw[i-1]+w[i];
}
void SubOptimalTree(BiTree &T, Record r[], double sw[], int head, int tail)
{
    int i=head;
    double pmin=fabs(sw[tail]-sw[head]);
    double dsw=sw[tail]+sw[head-1];
    for(int k=head+1; k<=tail; k++) {
        double pk=fabs(dsw-sw[k]-sw[k-1]);
        if(pk<pmin) {
            i=k;
            pmin=pk;
        }
    }
    T=new BiTreeNode;
    T->data=r[i];
    if(i==head) T->leftchild=NULL;
    else SubOptimalTree(T->leftchild, r, sw, head, i-1);
    if(i==tail) T->rightchild=NULL;
    else SubOptimalTree(T->rightchild, r, sw, i+1,tail);
}
```

次优查找树的查找方法与后面介绍的二叉查找树的方法基本一致。查找首先比较给定值与根结点的关键字，若相等，则查找成功；否则，进一步比较给定值与根结点关键字的大小，若前者小，则进入左子树继续查找，若前者大，则进入右子树继续查找，直

至查找成功或进入空子树导致查找失败。

7.2.4 斐波那契查找

斐波那契查找法与折半查找法原理相似，该方法采用的探测点定位原则是根据与当前表长对应的斐波那契数的前序确定，该方法操作的查找表长度、中间探测点的位置和所分割的左右两个子表的长度都与斐波那契数有关。斐波那契数列的定义为

$$F(n) = \begin{cases} n, & n = 0,\ 1 \\ F(n-1) + F(n-2), & n > 1 \end{cases}$$

可以看出，从第 3 个斐波那契数开始，每个斐波那契数为前 2 个斐波那契数之和，图 7.5 列出了 100 以内共 12 个斐波那契数。

$F(0)$	$F(1)$	$F(2)$	$F(3)$	$F(4)$	$F(5)$	$F(6)$	$F(7)$	$F(8)$	$F(9)$	$F(10)$	$F(11)$
0	1	1	2	3	5	8	13	21	34	55	89

图 7.5 100 以内 12 个斐波那契数

算法需要对长度为 n 的有序顺序表进行预处理。首先找到使 n 介于其间的两个相邻斐波那契数 $F(k-1)$ 和 $F(k)$，并满足 $F(k-1) \leqslant n < F(k)$，附带获得从 $F(0)$ 到 $F(k)$ 的斐波那契数序列。将有序表加长至 $F(k)-1$，复制记录 n 的关键字到表中延长部分的各单元中。当前查找表前后端点指针 head 和 tail 分别初始化为 1 和 n，利用斐波那契数 $F(k-1)$ 计算当前查找表的黄金分割中点 mid=head+$F(k-1)$-1，以记录 mid 作为探测和分割点，其左右两个子表的长度分别为 $F(k-1)$-1 和 $F(k-2)$-1。将给定值 key 与 mid 所指记录的关键字进行比较，若两者相等，则查找成功；若前者小，则 tail=mid-1，新表长度更新为 $F(k-1)$-1；若前者大，则 head=mid+1，新表长度更新为 $F(k-2)$-1；然后对收缩的新有序表继续采用斐波那契查找法进行查找，以此递推，直至查找成功或失败。斐波那契查找法的平均性能要优于折半查找法，在最坏情形下斐波那契查找法的性能尽管还是 $O(\log_2 n)$，但要差于折半查找法。

以图 7.1 所示具有 19 个记录的有序表为例，下面具体给出采用斐波那契查找法查找关键字为 76 记录的过程。如图 7.6 所示，首先找到使 n=19 介于其间的两个相邻斐波那契数 13 和 21，即 $F(7)$ 和 $F(8)$，这里 k=8，将查找表长度扩展至 $F(8)$-1=21-1=20，扩展记录的关键字取自记录 19，端点初始位置 head=1，tail=20；计算查找表的探测中点位置 mid=head+$F(k-1)$-1=1+13-1=13，由于给定值 76 大于 mid 所指记录关键字 63，所以取右侧子表作为新的查找表，head=mid+1=14，新表长度为 $F(k-2)$-1 即 $F(6)$-1=8-1=7，更新 k=k-2=6；对新查找表计算探测中点位置 mid=head+$F(k-1)$-1==14+5-1=18，由于给定值 76 小于 mid 所指记录关键字 88，所以取左侧子表作为新的查找表，tail=mid-1=17，新表长度为 $F(k-1)$-1 即 $F(5)$-1=5-1=4，更新 k=k-1=5；对新查找表计算探测中点位置 mid=head+$F(k-1)$-1=14+3-1=16，由于给定值 76 等于 mid 所指记录关键字，故查找成功。

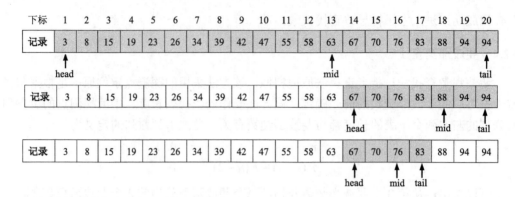

图 7.6　采用斐波那契查找法查找关键字为 76 的记录并获成功的过程

斐波那契查找算法由 CreateFib 和 Fib_Search 两个函数实现，其中预处理函数 CreateFib 根据有序表的长度 n 产生相关的斐波那契数序列 $f_0, f_1, \cdots, f_k$，使得 $f_{k-1} \leqslant n < f_k$，并对有序表的长度做适应算法的格式化处理。对静态有序表预处理只需进行一次，除非有序表因扩充其长度达到或超过 f_k，或因缩减其长度小于 f_{k-1}。斐波那契查找函数 Fib_Search 根据有序表 L 相应的 $k+1$ 个斐波那契数序列数组 Fib，按斐波那契算法机制查找关键字为 key 的记录，并返回查找结果。

算法程序 7.4

```
int CreateFib(SeqList L, int* &fib) //产生相关斐波那契数序列及有序表格式化处理
{
    int a=0;
    int b=1;
    for(int k=1,c=1; c<=L.length; c=a+b, a=b, b=c, k++) ;
    fib=new int[k+1];
    fib[0]=0;
    fib[1]=1;
    for(int i=2; i<=k; i++)  fib[i]=fib[i-1]+fib[i-2];
    for(i=L.length+1; i<=fib[k]-1; i++) { //有序表格式化处理
        L.data[i].key=L.data[L.length].key;
    }
    return k;  //返回斐波那契数序号
}
int Fib_Search(SeqList L, KeyType key, int fib[], int k)//斐波那契查找算法
{
    int head=1;
    int tail=fib[k]-1;
    while(head<=tail) {
        int mid=head+fib[k-1]-1;
        if(key==L.data[mid].key)
            return (mid<=L.length)?mid:L.length;  //查找成功
```

```
        else if(key<L.data[mid].key) {
            tail=mid-1;
            k=k-1;
        }
        else {
            head=mid+1;
            k=k-2;
        }
    }
    return -1;   //查找失败
}
```

7.2.5 插值查找

插值查找法与折半查找法原理相似，只是中间探测点位置的计算方法不同。插值查找法假设查找表各记录关键字与其位置呈大致的线性关系，采用插值法计算探测记录的位置。如果有序查找表记录的关键字值在其值域的分布基本均匀，利用这一特性就可以根据给定的关键字对待查找记录的位置作出较为接近的估计，即采用插值法可计算当前有序查找表的探测位置 mid，这就是插值查找法的思想与原理。插值查找以下列插值公式计算当前有序查找表中间待探测记录的位置：

$$mid=head+\frac{key-r[head].key}{r[tail].key-r[head].key}(tail-head)$$

将给定值 key 与 mid 所指记录的关键字进行比较，如果两者相等，则查找成功；若前者小，则以 mid 左侧子表作为新的查找表开始新的一轮插值查找；若前者大，则以 mid 右侧子表作为新的查找表开始新的一轮插值查找。插值查找法的实现函数可参照折半查找法的实现函数，只是将中间探测点 mid 的计算由中点计算改为插值计算。

对记录关键字均匀分布的有序查找表，插值查找法通常表现出比折半查找法更好的性能，据推算其时间复杂度可降为 $O(\log_2\log_2 n)$。当然，这只是理想状态下的性能估计，实际的查找性能表现取决于所操作的有序查找表记录关键字分布的均匀性，当有序查找表记录关键字分布的均匀性较差时，就不适用插值查找法。

7.2.6 分块顺序查找

分块查找又称索引顺序查找，是对顺序查找法的改进，它通过将原顺序查找表分块和快速定位分表技术相结合实现顺序查找性能的提升。该方法需为顺序查找表建立一个索引表，表中每条索引对应一个块，包括块内记录的最大关键字和块首记录地址。分表原则是将原查找表按关键字大小归类原则分成若干块，块内记录关键字可以无序，但任何块内记录的关键字均不小于其先序块的最大关键字，即符合块内无序、块间有序。查找过程为先确定待查记录所在块，再在块内采用顺序查找法查找。如图 7.7 所示，将具有 22 个记录的顺序表分为 4 块，1 至 4 块各自的最大关键字分别为 25、48、76、99，1 至 4 块各自的首记录地址分别为 1、6、12、18。

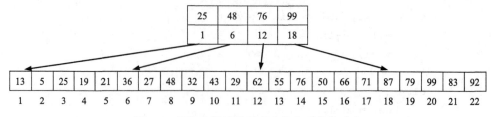

图 7.7　分块查找法的顺序查找表及其索引表

分块查找方法性能评价考虑定位记录所在块的时间开销和查找块内记录的时间开销两个因素，其平均查找长度为

$$\mathrm{ASL}_{bs} = L_b + L_w$$

其中，L_b 为查找索引表确定所在块的平均查找长度；L_w 为查找块中元素的平均查找长度。若将表长为 n 的表平均分为 b 块，每块含有 s 个记录，并设表中每个记录的查找概率相等，则采用顺序查找确定所在块和采用折半查找确定所在块的平均查找长度分别为

用顺序查找确定所在块：

$$\mathrm{ASL}_{bs} = \frac{1}{b}\sum_{j=1}^{b} j + \frac{1}{s}\sum_{i=1}^{s} i = \frac{b+1}{2} + \frac{s+1}{2} = \frac{1}{2}\left(\frac{n}{s}+s\right)+1$$

用折半查找确定所在块：

$$\mathrm{ASL}_{bs} \approx \log_2\left(\frac{n}{s}+1\right) + \frac{s}{2}$$

7.3　二叉排序树查找

二叉排序树(binary sort tree)又称二叉查找树(binary search tree)，是应用于实现动态查找表的一种重要数据结构，其理想状态为平衡二叉树。二叉排序树首先是二叉树，二叉树的递归定义适用于二叉排序树，二叉排序树在二叉树的基础上附加了自有的特性。二叉排序树可以是一棵空树，非空二叉排序树是具有下列性质的二叉树：①若左子树不空，则左子树上所有结点的关键字值均小于二叉树根结点的关键字值；②若右子树不空，则右子树上所有结点的关键字值均大于或等于二叉树根结点的关键字值；③左、右子树也分别为二叉排序树。图 7.8 给出了两棵二叉排序树示例。

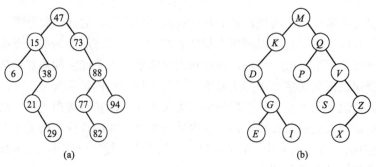

图 7.8　二叉排序树示例

二叉排序树的结点结构可以与一般二叉树的结点结构完全一致，为区分其与一般二叉树的类型说明符，单独对其结点类型定义如下。

```
typedef struct BSTreeNode    //二叉排序树结点类型
{
    ElemType data;
    AVLNode *leftchild;
    AVLNode *rightchild;
} *BSTree; //二叉排序树结点指针类型
```

二叉排序树的基本操作包括结点插入、创建二叉排序树、结点查找、结点数据更新、结点删除、清除二叉排序树等。

7.3.1　二叉排序树的创建与结点插入

1. 二叉排序树的插入

插入操作是二叉排序树最基本的操作，二叉排序树的创建就是通过一系列的调用插入操作算法实现的。插入算法首先为插入元素创建一个新结点并按元素值进行赋值，然后需要经过一定的搜索路径定位到插入位置实施插入。对空的二叉排序树进行结点插入时，直接将插入的新结点作为根结点，并将其地址赋值给二叉排序树指针；对非空树实施插入时，算法首先将插入元素的关键字与根结点的关键字进行比较，若小于根结点的关键字，则进入其左子树，否则进入其右子树，在子树中采用同样的搜索定位机制，直至搜索进入到空子树，此时空子树的位置即为结点插入位置；将插入结点作为叶子结点插入并与父结点链接，若进入的是左空子树，则插入结点作为左孩子结点与父结点左孩子指针链接，若进入的右空子树，则插入结点作为右孩子结点与父结点右孩子指针链接。

如对其关键字序列为{47，15，38，73，88，6，21，77，29，94，82}的一组记录，通过向最初为空的二叉排序树中逐个插入这些记录构建二叉排序树的过程如图7.9所示。如果这组记录的关键字呈现有序，显然通过插入法构建将得到一棵单枝树。

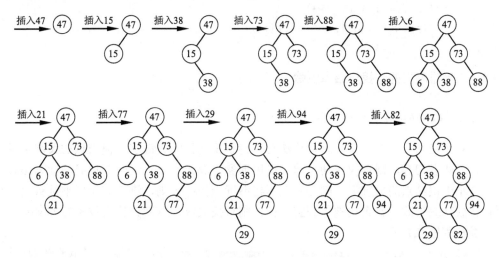

图 7.9　二叉排序树的构建过程示例

算法程序 7.5

```
void BST_Insert (BSTree &BST, ElemType item) //向二叉排序树中插入一个结点
{
    BSTreeNode *t=BST;
    BSTreeNode *parent=NULL;
    BSTreeNode *p=new BSTreeNode;
    p->data=item;
    p->leftchild=p->rightchild=NULL;
    while(t!=NULL) {
        parent=t;         //t准备指向其子树
        t=(item.key<t->data.key)?t->leftchild:t->rightchild;
    } //查找插入的位置(作为谁的孩子结点)
    if(parent==NULL) BST=p;
    else if(item.key<parent->data.key)
        parent->leftchild=p;
    else parent->rightchild=p;
}
```

2. 创建二叉排序树

二叉排序树插入操作算法是创建二叉排序树的基础算法,创建算法通过调用插入操作算法创建二叉排序树。算法对存储在顺序表 dataset 中含有 n 个元素的数据集合,通过 n 次调用插入算法函数,数据集合中的元素被逐个插入到最初为空的二叉排序树中,当最后一个元素插入后,即完成创建二叉排序树。

算法程序 7.6

```
void BST_Create (BSTree &BST, ElemType *dataset, int n) //创建二叉排序树
{
    BST=NULL;
    for(int i=0; i<n; i++)
        InsertBST(BST, dataset[i]);
}
```

7.3.2 二叉排序树的查找与结点删除

1. 二叉排序树查找的递归算法

在对非空二叉树实施查找时,算法首先将查找元素的关键字与根结点的关键字进行比较,若两者相等,则查找成功,通过引用形参提取元素值后返回查找成功标志 ture。若前者小于根结点的关键字,则进入左子树继续查找;否则,进入右子树继续查找,直至查找成功或失败;若查找进入到空子树,则查找失败,返回查找失败标志 false。

算法程序 7.7

```
bool BST_Search (BSTree &BST, ElemType &item) //二叉排序树查找的递归算法
```

```
{
    if(BST==NULL) return false;   //查找失败
    else {
        if(item.key==BST->data.key) {
            item=BST->data;         //查找成功
            return true;
        }
        else if(item.key<BST->data.key)
            return BST_Search(BST->leftchild, item);  //查找左子树
        else return BST_Search(BST->rightchild, item); //查找右子树
    }
}
```

2. 二叉排序树查找的非递归算法

算法程序 7.8

```
bool BST_Find (BSTree &BST, ElemType &item, bool display=false)
{ //查找非递归算法
    if(display) cout<<"查找路径:"<<endl;
    while(BST!=NULL) {
        if(display) cout<<BST->data.key<<endl;
        if(item.key==BST->data.key) {
            item= BST->data;//查找成功
            return true;
        }
        else if(item.key < BST->data.key)
            BST=BST->leftchild;      //进入左子树
        Else BST=BST->rightchild;    //进入右子树
    }
    return false;   //查找失败
}
```

3. 二叉排序树的结点删除算法

在二叉排序树中删去一个结点，删除操作后仍然保持二叉排序树结构性质，删除操作首先根据给定关键字查找并定位待删除结点，若待删除结点存在，则分三种情况讨论：

若删除结点 p 为叶子结点，由于该结点的删除并不影响排序二叉树的特性，故可以直接删除该结点。

若结点 p 为单支树或单子子树的根结点，则将其非空单支子树上升到它的位置，从而完成删除，即若 p 只有左子树，则将左子树的根结点替代结点 p；若 p 只有右子树，则将右子树的根结点替代结点 p。显然，上述删除操作未破坏二叉树的性质。

若结点 p 的左子树和右子树均不空，在删除结点 p 之后，为保持中序遍历下树中其

他元素之间的相对位置不变,最合理和有资格替代结点 p 的应是它的中序前驱结点或中序后继结点。假设采用中序前驱结点 s 替代,显然该结点无右子树,将结点 s 及其左子树 f 分别上升位移,首先将结点 s 的数据值复制并覆盖到 p 结点的值域,如果结点 s 的父结点就是结点 p,则将 s 的左指针值复制到 p 结点的左指针域;否则,将 s 的左指针值复制到其父结点的右指针域,此时完成 s 结点的上移动及其左子树对它的替代,最后删除原 s 结点。图 7.10 给出删除关键字为 38 和 88 两个结点的调整情形。

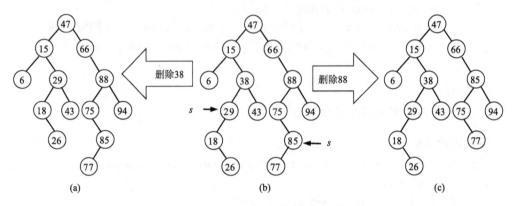

图 7.10　二叉排序树删除具有左右子树的结点实例

算法程序 7.9

```
bool DeleteNode(BSTree &BST, ElemType item) //删除二叉排序树的指定结点
{
    BSTreeNode *p=BST;
    BSTreeNode *parent=NULL;
    while(p!=NULL&&p->data.key!=item.key) { //查找删除结点及其父结点
        parent=p;       //p准备下降到parent的子树
        p=(item.key<p->data.key)?p->leftchild:p->rightchild;
    }
    if(p==NULL) return false; //查找失败返回
    if(p->leftchild==NULL||p->rightchild==NULL) { //p为单分支结点或叶结点
        BSTreeNode *s=(p->leftchild!=NULL)?p->leftchild:p->rightchild;
        if(p==BST)  BST=s;  //p为根结点
        else {  //将p的单支子树s(可能为空)交给父结点
            if(p==parent->leftchild)  parent->leftchild=s;  //s作为左孩子
            else parent->rightchild=s;   //s作为右孩子
        }
        delete p;
    }
    else {  //p为双分支结点
        parent=p;
        BSTreeNode *s=p->leftchild;
```

```
    while(s->rightchild!=NULL) { //查找p的中序前驱s及其父结点parent)
        parent =s;
        s=s->rightchild;
    }
    p->data=s->data;  //复制中序前驱结点的数据到p结点
    if(p==parent)  p->leftchild=s->leftchild;  //若p为中序前驱的父结点
    else parent ->rightchild=s->leftchild;
    delete s;
    }
    return true;
}
```

7.3.3 二叉排序树的查找性能分析

二叉排序树的查找性能取决于二叉排序树的形态或所有结点的平均深度，而二叉排序树的形态是由构建时插入元素关键字的排序状态决定的。从二叉排序树查找过程分析看，为了查找其关键字与给定值相同的结点，搜索从根结点开始沿路径向下与途经结点的关键字逐个比较，最坏的情形为查找结点是底层上的叶子结点，所以最大比较次数不会大于二叉排序树的深度。如果具有 n 个结点的二叉排序树的形态接近满二叉树和完全二叉树，或类似折半查找判定树的形态，这对查找是最为理想和有利的情形，其结点的查找长度与 $\log_2 n$ 同数量级。而对各种形态的二叉排序树而言，其查找的平均性能分析需要考虑所有可能等概率出现的二叉排序树形态，即考虑由插入元素关键字的各种排序导致的所有二叉排序树形态，研究证明，随机插入 n 个元素构建的二叉排序树的元素查找平均比较次数仍接近完全二叉树，平均时间亦为 $O(\log_2 n)$。

设 $p(n)$ 为查找随机插入 n 个元素构建的二叉排序树中一个结点的平均比较次数，在构树的 n 个元素关键字中，假设有 i 个元素因其关键字小于首元素的关键字而被置于二叉排序树的左子树中，$n-i-1$ 个元素因其关键字大于首元素的关键字而被置于二叉排序树的右子树中，显然，对一次随机插入 n 个元素构建的二叉排序树而言，查找树中任一结点的平均比较次数 ASL 满足：

$$ASL=\frac{1}{n}[1+i\times(p(i)+1)+(n-i-1)(p(n-i-1)+1)]$$

其中，$p(i)+1$ 为查找左子树中每一个元素关键字所用的平均比较次数；$p(n-i-1)+1$ 为查找右子树中每一个元素关键字所用的平均比较次数。基于构树输入元素排序的随机性，任一元素在输入序列中处于包括首位在内各个位置的概率相同，所以对上式取 $i=0,1,2,\cdots,n-1$ 的平均值，则有 $p(n)$ 的计算公式：

$$p(n)=\sum_{i=0}^{n-1}\frac{1}{n}[1+i\times(p(i)+1)+(n-i-1)\times(p(n-i-1)+1)]$$
$$=1+\frac{1}{n^2}\sum_{i=0}^{n-1}[i\times p(i)+(n-i-1)\times p(n-i-1)]$$

$$= 1 + \frac{1}{n^2}\sum_{i=0}^{n-1}[i \times p(i)] + \frac{1}{n^2}\sum_{i=n-1}^{0}[(n-i-1) \times p(n-i-1)]$$

$$= 1 + \frac{1}{n^2}\sum_{i=0}^{n-1}[i \times p(i)] + \frac{1}{n^2}\sum_{i=0}^{n-1}[i \times p(i)]$$

由于 $i=0$ 时，$i \times p(i)=0$，所以有

$$p(n) = 1 + \frac{2}{n^2}\sum_{i=1}^{n-1}[i \times p(i)] \qquad n \geqslant 2$$

采用归纳法可以证明上式有显式的上界表达式，这里具体证明略。

$$p(n) \leqslant 1 + 4\log_2 n$$

由此可见，随机情形下构建的二叉排序树的元素平均查找长度和 $\log_2 n$ 同数量级。尽管如此，有研究表明，在大约一半以上的情形下，二叉排序树元素查找的比较次数要大于这一估计。

以图 7.8(a)所示具有 11 个结点的二叉排序树为例，其形态与相同结点数的完全二叉树较为接近，其结点的最大查找长度不超过树深 5，但这棵二叉排序树结点的平均查找长度为 ASL=(1×1+2×2+3×3+3×4+2×5)/11≈3.27。对二叉排序树中的所有结点而言，如果每个结点的左、右分支子树的深度大致相等，则表现为较为平衡的二叉排序树形态，这是有效构建和维护二叉排序树时追求的理想目标形态，下一节将详细讨论相关内容。

7.4　平衡二叉树

7.4.1　平衡二叉树的定义

如果一棵二叉排序树中任何结点的左子树和右子树的深度相差均不超过 1，即二叉排序树本身及其中任何子树的左右分支树大致保持平衡，满足这一性质二叉排序树的深度大致为 $\log_2 n$，它是发挥二叉排序树最佳查找性能所追求的较为理想的形态，通常称为平衡二叉树(balanced binary tree)。平衡二叉树以及维护其平衡性的插入和删除操作方法最早由两位前苏联学者 Adelson-Velskii 和 Landis 于 1962 年提出，以他们名字命名的平衡二叉树又称 AVL 树，另一种平衡二叉树是红-黑树。二叉排序树中结点的右子树深度与左子树深度的差值定义为该结点的平衡因子，显然平衡二叉树任意结点的平衡因子在 –1 和 1 之间。图 7.11(a)为平衡二叉树，图 7.11(b)和图 7.11(c)为非平衡二叉树。

平衡二叉树结点类型定义在二叉树结点类型定义的基础上增加了描述以结点为根二叉树深度的字段 depth，平衡二叉树的结点类型符为 AVLNode，结点指针类型符为 AVLTree，其定义如下：

```
typedef struct AVLNode   //平衡二叉树结点类型
{
    ElemType data;
    int depth;  //当前树的深度
    AVLNode *leftchild;
```

```
    AVLNode *rightchild;
} *AVLTree;
```

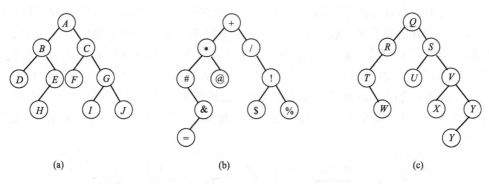

图 7.11　平衡二叉树和非平衡二叉树示例

维护平衡二叉树的方法就是要确保在向树中插入结点或从树中删除结点均以不破坏二叉树的平衡性为前提实施操作，这能保证通过插入一系列结点构建的二叉排序树是平衡的。下面就保持二叉树平衡的结点插入方法和结点删除方法分别进行讨论。

7.4.2　平衡二叉树的插入与创建

假设二叉排序树中结点 A 为因插入结点失去平衡的最小子树根结点，它距离插入结点最近且平衡因子绝对值大于 1，现对失去平衡后进行平衡性恢复调整的 4 种情形讨论如下。

情形 1：新增结点插入前的子树如图 7.12(a)所示，结点 A 有深度为 h 的左子树 T_1 和深度为 $h+1$ 的右子树，结点 B 的左、右子树 T_2、T_3 深度均为 h，显然，树的中序序列为 T_1, A, T_2, B, T_3，结点 A 的平衡因子为 1，结点 B 的平衡因子为 0。若插入结点因关键字大于结点 A 和 B 的关键字而被置于结点 B 的右子树 T_3 的底部并使 T_3 的深度增加到 $h+1$，则导致结点 B 的平衡因子变为 1，结点 A 的平衡因子变为 2，从而破坏了 A 子树的平衡，如图 7.12(b)所示。解决的方法为：对子树实施向左旋转，使结点 A 成为结点 B 的左孩子，结点 B 的左子树 T_2 成为结点 A 的右子树，旋转结果子树如图 7.12(c)所示。此时，结点 A 和 B 的平衡因子均变为 0，子树深度与插入前相同，其中序序列仍然为 T_1, A, T_2, B, T_3。

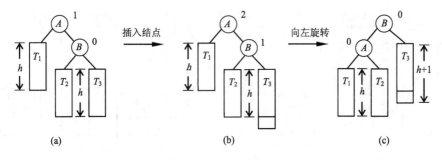

图 7.12　向平衡二叉树插入结点导致失衡后通过左旋转恢复平衡示意

情形 2：新增结点插入前的树如图 7.13(a)所示，结点 A 有深度为 $h+1$ 的左子树和深度为 h 的右子树 T_3，结点 B 的左、右子树 T_1 和 T_2 深度均为 h，显然，树的中序序列为 T_1, B, T_2, A, T_3，结点 A 的平衡因子为-1，结点 B 的平衡因子为 0。若插入结点因关键字小于结点 A 和 B 的关键字而被置于结点 B 的左子树 T_1 的底部并使 T_1 的深度增加到 $h+1$，则导致结点 B 的平衡因子变为-1，结点 A 的平衡因子变为-2，从而破坏了 A 子树的平衡，如图 7.13(b)所示。解决的方法为：对子树实施向右旋转，使结点 A 成为结点 B 的右孩子，结点 B 的右子树 T_2 成为结点 A 的左子树，旋转结果子树如图 7.13(c)所示。此时，结点 A 和 B 的平衡因子均变为 0，子树深度与插入前相同，其中序序列仍然为 T_1, B, T_2, A, T_3。

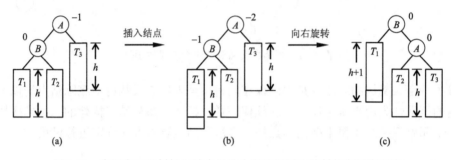

图 7.13　向平衡二叉树插入结点导致失衡后通过右旋转恢复平衡示意

情形 3：新增结点插入前的子树如图 7.14(a)所示，结点 A 有深度为 h 的左子树 T_1 和深度为 $h+1$ 的右子树，结点 B 的左右子树深度均为 h，显然，子树的中序序列为 T_1, A, T_2, C, T_3, B, T_4，结点 A 的平衡因子为 1，结点 B 的平衡因子为 0。若插入结点因关键字大于 A 小于 B 的关键字而被置于 B 的左子树的底部，并使结点 C 的其中一棵子树的深度增加到 h，则导致结点 B 的平衡因子变为-1，A 的平衡因子变为 2，从而破坏了 A 子树的平衡，如图 7.14(b)所示。解决的方法为：先对结点 A 的右子树实施向右旋转，使结点 C 成为结点 A 的右孩子，结点 B 成为结点 C 的右孩子，结点 C 的右子树 T_3 成为 B 的左子树，旋转结果如图 7.14(c)所示；然后，再对结点 A 为根的子树实施向左旋转，使结点 A 成为结点 C 的左孩子，结点 C 的左子树 T_2 成为结点 A 的右子树，旋转结果子树如图 7.14(d)所示。此时，结点 C 平衡因子为 0，A 的平衡因子为 0 或-1，B 的平衡因子为 0 或 1，子树的中序序列仍然为 $T_1, A, T_2, C, T_3, B, T_4$，深度与插入前相同。

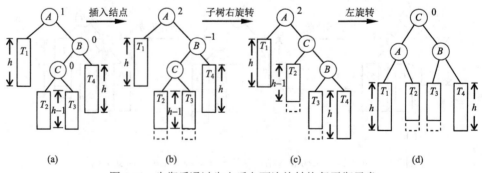

图 7.14　失衡后通过先右后左两次旋转恢复平衡示意

情形 4：新增结点插入前的子树如图 7.15(a) 所示，结点 A 有深度为 h+1 的左子树和深度为 h 的右子树 T_4，结点 B 的左右子树深度均为 h，显然，子树的中序序列为 $T_1, B, T_2, C, T_3, A, T_4$，结点 A 的平衡因子为 -1，结点 B 的平衡因子为 0。若插入结点因关键字小于 A 大于 B 的关键字而被置于 B 的右子树的底部，并使结点 C 的其中一棵子树的深度增加到 h，则导致结点 B 的平衡因子变为 1，A 的平衡因子变为 -2，从而破坏了 A 子树的平衡，如图 7.15(b) 所示。解决的方法为：先对结点 A 的左子树实施向左旋转，使结点 C 成为结点 A 的左孩子，结点 B 成为结点 C 的左孩子，结点 C 的左子树 T_2 成为 B 的右子树，旋转结果如图 7.15(c) 所示；然后，再对结点 A 为根的子树实施向右旋转，使结点 A 成为结点 C 的右孩子，结点 C 的右子树 T_3 成为结点 A 的左子树，旋转结果子树如图 7.15(d) 所示。此时，结点 C 平衡因子为 0，A 的平衡因子为 0 或 1，B 的平衡因子为 0 或 -1，子树的中序序列仍然为 $T_1, B, T_2, C, T_3, A, T_4$，深度与插入前相同。

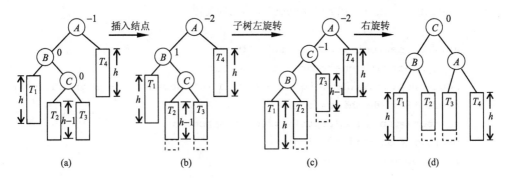

图 7.15　失衡后通过先左后右两次旋转恢复平衡示意

深度函数 Depth 是平衡二叉树插入算法调用的基本函数，该函数按照二叉树 T 的深度分量返回当前二叉树 T 的深度。

算法程序 7.10

```
int Depth(AVLTree &T)  //平衡二叉树T的深度
{
    return (T==NULL)?0:T->depth;
}
```

左向旋转操作是恢复右倾后失衡二叉树成为平衡二叉树的必要手段，该实现函数首先将二叉树原根结点 root 的右子树交由新根结点指针 newroot 指向，然后将原根结点的中序后继子树即 newroot 的左子树作为 root 的右子树，更新结点 root 对应树的深度，原根结点 root 作为新根结点 newroot 的左孩子，更新结点 newroot 对应树的深度，最后用 newroot 更新 root，即完成左向旋转。

算法程序 7.11

```
void Rotate_Left(AVLTree &root)  //左向旋转
{
    AVLTree newroot=root->rightchild;
    root->rightchild=newroot->leftchild;
```

```
    root->depth=max(Depth(root->leftchild), Depth(root->rightchild))+1;
    newroot->leftchild=root;
    newroot->depth=max(Depth(newroot->leftchild),
    Depth(newroot->rightchild))+1;
    root=newroot;
}
```

右向旋转操作是恢复左倾后失衡二叉树成为平衡二叉树的必要手段，该实现函数首先将二叉树原根结点 root 的左子树交由新根结点指针 newroot 指向，然后将原根结点的中序前驱子树即结点 newroot 的右子树作为 root 的左子树，更新结点 root 对应树的深度，原根结点 root 作为新根结点 newroot 的右孩子，更新结点 newroot 对应树的深度，最后用 newroot 更新 root，即完成右向旋转。

算法程序 7.12

```
void Rotate_Right(AVLTree &root)  //右向旋转
{
    AVLTree newroot=root->leftchild;
    root->leftchild=newroot->rightchild;
    root->depth=max(Depth(root->leftchild), Depth(root->rightchild))+1;
    newroot->rightchild=root;
    newroot->depth=max(Depth(newroot->leftchild),
    Depth(newroot->rightchild))+1;
    root=newroot;
}
void InsertAVL(AVLTree &T, ElemType item)  //向平衡二叉排序树中插入一个结点
{
    if(T==NULL) {
        T=new AVLNode;
        T->data=item;
        T->depth=1;
        T->leftchild=NULL;
        T->rightchild=NULL;
        return ;
    }
    else if(item.key<T->data.key) {  //插入关键字小于根结点关键字
        InsertAVL(T->leftchild,item);  //插入到左子树
        if(Depth(T->rightchild)-Depth(T->leftchild)<-1) { //平衡因子小于-1
            if(item.key<T->leftchild->data.key)
                Rotate_Right(T); //右向旋转当前树
            else {
                Rotate_Left(T->leftchild);  //左向旋转左子树
                Rotate_Right(T);  //右向旋转当前树
            }
        }
```

```
    }
    else if(item.key>T->data.key) { //插入关键字大于根结点关键字
        InsertAVL(T->rightchild,item); //插入到右子树
        if(Depth(T->rightchild)-Depth(T->leftchild)>1) { //平衡因子大于1
            if(item.key>T->rightchild->data.key)
                Rotate_Left(T); //左向旋转当前树
            else {
                Rotate_Right(T->rightchild); //右向旋转右子树
                Rotate_Left(T); //左向旋转当前树
            }
        }
    }
    T->depth=max(Depth(T->leftchild),Depth(T->rightchild))+1; //更新子树深度
}
void CreateAVL(AVLTree &AVL, ElemType *dataset, int n) //创建平衡二叉排序树
{
    AVL=NULL;
    for(int i=0; i<n; i++) InsertAVL(AVL, dataset[i]);
}
```

7.4.3　平衡二叉树的结点删除

在平衡二叉树中删除符合给定关键字值的结点操作将导致二叉树的变形进而可能破坏树中一些结点的平衡性，使平衡二叉树蜕变为二叉排序树，所以每一次删除操作后需要对二叉树中那些左右失衡的结点树进行扶正调整。平衡二叉树中删除一个结点的删除操作部分与二叉排序树基本一致，也是将删除结点分为叶子结点、单分支结点和双分支结点 3 种情形。其中叶子结点或单分支结点的删除相对简单，直接将其父结点对叶子结点的链接地址变为 NULL，或对单分支结点的链接地址变为其非空子树的地址，然后删除该结点；而对双分支结点的删除处理则是将它的中序前驱结点的数据拷贝到该双分支结点，然后实际删除该中序前驱结点。如图 7.16 (a) 所示，欲删除关键字为 26 的结点 t，实际先将其前驱即关键字为 18 的结点值复制到结点 t，然后删除关键字原为 18 的结点，如图 7.16 (b) 所示。显然，被删结点不是叶子结点就是单分支结点，故删除结点的 3 种情形实际化简为前 2 种简单情形。增加的操作是对可能失去平衡的二叉排序树进行平衡化处理部分。

对叶子结点或单分支结点的删除必定会降低上层若干结点相应分支树的深度，有可能打破其中有些结点对应二叉树的平衡，所以需要对实际删除结点的父结点到根结点途径上的所有结点所对应的二叉树进行平衡性检测，对平衡因子大于 1 或小于–1 的结点树进行旋转扶正处理。为此，删除操作将从根结点开始到实际删除结点查找路径上的结点地址逐个压入预先设置好的栈中，待查找到的结点删除后，通过一系列的出栈操作实现对路径结点的回溯，对回溯到的每个结点 t，若其平衡因子的绝对值小于等于 1，则不做处理；若其平衡因子大于 1，则需对 t 根二叉树做左向旋转处理，旋转前若 t 的右子树左

深右浅，还需先对 t 的右子树做右向旋转，如图 7.16 所示；若其平衡因子小于 1，则需对 t 根二叉树做右向旋转处理，旋转前若 t 的右子树左浅右深，还需先对 t 的左子树做左向旋转，如图 7.17 所示；继续回溯和平衡化处理直至栈空，此时即完成删除结点后平衡二叉树的恢复。

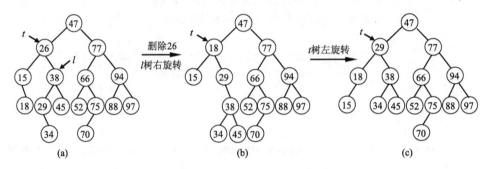

图 7.16　平衡二叉树删除具有左右子树的结点实例

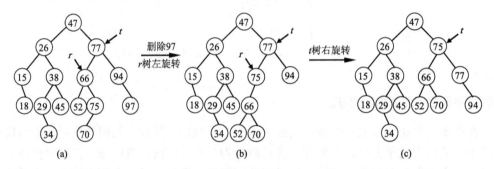

图 7.17　平衡二叉树删除可致失衡结点实例

实现平衡处理操作算法为 Balance 函数，其两个参数分别为待平衡二叉树根结点指针 T 和存放查找路径结点地址栈的栈顶指针 top，算法对需要旋转平衡的子树，经旋转处理后将新子树的根结点与原子树父结点相应孩子指针链接，对回溯到的每个结点，均需根据其左右子树的深度重新计算该结点对应树的深度；RemoveAVL 函数通过非递归方式实现删除平衡二叉树中指定关键字值结点并恢复蜕变树平衡的算法，以提高算法的可读性，函数的两个参数分别为平衡二叉树根结点指针 T 和存有删除关键字值的元素变量 item。

算法程序 7.13

```
void Balance(AVLTree &T, LinkStack *top) //平衡二叉排序树处理函数
{
    AVLNode *t;
    while(PopStack(top,t)) {
        AVLNode *parent=(top!=NULL)?top->data:NULL;
        AVLNode *s=t;
        int bf=Depth(t->rightchild)-Depth(t->leftchild); //结点t的平衡因子
        if(abs(bf)>1) {
```

```
            if(bf>1) {
                AVLNode *rc=t->rightchild;
                if(Depth(rc->rightchild)-Depth(rc->leftchild)<0)
                    Rotate_Right(t->rightchild); //右子树调整为左浅右深
                Rotate_Left(t);  //左向旋转
            }
            else {
                AVLNode *lc=t->leftchild;
                if(Depth(lc->rightchild)-Depth(lc->leftchild)>0)
                    Rotate_Left(t->leftchild); //左子树调整为左深右浅
                Rotate_Right(t); //右向旋转
            }
            if(parent!=NULL) { //子树旋转后其根与对应的指向链接
                if(parent->leftchild==s) parent->leftchild=t;
                else parent->rightchild=t;
            }
            else T=t;
        }
        t->depth=max(Depth(t->leftchild),Depth(t->rightchild))+1;
    }
}
bool RemoveAVL(AVLTree &T, ElemType item) //从平衡二叉排序树中删除结点
{
    LinkStack *top;
    InitStack(top);  //初始化栈
    AVLNode *p=T, *parent=NULL;
    while(p!=NULL&&p->data.key!=item.key) { //查找删除结点及其父结点
        parent=p;      //p准备下降到parent的子树
        p=(item.key<p->data.key)?p->leftchild:p->rightchild;
        PushStack(top, parent);  //途径的父结点地址入栈
    }
    if(p==NULL) {
        ClearStack(top);
        return false;  //查找失败返回
    }
    if(p->leftchild==NULL||p->rightchild==NULL) { //p为单分支结点或叶子结点
        AVLNode *s=(p->leftchild!=NULL)?p->leftchild:p->rightchild;
        if(p==T)  T=s; //p为根结点
        else { //将p的单支子树s(可能为空)交给父结点
            if(p==parent->leftchild)  parent->leftchild=s; //作为左孩子
            else parent->rightchild=s;   //作为右孩子
        }
```

```
            delete p;
        }
        else {    //p为双分支结点
            parent=p;
            PushStack(top, parent);
            AVLNode *s=p->leftchild;
            while(s->rightchild!=NULL) {    //查找p的中序前驱s及其父结点parent)
                parent=s;
                PushStack(top, parent);
                s=s->rightchild;
            }
            p->data=s->data;    //复制中序前驱结点的数据到p结点
            if(p==parent)  p->leftchild=s->leftchild;    //若p为中序前驱的父结点
            else parent->rightchild=s->leftchild;
            delete s;
        }
        Balance(T,top);    //回溯并平衡化途径的结点树
        return true;
    }
```

　　以下是平衡二叉树创立、结点插入和结点删除算法的测试函数。测试函数以几乎递增排序这一最不利的关键字序列调用 CreateAVL 函数创建平衡二叉树。CreateAVL 函数对每个数据元素逐个调用 InsertAVL 函数插入到平衡二叉树中，最终完成平衡二叉树的创建。为便于分析平衡二叉树的结构，测试函数通过调用平衡二叉树先序遍历函数 AVLPreOrder 和中序遍历函数 AVLInOrder，输出创建的平衡二叉树和删除结点后的平衡二叉树以显示其平衡性。然后循环地对输入的非负值关键字值调用 RemoveAVL 函数，从平衡二叉树中删除符合指定关键字值的结点，并对其中序遍历和先序遍历，以验证其平衡性，直至输入的关键字值为负值为止。

算法程序 7.14

```
void AVLPreOrder(AVLTree T) //先序遍历平衡二叉树
{
    if(T!=NULL) {
        cout<<T->data.key<<","<<T->depth<<endl; //访问当前结点
        AVLPreOrder(T->leftchild);    //先序遍历T的左子树
        AVLPreOrder(T->rightchild);    //先序遍历T的右子树
    }
}
void AVLInOrder(AVLTree T) //中序遍历平衡二叉树
{
    if(T!=NULL) {
        AVLInOrder(T->leftchild);    //中序遍历T的左子树
        cout<<T->data.key<<","<<T->depth<<endl; //访问当前结点
```

```
        AVLInOrder(T->rightchild);  //中序遍历T的右子树
    }
}
void main()  //测试函数
{
    int n=17;
    ElemType element[100],item;
    int key[]={6,15,18,26,29,38,43,47,52,66,75,77,88,94,97,34,70};
    AVLTree BBT;
    for(int i=0; i<n; i++) {
        element[i].key=key[i]; //赋予关键字
        element[i].other=2*element[i].key+1; //模拟其他数据项
    }
    CreateAVL(BBT, element, n);
    cout<<"平衡二叉排序树中序遍历结果:"<<endl;
    AVLInOrder(BBT);
    cout<<"平衡二叉排序树先序遍历结果:"<<endl;
    AVLPreOrder(BBT);
    while(true) {
        cout<<"输入删除元素的关键字:";
        cin>>item.key;
        if(item.key<0) break;
        if(RemoveAVL(BBT, item)) {
            cout<<"平衡二叉排序树中序遍历结果:"<<endl;
            AVLInOrder(BBT);
            cout<<"平衡二叉排序树先序遍历结果:"<<endl;
            AVLPreOrder(BBT);
        }
        else cout<<"删除失败"<<endl;
    }
}
```

7.5　B 树与 R 树空间索引

前面讨论的查找算法所采用的数据结构都假定存储在计算机内存,面向的是内存信息的查找与访问。但在实际应用中,大型文件往往需要组织存储在外存中,如组织一个磁盘文件。尽管外存的容量可以很大,但其存取速度要比内存的存取速度慢得多,所以在外存组织文件并设计查找方法时必须考虑尽可能减少访问外存的次数。例如,磁盘上有一个具有 n 记录的文件被组织成具有 n 个结点的二叉平衡排序树形式,且每个记录存储在一个磁盘块中,其记录的平均查找长度为 $\log_2 n$,也就是查找一个记录平均需要 $\log_2 n$ 次的磁盘读取;若将该文件组织成一个具有 n 个结点的 m 叉平衡排序树形式,则查找一

个记录平均需要 $\log_m n$ 次的磁盘读取。显然，后一种文件组织形式记录的平均查找次数或磁盘读取次数是前者的 $1/\log_2 m$，假设 $m=64$，则两者相差 6 倍。

7.5.1　B 树及其定义

1972 年，美国普渡大学 R.Bayer 和 E. M. McCreight 提出一种面向外存组织信息的数据结构——B 树，它是一种多叉平衡搜索树，其插入、删除操作有简单的平衡算法，适合在外存上组织动态索引结构。在数据库系统中，B 树和它的变形结构具有广泛的应用。B 树的定义及操作如下。

一棵 m 阶 B 树，或为空树，或为满足下列特性对的 m 叉树：

(1)树中每个结点最多含有 m 棵子树。

(2)若根结点不是叶子结点，则至少有两棵子树。

(3)除根结点之外的所有非终端结点至少有 $\lceil m/2 \rceil$ 棵子树。

(4)所有非终端结点包含下列形式的信息 $(n, P_0, K_1, P_1, K_2, P_2, \cdots, K_n, P_n)$。

其中，n 为结点的关键字个数，$K_i(1 \leq i \leq n)$ 为按升序排序的关键字；$P_i(0 \leq i \leq n)$ 为指向子树根结点的指针，P_{i-1} 指向的子树中所有结点的关键字均小于 $K_i(1 \leq i \leq n)$，P_n 指向的子树中所有结点的关键字均大于 K_n，子树个数为 $n+1$。

(5)所有叶子结点都在同一层上，叶子结点不含任何关键字信息。

图 7.18 所示为一棵 4 阶 B 树，根结点具有 1 个关键字、2 棵子树，结点最多可以有 3 个关键字及相应的 4 棵子树，如结点 g。处于同一层次的叶结点可以看成是不存在的外部结点或查找失败的结点，指向这些结点的指针为空。

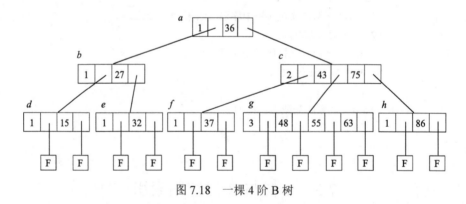

图 7.18　一棵 4 阶 B 树

从图 7.18 可以看出，B 树的所有层上的关键字都呈增序排列，且所有子树的终端结点均在一个层次上，如果对 B 树进行相应的中序遍历，可获得增序排列的关键字序列，所以 B 树实际上是一种平衡的多叉排序树。显然，对同样数量的终端结点而言，B 树的层次深度明显低于相应的平衡二叉排序树，这对降低查找路径长度、减少结点访问次数是非常有利的。在 B 树的设计中，通常将一个外存磁盘块大小作为一个结点的容量上限，根据磁盘块的大小、关键字的长度、磁盘块指针长度等可以确定 B 树相适宜的阶数。

7.5.2　B 树查找

由 B 树的定义可知，在 B 树上实施的查找过程与二叉排序树上的查找类似。例如，在图 7.18 所示 B 树上查找关键字 55 的过程为：首先从根结点 a 开始，55 大于根结点唯一的关键字 36，通过根结点的孩子指针 P_1 进入右侧子树 c，55 大于结点 c 的第一个关键字，但小于其第二个关键字，故通过结点 c 的指针 P_1 进入子树 g，55 大于结点 g 的第一个关键字，但等于其第二个关键字 55，查找成功。

一般而言，若查找关键字为 key 的记录，通过一个初始指向根的当前结点指针 p 和一个初始为 1 的 p 结点当前关键字序号 i。首先判断 p 是否为空，若 p 为空，则查找失败；若 p 非空，将 key 与 p 结点的当前关键字比较，若 key$<p$->key[i]，则 $p=p$->child[i-1]，即 p 进入结点的第 i 棵子树且 i 恢复初值 1，继续上述处理；若两者相等，则查找成功；若 key$>p$->key[i]，则 $i=i+1$，若 i 未超过 p 结点关键字数，继续上述关键字比较与处理，否则 p 进入结点的最后一棵子树且 i 恢复初值 1，继续上述处理。B 树查找算法见算法程序 7.15。

算法程序 7.15

```
#include "iostream.h"
#define Orders 5  //B树的阶数
typedef int keytype;
typedef struct BTreeNode //B树结点结构定义
{
    int keynum;    //B树结点最大关键字数(阶数m-1)
    keytype key[Orders +1];  //关键字数组
    BTreeNode *child[Orders +1]; //子树指针数组
    BTreeNode *parent; //父结点指针
} *BTree; //B树结点指针
struct result //查找结果数据结构
{
    int serial;    //关键字序号(大于0查找成功，小于0查找失败)
    BTreeNode *pt; //指针
};
result SearchBTree(BTree T, keytype key)
{
    BTreeNode *p=T;
    result r;
    int i=1;
    while(p!=NULL) {
        while(i<=p->keynum && key>p->key[i]) i++;
        if(i<=p->keynum&&key==p->key[i]) {
            r.pt=p;
            r.serial=i;
            return r; ;  //查找成功
```

```
            }
            else { p=p->child[i-1];  i=1; }  //进入子树
        }
        r.pt=NULL;
        r.serial=-1;
        return r;  //查找失败
    }
```

7.5.3　B 树的插入与删除

　　向 B 树中插入一个新关键字时，首先通过查找确定其应插入的结点，如果 B 树存在该关键字，则插入失败，因为 B 树中不允许有重复的关键字；如果不存在该关键字，则可将该关键字插入到查找路径上的最后一个内部结点中。假设 B 树叶结点在 h 层，新关键字将进入 $h–1$ 层的某个结点。例如，对图 7.18 所示 4 阶 B 树，插入关键字为 35，通过查找，该关键字应插入到结点 e，因为该结点未满，因此可直接插入，如图 7.19 所示。

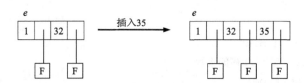

图 7.19　向一棵 4 阶 B 树插入关键字为 35 元素的局部示意

　　如果插入关键字 69，通过查找，该关键字应插入到结点 g，然而该结点已满（达到最大关键字数 $m–1=3$），因此不能直接插入，解决的方法是将结点 g 分裂成两个结点并插入该关键字，一个结点存有关键字 48 和 55，另一个结点存有关键字 63 和 69，并把中间关键字 63 上升到上一层父结点 c 中，即对父结点进行插入。如果父结点 c 的关键字数已满，又将引起 c 结点的分裂，在最不利情形下，这种分裂过程会向上传导到根结点，引发根结点分裂，从而使 B 树的深度增加一层。插入结果如图 7.20 所示。

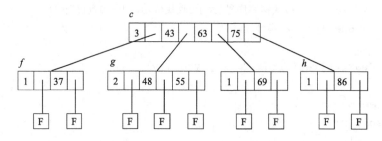

图 7.20　向一棵 4 阶 B 树插入关键字为 69 元素的局部示意

　　从 B 树中删除一个关键字操作的复杂程度与插入操作大致相当。假设 B 树的叶结点处在第 h 层，待删除关键字为 key，通过查找确定该关键字所在结点，如果该结点为最下层的非终端结点（处于 $h–1$ 层上），且其中的关键字数目不小于 $\lceil m/2 \rceil$，可直接删除；如果该关键字不在 $h–1$ 层上，需先将该关键字与其右侧子树中处于 $h–1$ 层的最小关字进行交换，然后删除交换到 h–1 层的指定关键字。例如，若要从图 7.18 所示 B 树中删除关键字 43，需先将关键字 43 与其右侧子树中的最小关键字 48 进行交换，再将其删除。

从 B 树中删除一个关键字的问题总是通过关键字交换转化为从 h–1 层的某个结点中删除一个关键字的问题，而从 h–1 层的某个结点 q 中删除一个关键字有下列三种可能的情形：

(1)若结点 q 中的关键字个数不小于$\lceil m/2 \rceil$，则直接删除其中的指定关键字。因为删除指定关键字以后，q 结点中的关键字个数不小于$\lceil m/2 \rceil$–1，可确保至少有$\lceil m/2 \rceil$棵子树。

(2)若结点 q 中的关键字个数等于$\lceil m/2 \rceil$–1，直接删除指定关键字将导致 B 树的性质被破坏，但与结点 q 相邻的某个兄弟结点的关键字数目大于$\lceil m/2 \rceil$–1，此时可从该兄弟结点借取一个关键字名额到 q 结点。假设 q 结点的左邻兄弟结点的关键字数目大于$\lceil m/2 \rceil$–1，则将 q 结点对应父结点中的前驱关键字下移到 q 结点的最左侧，再将左邻兄弟结点的最大关键字上移到父结点中刚腾出的位置，删除 q 结点中的指定关键字。若 q 结点的右邻兄弟结点的关键字数目大于$\lceil m/2 \rceil$–1，其相应操作类似。

(3)若结点 q 和其左右相邻兄弟结点的关键字数目均为$\lceil m/2 \rceil$–1，此时在删除结点 q 中的指定关键字后只能执行结点 q 与左兄弟结点或右兄弟结点的合并操作。假设结点 q 与存在的左兄弟结点合并，父结点中的相应关键字由于原对应子树已不存在而不再保留，该关键字将从父结点下移并入到合并结点，父结点关键字的减少有可能导致其关键字数目小于$\lceil m/2 \rceil$–1，若是这样，则需继续调整，在最不利情形下，这种合并过程会波及根结点，从而使 B 树的深度降低一层。

7.5.4 B+树

B 树的一种变形是 B+树，它是 B 树的特殊形式，B+树的叶结点上存储了全部关键字以及相应记录的地址，叶结点以上各层作为索引使用。索引层中结点的关键字是其子树中最大关键字的复写，叶结点按照关键字由小到大顺序链接。

一棵 m 阶的 B+树的定义如下：

(1)每个结点至多有 m 棵子树；

(2)除根结点外，每个结点至少有$\lceil m/2 \rceil$棵子树，根结点至少有 2 棵子树；

(3)有 n 棵子树的结点必有 n 个关键字；

(4)叶结点处在同一层，且按照关键字由小到大顺序链接。

图 7.21 所示为一棵 3 阶 B+树。B+树有两个重要的指针，一个指向 B+树的根结点，另一个指向 B+树关键字最小的叶结点。B+的查找操作可以由两种方式，一种从根结点开始的随机查找，另一种是从最小关键字结点开始基于终端层叶结点单向链表的顺序查找。

在 B+树进行的随机查找、插入、删除的操作过程基本与 B 树类似，但也有所不同，在查找过程中当索引层中某个结点的关键字等于给定值时，并不停止查找，而是继续沿这个关键字对应的指针向下搜索，一直查找到该关键字所在的叶结点为止。

插入时，向一个全满的(已含有关键字)结点插入一个新关键字时，这个结点被分裂成两个各含$\lceil (m+1)/2 \rceil$个关键字的结点，并将这两个结点中的最大关键字复写到上一层的对应结点中。删除时，叶结点中某个关键字被删除后，该关键字在索引部分的复写可以保留，作为一个"分界关键字"存在，如果因为删除关键字而使某个结点的关键字个数小于$\lceil m/2 \rceil$，则将引起相关结点的合并，其方法与 B 树的结点合并操作类似。

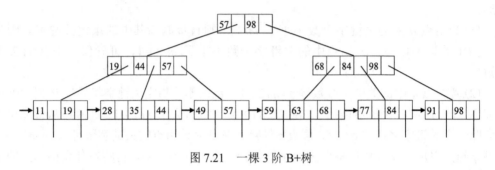

图 7.21　一棵 3 阶 B+树

7.5.5　R 树空间索引

空间索引(spatial index)是根据空间数据对象的位置或对象之间的空间关系按照一定规则组织的数据结构，其目标是实现空间数据对象的高效搜索、存储和管理。作为空间数据库的一种关键技术，空间索引的结构及其操作效率直接影响空间数据库的性能。R 树空间索引是目前应用最广泛的动态空间索引结构之一，R 树是一种采用空间对象界定技术的高度平衡树，是 B 树在 k 维空间上的扩展与应用，它基于对象最小外界矩形(minimum bounding rectangle, MBR)对空间数据进行划分和操作。

R 树将空间对象按范围划分，若干相互接近的空间对象被组织或聚类成一个结点，每个结点都对应一个区域和一个磁盘页，非叶结点的磁盘页中存储其所有子结点的区域范围，非叶结点的所有子结点的区域都落在它的区域范围之内；叶结点的磁盘页中存储其区域范围之内的所有空间对象的外接矩形。每个结点所能拥有的子结点数目按其所处的层次有确定的下限和上限，下限确保对磁盘空间的有效利用，上限确保每个结点对应一个磁盘页，当插入导致某结点的空间大于一个磁盘页时，将对该结点实施分裂操作；当删除导致某结点的子结点数小于 R 树规定时，将对该结点实施与邻近结点的合并操作。由于 R 树是一种动态索引结构，对它的插入或删除操作不会影响对它的查找操作。

R 树上有两类结点：叶子结点和非叶子结点。每一个结点由若干个索引项构成。对于叶子结点，索引项形如(Index，Obj_ID)。其中，Index 表示包围空间数据对象的最小外接矩形 MBR，Obj_ID 标识一个空间数据对象。对于一个非叶子结点，它的索引项形如(Index，Child_Pointer)，Child_Pointer 指向该结点的子结点，Index 指一个矩形区域，该矩形区域是包含子结点上所有索引项 MBR 的最小矩形区域。图 7.22 所示为一棵 R 树的示例。

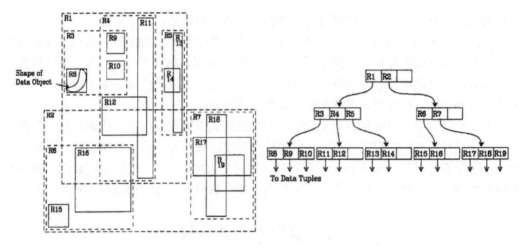

图 7.22 R 树示例(据 Guttman, 1984)

为了避免 R 树由于兄弟结点的重叠而产生的多路径查询问题,1987 年 Sellis 等提出了 R+树,R+树与 R 树类似,主要区别在于 R+树采用对象分割技术,要求跨越子空间的对象必须分割成两个或多个 MBR,使兄弟结点对应的空间区域无重叠,以提高其检索性能。R+树虽然解决了 R 树点查询中的多路径搜索问题,但同时也带来了其他问题,如冗余存储增加了树的高度,降低了域查询的性能;在构造 R+树的过程中,结点 MBR 的增大会引起向上和向下的分裂,导致一系列复杂的连锁更新操作等。图 7.23 给出 R+树示例,其中实线矩形框表示单个空间对象的 MBR,虚线矩形框表示空间聚合对象的 MBR。

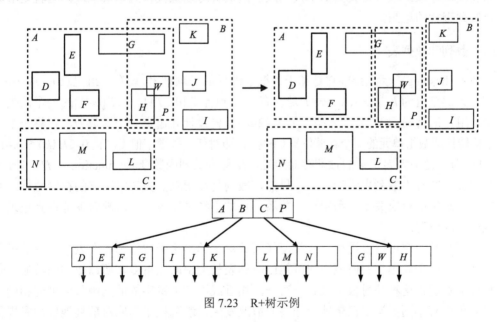

图 7.23 R+树示例

R 树是非常适合用来存储二维和多维空间数据的数据结构,可以为不同大小和形态的地理对象创建树形索引,具有很高的查找效率。查找时根据待查找对象的外接矩形从

R 树的根结点开始搜索，若查找对象的外接矩形被当前树结点的某个索引项包含或与其相交时，则进入到相应的孩子结点继续搜索，直至搜索到对象所在的叶结点并返回对象为止，搜索路径长度为 R 树的深度。与 B 树的插入和删除操作类似，当向一个已满的结点插入时，需要采用结点分裂算法；当删除将导致结点中的索引项低于下限时，需要采用结点合并算法，同时还须保持操作后 R 树的平衡性。

由于空间对象和空间操作的复杂性，利用空间索引有效进行空间检索是空间数据库的一项关键技术，R 树空间索引在有效支持多种空间操作方面具有独特优势。近年来，许多专家学者针对基于 R 树的空间查询算法进行了大量的研究，这些空间查询主要涉及精确匹配查询、点查询、窗口查询、域查询、拓扑查询、最近邻查询和空间连接等。

7.6　散列表及其查找

在前面讨论的面向线性表和树表的查找中，查找一个记录需要进行一系列的比较，比较次数的多少取决于所采用的数据结构及其相适应的查找算法，如在具有 n 个记录的顺序表中查找一个记录平均要对表中一半记录进行比较，而有序顺序表折半查找、静态树表和二叉查找树查找大约需进行 $\log_2 n$ 次比较。可以看出，这些结构中数据记录的相对位置或地址是随机的，尽管可以进行有序化和转为树表等预处理，但记录关键字与记录地址之间仍然不存在确定的关系,逼近和确认定位到待查找记录的唯一方式就是比较。如果在记录关键字与记录地址之间建立某种函数映射关系，并将数据按这种关系组织在一张表里，存取记录时将其关键字代入映射函数就可以直接得到记录地址，这就是散列表及散列查找的思想。

7.6.1　散列和散列表

散列(hashing)又称哈希,它是基于关键字编址的一项技术。设有一组记录 $r_1, r_2, \cdots, r_n$,对应的关键字值为 $k_1, k_2, \cdots, k_n$，表 T 是含有 m 个单元 $T[0], T[1], \cdots, T[m-1]$ 的一个同类型记录数组，通常 m 要比 n 大一些，如 $m=2n$，预先设计并选定一个函数 H，它将一个关键字值转换成数组单元的一个存储位置(下标)，即对任一关键字值 k_i，有 $0 \leqslant H(k_i) \leqslant m-1$，$H(k_i)$ 作为关键字为 k_i 记录的预期存储地址，H 称为散列函数(hash function)，$H(k_i)$ 称为散列地址，T 称为散列表或哈希表。显然，散列是在记录的关键字和它的存储地址之间建立一个确定的对应关系，利用这一关系，基本不经过比较，一次映射就能得到记录应在或所在的位置。

散列函数设定可以很灵活，只要使任何关键字的哈希函数值都落在表长允许的范围之内即可。由于关键字的值域空间可能比散列表长度空间大得多，所以散列函数通常是一种压缩映射，这种映射很难做到一对一，相近或不同关键字的散列函数值可能相同，所以难免会有不同关键字记录地址冲突的情况发生，散列技术为应对散列地址冲突提供了一系列可供选择的方法。

7.6.2 散列函数构造

对散列函数的最基本要求是其定义域必须覆盖记录关键字可能的最大值域，若设置的散列表长度为 m，散列函数的值为 $0\sim m-1$ 之间的整数，即散列函数值域为 $[0, m-1]$。其次是散列函数尽可能将并非完全均匀分布的关键字较为均匀地映射到整个地址空间范围内，此外，散列函数应遵从简约高效原则。具体可根据记录关键字及其值域特征和散列表的大小，有针对性地构造相适应的散列函数。散列函数的构造方法主要有直接定址法、除留余数法、数字分析法、平方取中法、折叠法等，下面具体介绍。

1. 直接定址法

直接定址法就是以关键字或关键字的线性函数值作为记录的散列地址，即

$$H(\text{key}) = a \times \text{key} + b$$

其中，a 和 b 为常数，当 $a=1$，$b=0$ 时，简化为直接取关键字值作为记录的散列地址。

这种方法计算简单，所有关键字经散列函数获得的地址集合与关键字集合大小相同，而且关键字不同散列得到的地址也不同，所以不会发生冲突。直接定址法适用于关键字分布基本连续或基本均匀(等间距)的情形，如果关键字分布不连续且不均匀，对应的散列地址也不连续，将会造成一些存储空间的闲置和浪费。

例如，对于关键字集合 {8510, 8520, 8530, 8540, 8550, 8560, 8570, 8580, 8590}，选取的散列函数为 $H(\text{key}) = x/10 - 850$，则构造的散列表如图 7.24 所示。

0	1	2	3	4	5	6	7	8	9
	8510	8520	8530	8540	8550	8560	8570	8580	8590

图 7.24 直接定址法示例

2. 除留余数法

假设散列表的长度为 m，其单元地址范围为 $0\sim m-1$，取关键字被某个不大于 m 的素数(质数) p 除后所得的余数作为散列地址，即

$$H(\text{key}) = \text{key mod } p \qquad p \leqslant m$$

这是一种最简单和常用的散列函数构造方法，其中除数的选取很重要，如果 p 选择得不好，容易造成不同关键字散列地址的冲突。经验表明，当 p 为素数时，散列函数值的分布会较为均匀，散列表所有地址被映射的概率大致相等，从而降低发生地址冲突的可能性。如果在构造散列表时直接将其长度 m 确定为大于实际记录总数 n 一定比例的某个素数，如 m 为大于 $3n/2$ 的最小素数，则可以取 m 作为散列函数的除数，即 $p=m$，散列值范围为 $0\sim m-1$。

3. 数字分析法

如果关键字的数字位数相对地址位数长较多，并且所有记录的关键字在有些数字位

上取值较为集中，而在另一些数字位上取值相对分散，则可以取能够体现记录差异的那些数字位上的数做某种组合拼装或复合计算得到散列地址，这就是数字分析法。显然，数字分析法基于对记录集合关键字在各位上的差异性分析。

例如，如图 7.25 所示，有一组 80 个记录，关键字均为 8 位十进制数，采用长度为 100 的散列表存储，地址范围 00~99。经对代表性关键字的分析发现，关键字的第 1 位、第 2 位、第 3 位上各记录的位值没有变化，在关键字的第 8 位上各记录的位值集中在 2、7 和 5。显然，关键字的这些位值不宜作为计算记录散列地址的依据，故取关键字的第 4~7 位中的任意两位与另外两位数字的叠加作为散列地址，如取第 4 位和第 5 位与第 6 位和第 7 位两个两位数叠加（舍去进位），或取第 4 位和第 6 位与第 5 位和第 7 位两个两位数叠加，得到 00~99 之间的散列地址值。

```
8  6  3  4  6  5  8  2      分析：
8  6  3  7  5  2  4  2        ①只取8
8  6  3  8  7  4  1  2        ②只取1
8  6  3  0  1  3  6  7        ③只取3、4
8  6  3  2  3  8  2  5        ⑧只取2、7、5
8  6  3  3  4  9  6  7        ④⑤⑥⑦数字分布较为均匀
8  6  3  6  8  5  3  7      散列计算：
8  6  4  1  9  3  5  5        取④⑤⑥⑦任意两位或两位与另两
①  ②  ③  ④  ⑤  ⑥  ⑦  ⑧    位的叠加作散列地址
```

图 7.25　80 个记录中代表性关键字的数字分析

4. 平方取中法

如果记录的关键字为整数，将关键字值平方，取其中间几位作为相应的散列函数值。因为一个整数经平方后的中间几位与这个数的每一位有关，即使值较为接近的不同关键字各自经平方后，它们二次幂中间位置上的数值仍存在较大差异，因而该方法可有效降低发生冲突的可能性，平方取中法在字典处理中有广泛应用。

例如一组记录中有 3 个典型记录的关键字分别为 key_i=456，key_j=457，key_k=458，显然，这 3 个记录的关键字较为接近，对它们平方后有 key_i^2=207936，key_j^2=208849，key_k^2=209764，若散列表的长度为 m=100，则可取 3 个关键字平方的中间两个数 79、88 和 97 分别作为 3 个记录的散列地址值。

如果关键字为单词，一般先按组成单词的字符顺序逐个转换成相应内码并串接成整型数形式，如单词 Find 按各字符 ASCII 码与起始字符 A 的 ASCII 码差值得到内码序列 {5,40,45,35}，串接构成整数为 5404535。

5. 折叠法

折叠法适于关键字位数较长且每一位上数字分布大致均匀的情况。折叠法把记录关键字从低位到高位分割成几个位数相同的部分（分段），每个部分的位数应与散列表地址位数相同，若最后一部分的位数不足，则在其高位补 0 至相同位数。散列计算取这些分割部分数据的叠加值作为记录的散列地址，叠加和的高位进位须截断舍去，以保持与散列表地址位数一致，如果叠加结果大于最大散列地址 $m-1$，则采用除数为 m 的模运算进行处理。

有移位叠加和间界叠加两种叠加方法。移位叠加将分割后的几部分低位对齐相加；间界叠加从一端沿分割界来回折叠，以折叠后的对齐方式进行叠加。例如，某记录的关键字为 4271836359，散列地址位数为 4，图 7.26 所示分别采用两种折叠法得到不同的两个散列地址。

图 7.26　移位叠加和间界叠加示例

7.6.3　冲突及其解决方法

当存储记录到散列表时，按照记录关键字 key 用散列函数 H 映射的预期记录地址 H(key) 所指空间可能已被其他记录先期占用，同样，查找散列表中的某个记录时，按照给定值用散列函数映射的记录预期地址空间内的记录可能并不是要查找的记录，这就是散列技术面临的冲突问题，这里将其散列函数值相同的关键字称为同义词。在散列表访问中出现冲突是难以避免的，冲突发生的概率与关键字本身的复杂性、散列函数的映射性能、散列表的大小及装填程度等有关。好的散列函数和恰当规模的散列表可以有效降低冲突发生的概率，反之，出现冲突的频率就会增大。冲突发生后需要有相应的解决冲突的机制，需要在散列表的范围内确定下一个可能的地址，即在表中寻找下一个空闲位置或记录所在位置。解决冲突的方法有开放定址法(open addressing)、双散列法、再散列法(rehashing)和链地址法(chaining)。

1. 开放定址法

开放定址法又称闭散列法，对存储记录而言，发生冲突时形成一个后续地址探查序列，沿此序列逐个地址探查，直到找到一个空闲位置(开放的地址)，将发生冲突的记录放到该地址中。对查找记录而言，发生冲突时形成同样的后续地址探查序列，沿此序列逐个查找，直至查找成功或失败。

对使用散列函数 H、具有 m 个单元、编址为 0～$m-1$ 的散列表，开放定址法将发生冲突的记录存放到后继地址 H_i 所指的空闲单元中。

$$H_i = (H(\text{key}) + d_i) \bmod m \qquad i = 1, 2, \cdots, k \quad (k \leqslant m-1)$$

其中，d_i 为增量序列，产生增量序列的方法及其增量序列有线性探测再散列、二次探测再散列、伪随机探测再散列。

线性探测再散列：d_i=1, 2, 3, $\cdots$, $m-1$。

二次探测再散列：$d_i=1^2, -1^2, 2^2, -2^2, 3^2, \cdots, \pm k^2$ ($k \leqslant m/2$)。

伪随机数探测再散列：$d_i=$伪随机数序列。

如果将散列表视为循环顺序表，存储（插入）记录时，线性探测再散列就是在首次冲突地址后面顺序地寻找最近的空闲单元，二次（平方）探测再散列可以采用双向探测方式，即在首次冲突地址的前后两个方向相继跳跃式地寻找空闲单元，其左右探测地址的增量序列为 1, –1, 4, –4, 9, –9, 16, –16, ···，即以自然数 2 次幂的方式逐渐增大左右探测跨度，如果出现 $H_i < 0$，则重复 $H_i = m + H_i$，直至 $H_i \geqslant 0$；二次探测再散列还可以采用单向探测方式，此时其增量序列 $d_i = 1, 4, 9, \cdots, k^2$ ($k \leqslant m/2$)。

例如，已知表长为 11 的散列表中已填有关键字分别为 28、71、62 的 3 个记录，散列函数为 $H(\text{key}) = \text{key mod } 11$，现有第 4 个记录需要填入，其关键字为 49，由散列函数得到的散列地址为 5，所指单元已存入关键字为 71 的记录，故产生冲突。若采用线性探测再散列方法处理，连续利用最初两个增量 1 和 2 再散列，得到地址 6 和 7 均冲突，直到利用增量 3 再散列时得到地址 8，不再冲突，填入关键字为 49 的记录到该地址单元；若采用二次探测再散列，利用增量 1 再散列得到地址 6 仍冲突，利用增量–1 再散列得到地址 4，不冲突，填入关键字为 49 的记录到该地址单元；若采用伪随机数探测再散列，假设产生的随机数为 9，则附加增量 9 再散列得到地址 3，不冲突，填入关键字为 49 的记录到该地址单元。

图 7.27 为用三种不同再散列方法填入关键字为 49 记录到长度为 11 的散列表中的结果。

0	1	2	3	4	5	6	7	8	9	10
			49	49	71	28	62	49		

伪随机数探测再散列　　二次探测再散列　　线性探测再散列

图 7.27　不同再散列法填入关键字为 49 记录到长度为 11 的散列表示意

(1) 线性探测再散列

$\quad H(49) = 49 \% 11 = 5$　　　冲突

$\quad H_1 = (5+1) \% 11 = 6$　　　冲突

$\quad H_2 = (5+2) \% 11 = 7$　　　冲突

$\quad H_3 = (5+3) \% 11 = 8$　　　不冲突

(2) 二次探测再散列

$\quad H(49) = 49 \% 11 = 5$　　　冲突

$\quad H_1 = (5+1^2) \% 11 = 6$　　　冲突

$\quad H_2 = (5-1^2) \% 11 = 4$　　　不冲突

(3) 伪随机数探测再散列

$\quad H(49) = 38 \% 11 = 5$　　　冲突

设伪随机数序列为 9，则：$H_1 = (5+9) \% 11 = 3$　　不冲突

线性探测方法容易产生"堆积"问题，如图 7.27 中所示在前期存入关键字为 71、28、

62 三个记录形成的区块后，任何散列到该区块的记录都会通过一次及以上的再散列后填入到该区块后部的空闲单元，进一步加剧"堆积"现象。二次探测再散列通过逐渐增长的探测跨度克服线性探测方法容易产生"堆积扩展"和"堆积加剧"问题，伪随机数探测再散列也可起到异曲同工的效果。

2. 双散列法

双散列函数法预先设计并配置一个备用的散列函数 H_S，它以关键字为自变量，映射产生一个 $0\sim m{-}1$ 之间且与 m 互质的整数作为探测序列的地址增量 $d{=}H_S(\text{key})$，双散列函数的探查序列为

$$H_0 = H(\text{key})$$
$$H_i = (H_{i-1} + H_S(\text{key})) \bmod m$$
$$= (H_{i-1} + d) \bmod m \qquad d = H_S(\text{key}) \quad i = 1, 2, \cdots, m-1$$

3. 再散列法

一种再散列法就是在主散列函数的基础上，再设计配置若干个散列函数，与主散列函数一起形成一个散列函数序列，当散列发生冲突时，使用后继散列函数进行再散列，计算下一个散列地址，直至不冲突。这种再散列法的特点是以更换散列函数解决可能发生的一次或多次地址冲突，虽然不易产生"堆积"问题，但存在增加散列函数计算时间的弊端。

$$H_i = \text{RH}_i(\text{key}) \bmod m \qquad i = 1, 2, \cdots, k$$

其中，RH_i 为第 i 个散列函数；k 为最大散列次数。

例如，如图 7.28 所示，已知表长 $m{=}13$ 的散列表中已填有关键字分别为 $17, 60, 29, 57$ 的 4 个记录，其主散列函数为 $H_1(\text{key}){=}\text{key} \bmod m$，第二散列函数为 $H_2(\text{key}){=}(3\text{key}{+}7) \bmod m$，第三散列函数为 $H_3(\text{key}){=}(5\text{key}{+}9) \bmod m$，现有第 5 个记录，其关键字为 21，按 $H_1(\text{key})$ 计算地址为 8，与关键字为 60 的记录冲突，再按 $H_2(\text{key})$ 计算地址为 5，与关键字为 57 的记录冲突，再按 $H_3(\text{key})$ 计算地址为 10，不冲突，将它填入表中单元 10。

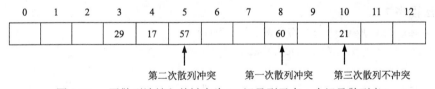

0	1	2	3	4	5	6	7	8	9	10	11	12
			29	17	57			60		21		

第二次散列冲突　　第一次散列冲突　　第三次散列不冲突

图 7.28　再散列法填入关键字为 21 记录到已有 4 个记录散列表

另一种再散列法就是当表中记录数超过预先设定的阈值(如表容量 70%时)，为解决散列表拥挤造成的冲突概率增大问题，将启动散列表的重建。假设原散列表大小为 m，重建一个规模大约是原散列表 2 倍多(大于 $2m$ 的最小素数)的新散列表及其散列函数，将原散列表中的记录经过新散列函数重新散列存入到新散列表中，废除原散列表及其散列函数。显然，这种再散列处理事件不会频繁发生，其花费的代价是将大约所有记录逐个再次散列并移存到新散列表中，通常，只会对触发再散列的某次填入(插入)操作效率

造成负面影响。

4. 链地址法

链地址法将所有关键字为同义词的记录存储在同一个单向链表中，即按关键字散列映射出的地址值将表中记录分为若干组，映射成相同地址值的记录分配在同一组，每一组记录用一单向链表存储，并设置一个头指针数组，其单元下标为散列地址，单元值为相应单向链表首结点地址，若相应链表为空，指针值为 NULL。在向链表插入记录时可以采用头插法、尾插法和有序插入法。当然，链地址法所产生链表的平均长度反映了散列地址冲突程度。例如，已知一组记录，其关键字序列为{21, 18, 32, 01, 40, 29, 79, 34, 57, 66, 49, 16, 73, 97, 50, 88}，散列函数为 $H(\text{key})=\text{key mod }13$，用链地址法处理冲突产生的散列表如图 7.29 所示。

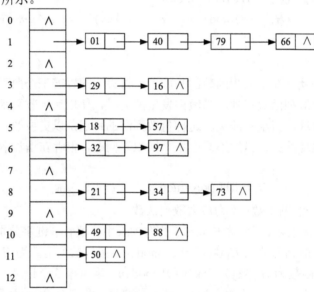

图 7.29　链地址法处理冲突产生的散列表

算法程序 7.16

```
typedef int KeyType;  //关键字类型为int
struct ElemType  //记录元素类型
{
    KeyType key;
    char other;
};
struct LinkList  //链表类型
{
    ElemType data;
    LinkList *next;
};
struct HashList  //散列表结构类型
```

```
{
    int divisor;   //散列函数除数
    int recount;   //记录计数
    LinkList **head;  //头指针数组
};
void InitHashList(HashList &H, int divisor)   //初始化散列表
{
    H.divisor=divisor;
    H.recount=0;
    H.head=new LinkList*[H.divisor];
    for(int i=0; i<H.divisor; i++) H.head[i]=NULL;
}
void InsertHashRec(HashList &H, ElemType element)  //插入记录到散列表
{
    int d=element.key%H.divisor;
    LinkList *node=new LinkList;
    node->data=element;
    node->next=H.head[d];    //头插法
    H.head[d]=node;
    H.recount++;
}
int DelHashRec(HashList &H, KeyType key)  //从散列表删除关键字为key的记录
{
    int d=key%H.divisor;
    LinkList *p=H.head[d];
    LinkList *fp=NULL;
    while(p!=NULL&&p->data.key!=key) {
        fp=p;
        p=p->next;
    }
    if(p!=NULL) {
        if(fp!=NULL) fp->next=p->next;
        else H.head[d]=p->next;
        delete p;
        H.recount--;
        return 1;   //删除成功
    }
    return 0;  //删除失败
}
void DelHashList(HashList &H)   //删除散列表
{
    for(int i=0; i<H.divisor; i++) {
```

```
        LinkList *p=H.head[i];
        while(p!=NULL) {
            LinkList *ps=p->next;
            delete p;
            p=ps;
        }
    }
    delete [] H.head;
}
void PrintLinkHash(HashList &H)  //输出散列表
{
    for(int i=0; i<H.divisor; i++) {
        cout<<"Hash add:"<<i;
        LinkList *p=H.head[i];
        while(p!=NULL) {
            cout<<"->"<<p->data.key;
            p=p->next;
        }
        cout<<"->NULL"<<endl;
    }
}
LinkList* FindHashRec(HashList &H, KeyType key)  //查找关键字为key的记录
{
    if(key<0) return NULL;
    int d=key%H.divisor;
    LinkList *p=H.head[d];
    while(p!=NULL&&p->data.key!=key) {
        p=p->next;
    }
    return p;
}
```

7.6.4　散列表查找与散列法分析

1. 散列表的查找

散列表的查找过程与构造散列表的过程相似。对给定值 key，根据为散列表配置（构造表时所采用）的散列函数将关键字映射为相应的散列地址 d，检查散列表中单元 d 的记录关键字是否与给定值 key 相同，若相同，则查找成功；否则，根据预设的处理冲突方法获得下一个待查单元的地址 d，直到找到关键字等于 key 的记录，或 d 单元为"空"为止。尽管散列表的查找仍需要通过比较确认，但由于散列函数直接将查找引向待查记录所在位置或其附近，所有实际发生的比较操作要比其他查找方法少很多，这是散列表查找的优势所在。

假设散列表长度为 m，表中被记录占用单元数为 n，反映散列表负载程度的装填因子 $\alpha=n/m$。当 $\alpha=1/2$，表明散列表的占有率为 50%，当 $\alpha=4/5$，表明散列表的占有率为 80%，用线性探测法建立的散列表的装填因子 $\alpha\leqslant 1$，一般情况下装填因子 $\alpha\leqslant 0.75$。装填因子客观上反映了散列表的宽裕程度，装填因子大小对发生冲突的概率有较大影响，较小的装填因子一方面可以降低散列地址冲突的可能性，另一方面还可以减少线性探测再散列法中"堆积"现象的发生，但副作用是造成闲置空间增加。

评价散列表的查找效率仍采用平均查找长度 ASL 度量方法，ASL 的大小取决于所采用的散列函数、处理冲突方法、装填因子 α。有研究证明，任何解决冲突方法所构建散列表的平均查找长度都是装填因子的函数。若采用线性探测再散列法处理冲突，散列表成功查找的平均查找长度为 $[1+1/(1-\alpha)]/2$；而对散列表不成功查找的平均查找长度为 $[1+1/(1-\alpha)^2]/2$；若采用链地址法处理冲突，散列表成功查找的平均查找长度为 $1+\alpha/2$；若采用二次探测再散列法或再散列法处理冲突，散列表成功查找的平均查找长度为 $-\ln(1-\alpha)/\alpha$。

例如，对关键字序列为 {18, 74, 53, 01, 68, 20, 85, 27, 48, 31, 90, 79} 的一组记录，采用除留余数法形式的散列函数和开放定址法建立长度 $m=17$ 的散列表，散列函数为 $H(\text{key})=\text{key} \bmod 17$，采用线性探测再散列处理冲突 $H_i=(H(\text{key})+d_i) \bmod 17$。表 7.1 给出记录关键字最初散列地址、探测地址冲突次数、经线性探测再散列处理记录最终填入单元的统计信息，建立的散列表如图 7.30 所示。

表 7.1 关键字散列地址、线性探测再散列地址、冲突次数统计

key	18	74	53	01	68	20	85	27	48	31	90	79
$H(\text{key})$	1	6	2	1	0	3	0	10	14	14	5	11
冲突次数	0	0	0	2	0	1	5	0	0	1	2	0
填入单元	1	6	2	3	0	4	5	10	14	15	7	11

0	1	2	3	4	5	6	7	8	9	10	11	12	13	14	15	16
68	18	53	01	20	85	74	90			27	79			48	31	

图 7.30 除留余数法和线性探测再散列法建立的散列表

假设每个记录的查找概率相等，散列表的每个地址被散列到且查找失败的概率相同，则根据表 7.1 提供的信息可以计算查找成功的平均查找长度和查找不成功的平均查找长度。

$$\text{ASL}_{成功} = \frac{1}{12}(7\times 1+2\times 2+2\times 3+1\times 5) = \frac{22}{12} \approx 1.83$$

$$\text{ASL}_{不成功} = \frac{1}{17}(9+8+7+6+5+4+3+2+1+1+3+2+1+1+3+2+1) = \frac{59}{17} \approx 3.47$$

同样的假设条件下，对于图 7.29 所示用链地址法处理冲突建立的散列表，其查找成

功的平均查找长度和查找不成功的平均查找长度分别为

$$\text{ASL}_{成功} = \frac{1}{16}(7\times1+6\times2+2\times3+1\times4) = \frac{29}{16} \approx 1.81$$

$$\text{ASL}_{不成功} = \frac{1}{13}(1+5+1+3+1+3+3+1+4+1+3+2+1) = \frac{29}{13} \approx 2.23$$

2. 散列法分析

散列表是一种基于关键字函数映射直接获得记录存放地址的方法，散列函数追求在关键字值域空间和散列表的地址空间之间建立近乎一对一的对应或匹配关系，散列函数构建的是否具有针对性、性能是否优良，直接影响到映射的地址是否能够均匀分布在散列表的地址空间，当然，这还受散列表装填因子大小的制约。在散列表的记录存储和记录查找中冲突难以避免，选择解决冲突的恰当方法对提高寻址和查找效率尤为重要。因此，散列函数、装填因子和冲突解决机制成为散列技术以及影响性能的关键因素。

从有利于查找性能的视角看，冲突解决机制中的链地址法优于开放定址法，双散列法和再散列法互有优势，但性能受到散列函数集复杂性的制约。在所有散列函数构造方法中，除留余数法以其简略、高效和映射分布相对均匀的特点而优于其他散列函数，且不需要具备对所有关键字特征的先验知识，具有适用面广、实用性好的特点。数字分析法对记录集关键字特性的针对性强，对关键字特征的完整把握是采用该方法的前提。平方取中法在面对记录间关键字总体差异性不大时是一种不错的选择，折叠法主要适用关键字长度数倍于最大地址位数的情形，关键字分段所需的多次取余运算和除法运算影响函数计算效率。

尽管散列表具有比较突出的查找性能，但也存在一些局限性，仅适合单关键字查找，而在应对多关键字查找和区间查询时就表现出较弱的可操作性，为克服其不足，可将散列表及其查找方法与其他查找方法结合起来，可形成优势互补、性能增强的查找技术。

习　题

一、简答题

1. 顺序查找是一种可以在顺序表和链表上进行的查找方法，若待查找表的记录总数为 n，假设表中每个记录的查找概率相同，采用顺序查找方法查找一个记录的平均时间复杂度如何计算，平均时间复杂度是多少？

2. 折半查找需要什么前提条件？折半查找方法查找一个记录的时间复杂度是多少？为什么在有序单向链表上无法进行折半查找？

3. 简述斐波那契查找法和原理，斐波那契查找法与折半查找法的不同有哪些。

4. 简述插值查找法的基本原理和适用场合。

5. 简述分块查找的原理，分块查找的效率如何。

6. 简述散列查找的机制与原理，指出主要的几种哈希函数构造方法。

7. 散列查找方法中有哪三种处理冲突的方法？简述各自的处理机制。

8. 简述 B 树与 B+树的区别。

9. 简述 R 树与 R+树的区别。

二、解算题

1. 假设一组记录按关键字增序排列, 如{5, 18, 23, 31, 47, 56, 64, 79, 85, 94, 126}, 请采用折半查找法查找关键字为 23 的记录,请写出折半查找过程中参与比较的记录关键字序列。

2. 若记录表的关键字序列{56, 36, 18, 22, 71, 43, 87, 8, 69, 78, 51, 60}, 若采用二叉查找树插入法建立对应的二叉查找树, 请画出该二叉查找树, 计算树中记录的平均查找长度 ASL。

3. 有一组记录的关键字排列为{38, 25, 61, 47, 19, 76, 52, 88, 13, 94}, 请用平衡二叉树插入法依次插入每一个记录结点, 生成一棵平衡二叉树, 请画出这棵平衡二叉树, 并计算该树中记录的平均查找长度 ASL。

4. 已知一组记录的关键字序列{ 33, 57, 9, 86, 65, 25, 48, 92, 55, 81, 14, 79 }, 采用的哈希函数为 $H(key)=key \bmod 13$, 设置的哈希表长为 $m=16$, 并采用线性探测再散列处理冲突机制, 即 $H_i=(H(key)+d_i) \bmod m$, 请写出散列存储的过程, 假设每个记录的查找概率相等, 计算哈希表中记录的平均查找长度 ASL。

第8章 排　序

排序是计算机内经常进行的一种操作，其目的是将一组"无序"的记录序列整理为"有序"的记录序列。许多问题的求解以排序算法为基础，排序算法的性能成为影响这些问题求解效率的关键。有统计表明，在日常的数据处理中大约有 1/4 的时间花费在数据排序上，而在依赖数据有序化一类问题的求解中，大约有一半时间用于排序处理。可以认为，排序算法是计算机算法中最有价值的基础算法之一，其学习与研究尤为重要。

8.1　排序的概念

排序(sorting)是将数据表中的记录按关键字大小排列成有序的序列，按有序的性质分为递增排序和递减排序，也称增序排序和降序排序。递增排序可形式化表述为：对于具有 n 个记录的待排序表 $\{R_1, R_2, \cdots, R_n\}$，其对应的关键字序列为 $\{R_1.\text{key}, R_2.\text{key}, \cdots, R_n.\text{key}\}$，经过递增排序处理将记录表中的记录排列成 $\{R_1', R_2', \cdots, R_n'\}$，使得的表中记录按关键字增序排列，即 $R_1'.\text{key} \leqslant R_2'.\text{key} \leqslant R_3'.\text{key} \leqslant \cdots \leqslant R_n'.\text{key}$。而对递减排序而言，排序后表中记录则按关键字降序排列，即 $R_1'.\text{key} \geqslant R_2'.\text{key} \geqslant R_3'.\text{key} \geqslant \cdots \geqslant R_n'.\text{key}$。不失一般性，本章将以增序排序为例详细讨论各种内部排序算法。

关于排序方法的分类，如果按对具有相同关键字记录的排序性能，可分为稳定排序和不稳定排序，稳定排序不改变具有相同关键字记录间原来的先后顺序；不稳定排序则可能改变具有相同关键字记录间原来的先后顺序。如果按待排序数据存储介质不同，可分为内部排序和外部排序，内部排序是待排序数据及其排序处理均在内存中进行的排序；外部排序则是待排序数据存储在外部存储器，其排序时只能交替地将部分数据调入内存进行处理，适合内存无法存放的海量数据的排序处理。本章仅对内部排序进行讨论。

根据内部排序操作采用的方法和机制，可分为插入排序、选择排序、交换排序和归并排序等。按照待排序表的数据结构，内部排序还可以分为基于顺序表的排序和基于链表的排序，后者又分为基于动态链表的排序和基于静态链表的排序。按照排序算法是否调用自身，又分为递归排序算法和非递归排序算法。

排序算法的性能体现在时间复杂度、空间复杂度以及适用性等方面，主要反映排序过程中关键字的比较次数和记录的移动次数与表中记录数量 n 之间的关系。算法效率的影响因素除了算法本身以外，还有待排序表中关键字排列情形、待排序数据的规模、记录大小等。通常，排序算法不对表中记录关键字排列情形加以限制，算法分析时应分别考虑算法对最坏数据情形、最好数据情形、随机数据情形的性能表现。

受本书篇幅所限，并从算法实用性考虑，本章主要介绍插入排序、Shell 排序、堆排序、归并排序、快速排序、基数排序等经典排序方法，还介绍作者改进和发展的一些新的排序算法，如基于最佳缩减因子的 Shell 排序、显式归并排序、链式归并排序、四分表排序等。大数据时代和人工智能的发展，对排序算法研究及排序算法性能提出了新的要求。

待排序记录表主要有顺序表和链表两种，本章主要讨论顺序表排序算法，链表排序算法也做适当讨论。以下给出待排序顺序表结构定义，表记录类型 RecType 中包含实型关键字域 key 和代表其他字段的分量 other，对于用顺序表实现的静态链表，记录结构定义中则需增加整型下标指针域 next，顺序表记录从下标 1 开始存放。

```
typedef float KeyType;   //关键字类型定义为单精度实型
struct RecType          //顺序表记录类型定义
{
    KeyType key;   //关键字
    int next;          //静态链表指针(仅用于静态链表)
    int other;         //代表记录的其他字段
};
typedef RecType ElemType;
struct SeqList  //顺序表类型定义
{
    int length;   //记录数
    RecType *r;   //记录表首地址(创建表时动态申请获得)
};
```

8.2 插 入 排 序

8.2.1 直接插入排序

直接插入排序逻辑上首先将具有 n 个记录的待排序顺序表剖分为前后两张表，前表初始由原表第 1 个记录构成并视为有序表，后表由原表第 2 个至第 n 个记录构成，作为待排序表。在确保有序表有序扩展的前提下，算法不断地将待排序表的首记录删除并插入到有序表的适当位置，排序过程中有序表不断扩张，待排序表不断萎缩直至为空表，最后形成长度为 n 的有序表。插入排序算法的原理与过程如图 8.1 所示。

直接插入排序算法从第 $i=2$ 个记录开始依次将记录 R_i 插入到有序表 $\{R'_1, \cdots, R'_{i-1}\}$ 的适当位置，以保持有序表的性质。算法首先将待插入记录 R_i 复制到 R_0 中，为将有序表中关键字大于待插入记录关键字的记录后移腾出空间，从后向前访问有序表记录 $R_j (j=i-1, i-2, \cdots)$ 的关键字，当待插入记录的关键字小于有序表当前记录关键字 R_j.key 时，记录 R_j 后移一位；当待插入记录的关键字大于有序表当前记录关键字 R_j.key 时，待插入记录插入到有序表的 $j+1$ 位置上。若待插入记录关键字小于有序表所有记录关键字，则整个有序表后移 1 位，有序表当前记录下标指针 j 也递减为 0，此时 while 循环自然终止，待插入记录插入到有序表位置 1 上。

算法程序 8.1
```
void InsertSort(SeqList &L)  //直接插入排序算法
{
    for(int i=2; i<=L.length; i++)  {
```

```
        L.r[0]=L.r[i]; //将第i个记录复制到L.r[0]中
        int j=i-1; //有序表的尾部
        while(L.r[0].key<L.r[j].key) {  //向前搜索比较
            L.r[j+1]=L.r[j];  //记录后移
            j=j-1;
        }
        L.r[j+1]=L.r[0];  //插入记录复制到最终位置
    }
}
```

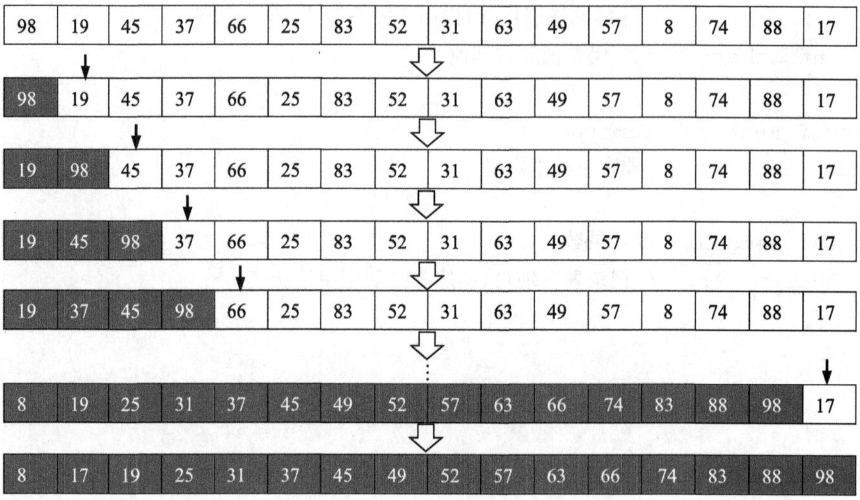

图 8.1　插入排序的原理与过程

8.2.2　折半插入排序

为了克服直接插入排序处理过程中为确定插入位置所做的大量比较，利用有序表的性质通过折半查找方法确定待插入记录的最终插入位置，然后将有序表中该位置上及以后的记录后移 1 位，再将待插入记录复制到插入位置，折半插入排序能有效降低比较次数，可提高算法的效率。图 8.2 给出折半查找确定 i 所指元素在前面有序表中插入位置的过程，h、r 和 m 初始分别指向有序表的头部元素、尾部元素和中间元素，循环比较插入元素关键字和 m 指向元素关键字，若前者大于后者，h 指向后移到 $m+1$，否则，r 指向前移到 $m-1$，计算新的中间位置，循环继续直至 $r\leqslant h$ 为止，插入位置确定为 h，然后进行插入相关操作。

算法程序 8.2

```
void BiInsertSort(SeqList &L)
{
    for(int i=2; i<=L.length; i++) {
        RecType extra=L.r[i]; //将第i个记录复制到extra
        int h=1;
```

```
        int r=i-1;
        while( h<=r ) {  //折半查找插入位置
            int m=(h+r)/2;
            if(extra.key<L.r[m].key) r=m-1;
            else h=m+1;
        }
        for(int j=i-1; j>=h; j--)  //有序表从尾部到记录h后移 1位
            L.r[j+1]=L.r[j];
        L.r[h]=extra;  //插入L.r[i]
    }
}
```

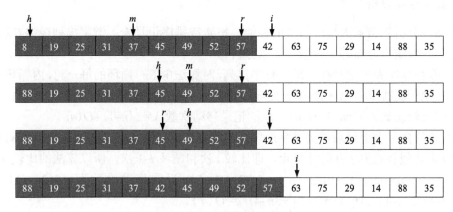

图 8.2　折半插入排序的原理与过程

8.2.3　链表的直接插入排序

链表的直接插入排序与顺序表一样，首先将链表的第 1 个记录结点和其后继记录分割为两个链表，一个是带头结点且初始含第 1 个记录结点的有序链表，由原链表指针指向，另一个是从原表第 2 个记录结点开始的待排序链表。算法不断地从待排序链表头部删除 1 个记录结点并将其插入到有序链表的适当位置，直至待排序链表为空。由于单向链表的后向搜索性质，插入位置的搜索必须从有序链表的头部开始，算法通过指向有序表当前记录结点前驱的指针 p 向后搜索当前记录关键字大于插入记录关键字的位置，然后将待插入记录结点插入到 p 结点与 p->next 结点之间。

算法程序 8.3
```
void LinkInSort(LinkList head) //带头结点单向链表递增排序
{
    if(head->next==NULL) return;
    LinkNode *pi=head->next->next; //插入结点指针
    head->next->next=NULL;  //将原链表分为两个链表
    while(pi!=NULL) {   //pi结点存在则实施插入处理
        LinkNode *p=head; //有序表首个待比较结点前驱指针
```

```
        while(p->next!=NULL&&p->next->data.key<=pi->data.key)
            p=p->next;   //寻找p与p->next之间的插入位置
        LinkNode *suc=pi->next; //下一个待插入结点地址
        pi->next=p->next;   //插入pi结点到p与p->next之间
        p->next=pi;
        pi=suc;
    }
}
```

链表的直接插入排序与顺序表直接插入排序算法在原理上基本一致，是适应链表特征的直接插入排序法，其时间复杂度为 $O(n^2)$。

8.2.4　算法性能分析

为综合分析直接插入排序算法的性能，按照待排序记录表关键字排列极端有利、极端不利和一般随机分布等三种情形加以分析。

(1)若待排序表中记录按关键字有序排列，对算法中 for 循环的每一轮，内循环 while 只作一次比较就跳出内循环体，for 循环每轮执行了两次记录移动和 while 语句的一次比较，总的比较次数为 $C=n-1=O(n)$，总的记录移动次数 $M=2(n-1)=O(n)$。

(2)若待排序表中记录按关键字逆序排列，则对算法中 for 循环的每一轮，while 循环从 $j=i-1$ 比较执行到 $j=0$ 时才终止，即比较 i 次和循环 $i-1$ 次，所以算法的比较次数为 $C=2+3+4+\cdots+n=(n-1)(2+n)/2=(n^2+n-2)/2=O(n^2)$；记录移动次数为 $M=2(n-1)+1+2+3+\cdots+n-1=2(n-1)+(n-1)n/2=(n^2+3n-4)/2=O(n^2)$。

(3)对于表记录关键字随机分布的一般情形，假设对算法中 for 循环的每一轮，记录 i 在前面长度为 $i-1$ 有序表的 i 个可能的插入位置(包括有序表尾)被插入的概率相等，即均为 $1/i$，并顾及每轮 for 循环中的 2 次记录移动，则平均的比较次数 C 和平均移动次数 M 分别为

$$C = \sum_{i=2}^{n}\frac{1}{i}(1+2+\cdots+i) = \frac{1}{2}\sum_{i=2}^{n}(i+1) = \frac{1}{4}(n^2+3n-4) = O(n^2)$$

$$M = 2(n-1) + \sum_{i=2}^{n}\frac{1}{i}[0+1+2+\cdots+(i-1)] = 2(n-1) + \frac{1}{2}\sum_{i=2}^{n}(i-1)$$

$$= 2(n-1) + \frac{1}{4}n(n-1) = \frac{1}{4}(n^2+7n-8) = O(n^2)$$

由于待排序表是有序表或逆序表的概率极低，在大多数场合下算法面对的主要是一般情形的数据表，所以直接插入排序的时间复杂度为 $O(n^2)$。由上述分析可知，直接插入排序对有序表或接近有序的表，表现出最好或较好的性能，这一性质将为 Shell 排序算法所利用。

折半插入排序算法的记录移动次数与直接排序一样是 $O(n^2)$，这就决定了折半插入排序算法综合的时间复杂度仍然是 $O(n^2)$，算法减少的仅仅是比较次数。对算法中 for 循环的每一轮，while 循环体通过折半查找确定记录 i 在前面长度为 $i-1$ 有序表中的插入位置，需执行 $\log_2(i-1)+1$ 次比较和内部 if 语句的 $\log_2(i-1)$ 次比较，总的比较次数 C 为

$$C = \sum_{i=2}^{n} [2\log_2(i-1)+1] = n-1+2\log_2(n-1)! \approx O(n\log_2 n)$$

从 3 种插入排序算法的插入处理机制可以看出，算法不会将后面的待插记录插入到有序表中关键字同值记录的前面，所以两种插入排序算法是稳定的。

8.3　Shell 排序

Shell 排序(Shell sort)由 D. L. Shell 于 1959 年提出，Shell 排序以直接插入排序方法为基础，并充分利用直接插入排序算法对有序或接近有序数据表现出最佳性能的特点。Shell 排序采用多轮次分组排序的思路，分组规模随轮次递减直至 1 组，每轮对所分各组记录分别进行直接插入排序，各轮分组及排序均建立在前轮排序成果之上，当最后一轮分组排序完成后，即完成 Shell 排序。

8.3.1　Shell 排序原理

Shell 排序对表内记录的分组原则是确保组内数据在表内分布均匀，为此，每轮分组使用一个增量 d，每组中相邻记录下标或位置相差 d，每轮分组排序后增量 d 按预定规则递减，当增量 d 递减至 1 时，数据表中全部记录处于唯一组内。按增量 d 分组后，表中位置 $1\sim d$ 上的记录依次为各组的第 1 个记录，位置 $d+1\sim 2d$ 上的记录依次为各组的第 2 个记录，位置 $2d+1\sim 3d$ 上的记录依次为各组的第 3 个记录等。在 Shell 所提算法中，增量 d 的初值采用待排序记录表长度值的一半，即 $d_1=\lfloor n/2 \rfloor$，并据此开展第 1 轮的分组排序，后续增量 d 按 $d_{i+1}=\lfloor d_i/2 \rfloor$ 递减直至为 1。图 8.3 为按照增量 $\{5,3,1\}$ 进行 3 轮分组排序的过程。

源表	128	55	72	38	96	15	61	26	9	42	83	47	32	57
分组号	1	2	3	4	5	1	2	3	4	5	1	2	3	4
排序	15	47	26	9	42	83	55	32	38	96	128	61	72	57
分组号	1	2	3	1	2	3	1	2	3	1	2	3	1	2
排序	9	32	26	15	42	38	55	47	61	72	57	83	96	128
分组号	1	1	1	1	1	1	1	1	1	1	1	1	1	1
排序	9	15	26	32	38	42	47	55	57	61	72	83	96	128

图 8.3　按增量 d_i 序列为 $\{5,3,1\}$ 分组排序示意

以下代码清单给出 Shell 排序算法 ShellSort 函数。其中 do 循环控制产生增量序列，内部的 for 循环控制对各组的直接插入排序交替进行，其第 1 轮完成各组第 2 个记录向所在组前部有序表的插入，第 2 轮完成各组第 3 个记录向所在组前部有序表的插入，……，直至完成各组最后一个记录向所在组前部有序表的插入。do 循环的结束条件是已完成最后增量为 1 的分组排序。

算法程序 8.4

```
void ShellSort(SeqList &L) //Shell排序算法
{
    int increment=L.length;   //用表长对增量初始化
    do {
        increment=increment/2;    //增量缩减计算
        for(int i=1+increment; i<= L.length; i++)  {
            RecType successor=L.r[i];
            int j=i-increment;
            while(j>0&&successor.key<L.r[j].key) {
                L.r[j+increment]=L.r[j];
                j=j-increment;
            }
            L.r[j+increment]=successor;
        }
    }while(increment>1);
}
```

为分析 Shell 排序算法时间复杂度上界，假设增量 d_i 的递减式为 $d_i=d_{i-1}/f$（这里 $f=2$），Shell 排序共进行 t 轮分组排序，t 是 n 以 f 为底的对数，若不考虑前期各轮排序的影响，第 i 轮各组排序时间复杂度的上界为 $(n/d_i)^2$，算法总的时间复杂度上界为

$$T=\sum_{i=1}^{t}d_i\left(\frac{n}{d_i}\right)^2=\sum_{i=1}^{t}\frac{n^2}{d_i}=\sum_{i=1}^{t}\frac{n^2}{n/f^i}=n\sum_{i=1}^{t}f^i=n\frac{f^{t+1}-f}{f-1}$$

$$=n\frac{f(f^t-1)}{f-1}=n\frac{f}{f-1}(f^{\log_f n}-1)=\frac{1}{f-1}(n^2-n)=O(n^2)$$

实际上 Shell 排序算法在执行前半期的分组排序中以较低代价完成众多小规模组内记录的大跨度交换与组内有序排列，使得各记录较为接近其最终位置。算法进入后半期时，尽管各组的规模在成倍增大，但各组内记录关键字逐渐趋于有序，Shell 排序所依托的插入排序算法将迎来逐步有利的情形，并最终以接近 $O(n)$ 的时间代价完成最后 1 轮的唯一一组排序，这是 Shell 排序性能较基础算法有较大提升的内在机理。

8.3.2　改进的 Shell 排序方法

为改善 Shell 排序算法的性能，Hibbard 提出一种增量序列 1，3，7，…，2^k-1，并证明采用该增量序列的 Shell 排序算法在最不利情形下的时间复杂度为 $O(n^{3/2})$，Knuth 提出增量序列 1，4，13，40，…，$(3^k-1)/2$，可使算法时间复杂度达到 $O(n^{1.3})$，还有学者提出增量序列 $d_0=n$, $d_{i+1}=(d_i-1)/3$, $d_t=1$, $t=\lfloor\log_3 n-1\rfloor$ 等。

显然，Shell 排序算法的时间复杂度是所选取分组增量序列的函数。作者提出一种改进的 Shell 排序算法，引入实数缩减因子 f，增量序列为 $d_1=\lfloor n/f\rfloor$，后续增量 $d_{i+1}=\lfloor d_i/f\rfloor$，直至递减为 1。不同缩减因子可以构造不同的增量序列，通过不同规模数据排序实验可率定或筛选出最佳缩减因子。对 10 万至 5000 万之间 9 种规模的随机数据，取实数区间

[2.0, 5.0]内等间距共 13 个缩减因子分别进行排序实验。实验结果表明采用缩减因子 3.25、3.5、3.75 的改进 Shell 排序算法性能表现突出，从 1 千万及以上规模的数据排序来看，采用缩减因子 3.25 的改进 Shell 排序算法性能最优，故在改进算法代码中将 3.25 作为缩减因子的缺省参数。

以下为在基本 Shell 排序算法基础上改进的 Shell 排序算法 AdvShellSort 函数，增加的形参 trimf 为缩减因子，其缺省值为 3.25。

算法程序 8.5

```
void AdvShellSort(SeqList &L, float trimf=3.25) //改进Shell排序算法
{ //按照缩减因子trimf构造的增量序列分组排序
    int increment=L.length;  //用表长对增量初始化
    do {
        if(increment>trimf) {
            increment=int(increment/trimf);   //增量缩减计算
            if(increment%2==0) increment--;   //偶数转为奇数
        }
        else increment=1;
        for(int i=1+increment; i<= L.length; i++)  {
            RecType successor=L.r[i];
            int j=i-increment;
            while(j>0&&successor.key<L.r[j].key) {
                L.r[j+increment]=L.r[j];
                j=j-increment;
            }
            L.r[j+increment]=successor;
        }
    }while(increment>1);
}
```

表 8.1 给出了采用 Shell 增量序列、Hibbard 增量序列、Knuth 增量序列和 $d_{i+1}=(d_i-1)/3$ 增量序列的 Shell 排序算法与采用缩减因子 $f=3.25$ 的改进 Shell 排序算法排序不同规模数据的性能对比。可以看出，采用 Hibbard 增量序列 Shell 排序算法适合规模在 200 万以内的数据排序，面对 1000 万及以上大规模数据其性能迅速变差；采用 Knuth 增量序列 Shell 排序算法性能比 Shell 增量序列算法稍好，但优势不明显；采用 $d_{i+1}=(d_i-1)/3$ 增量序列的 Shell 排序算法性能较前者有较明显改善；而采用最佳缩减因子的改进 Shell 排序算法表现出最优的综合性能，且随着数据规模增大，其性能优势愈发明显。

Shell 排序算法代码结构简洁，不需要任何辅助内存空间，这是其优势所在；作者提出的改进 Shell 算法的效率提升显著，更增强了算法的适用性。

Shell 排序大跨度记录交换的特点可能导致具有相同关键字记录原有的先后关系遭到破坏，所以 Shell 排序是不稳定的。

表 8.1　采用不同增量序列的 Shell 排序算法时间

数据规模/ 万	Shell 增量序列 Shell 排序[1]/ms	Hibbard 增量序列 Shell 排序[2]/ms	Knuth 增量序列 Shell 排序[3]/ms	增量 $d_{i+1}=(d_i-1)/3$ Shell 排序[4]/ms	f=3.25 增量序列 改进 Shell 排序/ms
10	23	21	18	17	16
20	48	48	33	34	34
50	131	132	114	103	88
100	282	291	252	215	177
200	643	665	559	483	388
500	1824	2232	1622	1386	1004
1000	4036	6130	3624	2833	2064
2000	9199	17709	8269	6748	4328
5000	25642	68562	24306	17913	11224

8.4　堆　排　序

堆是实现优先队列采用的一种高效和重要的数据结构，同时也是一种可用来巧妙实现排序功能的数据结构。从第 5 章的讨论可知，二叉堆和四叉堆均为实现优先队列的理想方法，下面将分别详细讨论二叉堆排序和四叉堆排序两种数据排序方法。

8.4.1　二叉堆排序

二叉堆排序(binary heap sort)原理是先通过一系列的插入操作构建二叉堆，然后再通过一系列的删除操作将数据记录以关键字递增或递减的次序依次存放到顺序表从尾部到头部的连续位置上，从而完成有序排序。大根二叉堆(大堆)可以用来实现递增排序，小根二叉堆(小堆)可以用来实现递减排序。

二叉堆首先是完全二叉树，完全二叉树非常适合采用顺序表结构存储，由于二叉堆的插入操作和创建中需要频繁对当前结点父结点的搜索和访问，显然，仅带两个孩子指针的链式二叉树结构不太适用。而在顺序表存储的完全二叉树中，对当前结点父子结点的访问搜索非常方便和直接，下标为 i 非根结点的父结点下标为 $i/2$，如果存在，其左孩子下标为 $2i$；如果存在，其右孩子下标为 $2i+1$。无论是二叉堆，还是四叉堆，堆的顺序表实现使得顺序表数据适合采用堆排序算法。

二叉大堆的元素插入算法以及基于插入操作的建堆过程已在第 5 章中做过详细讨论，这里不再赘述。二叉堆元素删除遵守根结点元素出堆原则，下面通过对一个具有 13 个元素结点的二叉堆相继实施 3 次删除操作及其调整过程展示二叉堆排序的原理。如图 8.4 所示，第一次删除的元素为 94，替补到根部的元素为堆尾元素 27，经调整后元素 89 上升到根部，元素 27 下降到最底层，获得重建的二叉堆，删除元素 94 存放到新堆尾元素 9 的后面；第二次删除的元素为 89，堆尾元素 9 替补到根部，经调整后元素 83 上升到根部，元素 9 下降到第 3 层，获得重建的二叉堆，删除元素 89 存放到新堆尾元素

18 的后面；第三次删除的元素为 83，堆尾元素 18 替补到根部，经调整后元素 78 上升到根部，元素 18 下降到第 3 层，获得重建的二叉堆，删除元素 83 存放到新堆尾元素 27 的后面。

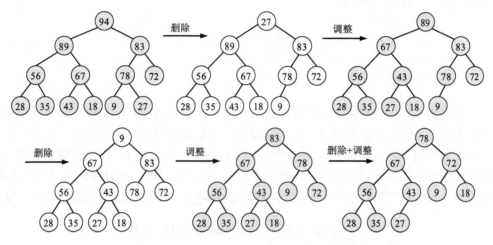

图 8.4　从二叉大堆中相继删除 3 各元素及其调整为新堆的过程

二叉堆元素和被删除出堆的元素在顺序表中的排列情形如图 8.5 所示。从图中可以看出，经过三次删除操作堆中最大的 3 个元素完成出堆，并按关键字递增次序将它们存放在顺序表中新堆的后面，如果再对当前二叉堆实施 10 次删除操作，二叉堆将变为空，所有 13 个元素按关键字递增次序排列在顺序表中，从而完成排序。显然，若要对顺序表数据递减排序，应先利用数据构建二叉小堆，再通过一系列删除操作完成顺序表中数据的递减排序。

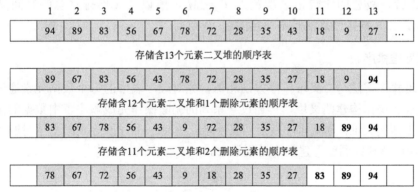

图 8.5　存储二叉堆的顺序表在删除堆元素及其调整过程中的变化过程

二叉堆排序算法由插入算法函数 HeapInsert、删除算法函数 HeapDelete 和二叉堆排序函数 HeapSort 组成，前两个算法函数在第 5 章中已经给出。

算法程序 8.6

```
void HeapSort(SeqList &PQ)  //二叉堆排序算法
{
    int n=PQ.length;
    PQ.length=0;
    for(int i=1; i<=n; i++) HeapInsert(PQ, PQ.r[i]);
    for(i=1; i<=n; i++) HeapDelete(PQ);
    PQ.length=n;
}
```

二叉堆排序算法时间由创建二叉堆时间和删除二叉堆时间开销构成。为建立二叉堆共调用 Insert 操作 n 次，根据向二叉堆中插入一个数据并调整的过程分析，插入第 i 个结点时，包括插入结点堆中共有 i 个结点，堆树深度为 $\lfloor \log_2 i \rfloor +1$，在最坏情形下插入结点从底层调整上移到根结点位置，即达到上移的上限 $\lfloor \log_2 i \rfloor$ 层，所以插入 n 个结点可能导致的结点最多移动次数 M_1 可由下式推算为 $O(n\log_2 n)$，相应的记录比较次数 $C_1=M_1$。

$$M_1 = \sum_{i=1}^{n} \lfloor \log_2 i \rfloor \leqslant \sum_{i=1}^{n} \log_2 i = \log_2 n! \approx O(n\log_2 n)$$

同样，排序阶段共执行 n 次 Delete 操作，根据从二叉堆中删除一个数据并调整的过程分析，删除第 i 个结点时，堆中共有 $n-i$ 个结点，堆深度为 $\lfloor \log_2(n-i) \rfloor +1$，最坏情形下替换到根部的原堆尾结点从顶层调整下移到底层，即最多下移 $\lfloor \log_2(n-i) \rfloor$ 层，故删除 n 个结点导致的结点最多移动次数 M_2 可由下式推算：

$$M_2 = \sum_{i=1}^{n} \lfloor \log_2(n-i) \rfloor \leqslant \sum_{i=1}^{n} \log_2(n-i) \leqslant \log_2 n! \approx O(n\log_2 n)$$

由于替换结点位置调整过程中每次需与两个孩子结点中的较大者比较，二中选一另需 1 次比较，故总的比较记录次数为 $C_2=2M_2$，所以二叉堆排序总的时间复杂度为 $O(n\log_2 n)$，二叉堆排序算法是不稳定的。

8.4.2　四叉堆排序

四叉堆排序方法与二叉堆排序方法相似，先对顺序表中的每个数据元素通过调用四叉堆元素插入操作构建四叉堆，再通过一系列的删除操作完成顺序表中数据的排序。递增排序基于四叉大堆，递减排序基于四叉小堆。图 8.6～图 8.9 分别给出了对四叉树实施 3 次删除操作及其并调整重建新堆过程示意。

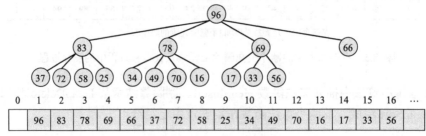

图 8.6　创建四叉大堆

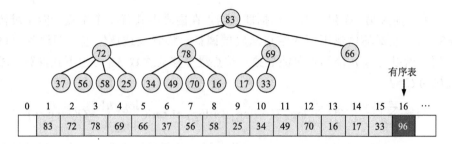

图 8.7 从四叉大堆中删除 1 个结点后调整为新的大堆

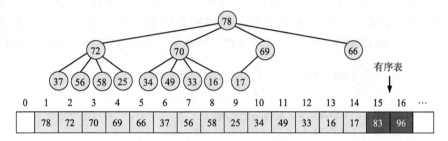

图 8.8 从四叉大堆中再删除 1 个结点并调整为新的大堆

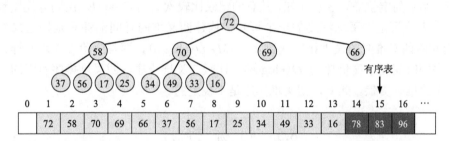

图 8.9 从四叉大堆中再删除 1 个结点并调整为新的大堆

四叉堆排序算法由插入算法函数 QuadHeapIns、删除算法函数 QuadHeapDel 和四叉堆排序函数 QuadHeapSort 组成，前两个函数已在第 5 章中给出。

算法程序 8.7

```
void QuadHeapSort(SeqList &PQ)  //四叉堆排序算法
{
    int n=PQ.length;
    PQ.length=0;
    for(int i=1; i<=n; i++)  //构建四叉堆
        QuadHeapIns (PQ, PQ.r[i]);
    for(i=1; i<=n; i++)  //删除四叉堆
        QuadHeapDel(PQ);
    PQ.length=n;
}
```

四叉堆排序的算法时间由创建四叉堆和删除四叉堆时间开销构成。在四叉堆排序算法中，为建立堆(偏序树)共调用 Insert 操作 n 次，根据向四叉堆中插入一个数据并调整的过程分析，插入第 i 个结点时，包括插入结点在内堆中共有 i 个结点，四叉堆树深度为 $\lfloor \log_4 3i \rfloor +1$，在最坏情形下插入结点从底层调整上移到根结点位置，即达到上移上限 $\lfloor \log_4 3i \rfloor$ 层，所以插入 n 个结点可能导致的结点最多移动次数 M_1 可由下式推算，相应的比较次数为 $C_1 = M_1$。

$$M_1 = \sum_{i=1}^{n} \lfloor \log_4 3i \rfloor \leqslant \sum_{i=1}^{n} \log_4 3i = n\log_4 3 + \log_4 n! < n + \frac{\log_2 n!}{\log_2 4} = O(n\log_2 n)$$

同样，排序阶段共执行 n 次 Delete 操作，根据从四叉堆中删除一个数据并调整的过程分析，删除第 i 个结点时，堆中共有 $n-i$ 个结点，堆深度为 $\lfloor \log_4 3(n-i) \rfloor +1$，在最坏情形下替换到根位置上的原堆尾结点从顶层调整下移到底层位置，即达到下移上限 $\lfloor \log_4 3(n-i) \rfloor$ 层，所以删除 n 个结点可能导致的结点最多移动次数 M_2 可由下式推算：

$$M_2 = \sum_{i=1}^{n} \lfloor \log_4 3(n-i) \rfloor \leqslant \sum_{i=1}^{n} \log_4 [3(n-i)] \leqslant n\log_4 3 + \log_4 (n-1)!$$

$$< n + \frac{\log_2 (n-1)!}{\log_2 4} = O(n\log_2 n)$$

由于替换到删除结点位置结点的调整过程每次需与 4 个孩子结点中的最大者比较，最大孩子结点的定位需要 3 次比较，故总的记录比较次数为 $C_2 = 4M_2$。由同等规模数据四叉堆深度大约只是二叉堆深度的一半可知，构建四叉堆的时间消耗只是构建二叉堆的 1/2，而删除四叉堆时的最大比较次数 $C_2 = 4M_2 = O(n\log_2 n)$，即与删除二叉堆一样，故四叉堆排序的时间复杂度仍然为 $O(n\log_2 n)$。比较二叉堆排序，四叉堆排序有限的性能优势主要由建堆时贡献。此外，四叉堆排序是不稳定的。

8.5 归 并 排 序

8.5.1 常规归并排序

归并排序(merge sort)是以有序归并方法为基础的一种排序方法，所谓有序归并就是将两个或两个以上有序表合并为一个有序表，两个有序表的归并称为二路归并，k 个有序表的归并称为 k 路归并。以应用二路归并方法为例，归并排序的思想就是通过显式或隐式的方法，将待排序表分割为一系列含单个记录的原子子表集合，并视这些表为有序表，通过调用归并函数，将它们两两合并，获得一系列含 2 个记录的有序子表，然后再对这些有序子表两两合并，获得一系列含 4 个记录的有序子表等，直到最后一轮将仅有的两个有序子表合并，获得一个含 n 个记录的有序表为止。归并排序的递归方式实现分两阶段进行，递推阶段完成分表，回溯阶段完成归并合表，如图 8.10 所示。

归并排序基于递归分表-有序归并机制，核心函数 MergeSorting 的递归终止条件是长度等于 1 的记录表，对长度大于 1 的记录表折半为两个子表，分别对两个子表递归调用本函数，以使它们逐渐被分割成为单记录原子表(视为有序表)，为有序表归并创造条件。显然，有序表归并从递归的最深层开始，此时开始有原子表或归并有序表出现，方法需要借助与原表一致的辅助空间存放各递归层次两有序表归并的结果，通常，归并结果须复制到源表的相应区段，以便为上(浅)一递归层次的归并处理做准备。

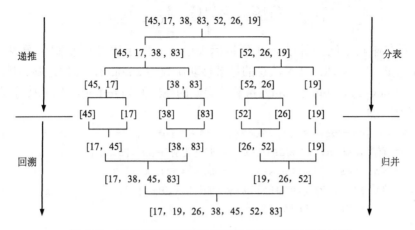

图 8.10　归并排序递归算法的递推分表和回归归并过程

归并函数 Merge 是归并排序的基本函数，函数通过 i、j 和 k 三个下标指针分别指向源表中的有序表子表 1、有序子表 2 和归并目标有序表的当前记录。当 i 和 j 所指记录均存在时进行比较，若表 1 当前记录关键字小于表 2 当前记录关键字，则表 1 当前记录归入表 3，i、k 分别指向相应两表的下一位置；否则表 2 当前记录归入表 3，j、k 分别指向相应两表的下一位置；重复上述过程直至 i 或 j 超出范围；再将未参与归并的源表剩余记录复制到表 3，两个有序表的归并操作过程如图 8.11 所示。

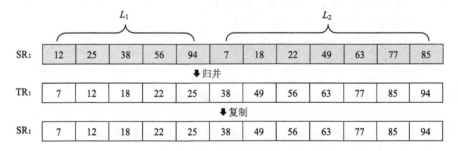

图 8.11　两个有序表的归并示意

归并排序的接口函数 MergeSort 首先开辟与待排序表规模一致的辅助表空间，调用归并排序递归函数 MergeSorting，释放辅助表空间。

两个规模相当(大约为 m)有序表的归并过程中记录最少比较 m 次，最多比较 $2m$ 次，移动记录 $2m$ 次。对含有 n 个记录的待排序表进行归并排序，经过大约 $\log_2 n$ 层递归分表后相应进程开始出现有序表，回归合表过程中先是 n 个($n/2$ 对)长度 size=1 的有序子表两两归并，接着是 $n/2$ 个($n/4$ 对)长度 size=2 的子表两两归并，然后是大约 $n/4$ 个($n/8$ 对)长度 size=4 的子表两两归并，…，最后是 2 个(1 对)长度 size=$n/2$ 的子表归并，所以算法总的比较次数上下限 C_1、C_2 和记录移动次数 M_1 为

$$M_1 = C_1 = 2(\frac{n}{2} \cdot 1 + \frac{n}{4} \cdot 2 + \frac{n}{8} \cdot 4 + \cdots + 1 \cdot \frac{n}{2}) = 2\sum_{i=1}^{\log_2 n} \frac{n}{2^i} 2^{i-1} = n\log_2 n$$

$$C_{平均} = \frac{C_1 + C_2}{2} = \frac{2C_1 + C_1}{4} = \frac{3}{4}C_1 = \frac{3}{4}\log_2 n$$

由于所有递归层次上算法归并到目标表中各有序子表都要复制到源表，即另有 $M_2 = n\log_2 n$ 次的记录移动，故算法总的记录移动次数为 $2n\log_2 n$，显然，归并排序的时间复杂度为 $O(n\log_2 n)$，辅助空间和维持算法递归的栈空间为 $n + \log_2 n$，归并排序是稳定的。

算法程序 8.8

```
void Merge(RecType SR[], RecType *TR, int s, int m, int t)  //有序表归并
{    //将有序表SR[s..m]和SR[m+1..n]归并为有序表SR[s..n]
    for(int i=s, j=m+1, k=s;  i<=m&&j<=t; k++) {
        if(SR[i].key<=SR[j].key) TR[k]=SR[i++];
        else TR[k]=SR[j++];
    }
    while(i<=m) TR[k++]=SR[i++];
    while(j<=t) TR[k++]=SR[j++];
    for(i=s; i<=t; i++) SR[i]=TR[i];   //有序归并结果复制到源表的相应区段
}
void MergeSorting(RecType SR[], RecType *TR, int s, int t)//归并排序函数
{
    if(t>s) {
        int m=(s+t)/2;
        MergeSorting (SR, TR, s, m);
        MergeSorting (SR, TR, m+1, t);
        Merge(SR, TR, s, m, t);
    }
}
void MergeSort(SeqList &L) //归并排序算法(递归式)
{
    RecType *TR=new RecType[L.length+1];   //辅助表空间
    MergeSorting (L.r, TR, 1, L.length);
    delete [] TR;
}
```

8.5.2 显式归并排序

常规归并排序方法通过递归算法实现，各递归层次上的归并完成后必须将归并结果从辅助目标表的相应区段复制到源表的对应区段，影响算法效率。为此作者提出一种非递归显式归并排序算法，其过程见图 8.10 中下面的归并部分，本算法仍维持对辅助内存空间的需求。算法首先将待排序表中每个记录视为一个含单记录的有序子表，第 1 轮将所有 size=1 的相邻有序子表两两归并，即将有序子表 1 与有序子表 2 归并，有序子表 3 与有序子表 4 归并，…，生成一系列 size 为 2 的有序子表，若参与归并的子表数为奇数，

该轮归并结果子表集合后跟一个 size=1 的子表；第 2 轮将所有 size<=2 的相邻有序子表两两归并，即有序子表 1 与有序子表 2 归并，有序子表 3 与有序子表 4 归并，…，生成一系列 size<=4 的有序子表集合；…大约经过$\lfloor \log_2 n \rfloor$轮归并后形成一个 size=n 的有序表。

显式归并算法通过互换归并源数据表和目标数据表的角色，省去了将归并好的有序表复制到源表相应区段的操作，通过交换归并源数据场和目标数据场的地址，巧妙避免了大量数据移动操作，该算法的另一优势是摒弃了递归处理机制以减少系统开销。

算法程序 8.9

```
void OpenMerge(RecType SR[], RecType *TR, int s, int m, int t)
{//将有序表SR[s..m]和SR[m+1..n]归并为有序表TR[s..n]
    for(int i=s, j=m+1, k=s;  i<=m&&j<=t; k++) {
        if(SR[i].key<=SR[j].key)  TR[k]=SR[i++];
        else TR[k]=SR[j++];
    }
    while(i<=m) TR[k++]=SR[i++];
    while(j<=t) TR[k++]=SR[j++];
}
void OpenMergeSort(SeqList &L) //显式归并排序算法
{
    RecType *SR=L.r;
    RecType *TR=new RecType[L.length+1];   //辅助表空间
    for(int size=1; size<=L.length; size*=2) {  //size为每轮参与归并子表的尺寸
        int p=1;  //表1头部下标
        do {
            int q=p+size;   //表2头部下标
            if(q>L.length) q=L.length+1;
            int t=q+size-1; //表2尾部下标
            if(t>L.length) t=L.length;
            OpenMerge(SR, TR, p, q-1, t); // SR[p..q-1]和SR[q..t]归并到TR[p..t]
            p=t+1;    //表1头部下标
        }while(p<=L.length);
        RecType *temp=SR;  //SR和TR指向互换
        SR=TR;     //SR指向子表间有序表集合
        TR=temp;
    }
    if(SR!=L.r) {  //若SR指向辅助表首地址
        for(int i=1; i<=L.length; i++) TR[i]=SR[i];
        TR=SR;    //辅助表首地址归还TR
    }
    delete [] TR; //释放/辅助表空间
}
```

借鉴归并排序算法的性能分析，显式归并排序算法的记录比较与移动次数为$T=C_{平均}+M_1$ $=1.75n\log_2 n$，显式归并排序算法的时间复杂度为$O(n\log_2 n)$，显式归并排序是稳定的。

8.5.3　链式归并排序

常规归并排序和显式归并排序均需要与待排序数据空间规模相同的辅助内存空间，这对大数据量尤其是宽记录海量数据的排序分析是非常不利的。为解决不用辅助空间实现归并排序，作者提出一种链式归并排序方法。链式归并排序的对象仍存储在顺序表中，在每个记录中增设一个下标指针，经排序处理后形成静态有序链表，记录下标指针大于 0 时指向有序表中的后继记录，记录下标指针为–1 时表明该记录为有序表尾记录。

链式归并排序采用与归并排序一样的递归分表归并机制，算法在各递归层次上归并产生的有序表首记录的下标地址与归并排序产生的一致，各有序表中记录通过下标指针指向其后继，构成有序链表。图 8.12 给出 8 个单记录有序表经一次链式归并排序合并为 4 个分别含 2 个记录的有序表，再经一次链式归并排序合并为 2 个分别含 4 个记录的有序表，最后再经一次链式归并排序合并为 1 个含 8 个记录有序表的过程。

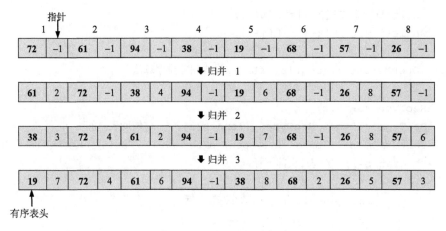

图 8.12　链式归并排序示意

链式归并排序算法函数 LinkMergeSort 首先将每个记录视为一个原子有序表，然后调用递归函数 LinkMSort 完成链式归并排序，该函数无须辅助表空间。两个有序链表的归并通过调用函数 LinkMerge 实现，该函数将下标指针 p 和 q 指向的左右两个有序链表，归并成一个首记录位置与左表一致的有序链表。图 8.13 给出两个各含 4 个记录有序链表的归并过程。

算法程序 8.10
```
void LinkMerge(RecType SR[], int p, int q) //链式归并算法函数
{//将SR中由下标指针p和q指向的两有个序表归并为一个有序表
    int t=p;  //t为归并表当前(尾)结点
    if(SR[p].key>SR[q].key) {  //若表2头结点小
        RecType Temp=SR[p];
        SR[p]=SR[q];
        SR[q]=Temp;
        p=q;
```

```
        q=SR[t].next;    //表2头的后继结点
    }
    else p=SR[p].next;
    while(p>0&&q>0) {
        if(SR[p].key<SR[q].key) {
            SR[t].next=p;
            t=p;
            p=SR[p].next;
        }
        else {
            SR[t].next=q;
            t=q;
            q=SR[q].next;
        }
    }
    SR[t].next=(p<0)?q:p;
}
```

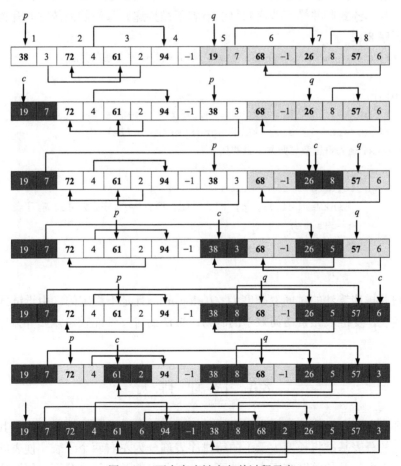

图 8.13　两个有序链表归并过程示意

算法程序 8.11

```
void LinkMSort(RecType SR[], int s, int t) //链式归并排序递归算法函数
{
    if(t>s) {
        int m=(s+t)/2;
        LinkMSort(SR, s, m);
        LinkMSort(SR, m+1, t);
        LinkMerge(SR, s, m+1);
    }
}
void LinkMergeSort(SeqList &L) //链式归并排序算法入口函数
{
    for(int i=1; i<=L.length; i++)  L.r[i].next=-1;
    LinkMSort(L.r, 1, L.length);
}
```

下面给出链式归并排序非递归算法，该算法省去递归分表的过程，直接开展有序链表的合表过程，即按子表长度从 1，2，4，…，$n/2$ 的层次顺序进行各层次上两两相邻有序链表的归并。链式归并排序非递归算法节省了维持递归算法的系统空间开销。

算法程序 8.12

```
void LinkMergeSort (SeqList &L) //链式归并排序非递归算法
{
    int p,q;
    for(int i=1; i<=L.length; i++) L.r[i].next=-1;
    for(int size=1; size<=L.length; size+=size)
    { //size为每轮参与归并子表的尺寸
        p=1;
        while((q=p+size)<=L.length) {
            LinkMerge(L.r, p, q); //p有序表和q有序表归并到p有序表
            p=q+size;
        }
    }
}
```

链式归并排序算法的时间复杂度为 $O(n\log_2 n)$，且是不稳定的。由于链式归并排序基于静态链表，受链表元素访问效率的制约，算法的排序性能较常规归并排序算法有所下降。

8.6　快　速　排　序

快速排序(quick sort)是目前排序算法中平均性能最优的一种排序方法。其基本思想是根据选定的分表基准将长度大于 1 的待排序表剖分为左右两个子表，使表间记录的关键字有序，表内记录的关键字无有序性要求，对分出的两个子表分别采用同样原则继续

进行剖分，直至剖分到原子表为止。显然，快速排序算法采用递归分表机制，递归到底层时所有前后相邻子表(含单元素的原子表)满足表间有序，从而完成排序。

8.6.1　中间记录关键字为基准的快速排序

如何选择分表基准或支点(pivot)关键字至关重要，理论上采用表中记录关键字的中位数最为理想，因为使用它可将原表分为左右两个规模大致相当的子表，但大量实验证明找到记录关键字中位数的代价可能大于使用其带来的好处。常用的基准选取方法有中间记录的关键字、首记录的关键字、首尾记录关键字的平均值(二值平均)、三值取中法(首、尾、中三记录关键字中的居中关键字)、随机选取表中一个记录的关键字等，其中以中间记录关键字作为基准最为合理和直接。

本节介绍以表的中间记录关键字作为分表基准的快速排序方法。方法首先根据表的首记录和尾记录的位置折中计算表的中间记录位置，并以中间记录关键字作为本次分表的依据。采用记录下标指针 i 和 j 分别指向表的首记录和尾记录，指针 i 从左到右、指针 j 从右到左分别对向搜索，指针 i 跳过关键字小于基准的记录，定位于大于等于基准的记录处；指针 j 跳过关键字大于基准的记录，定位于小于等于基准的记录处，交换 i 记录和 j 记录，i 和 j 各自向其搜索方向前进一步后继续对向搜索满足定位条件的记录，交换 i 记录和 j 记录，…，直到 $i>j$ 为止。至此，表头部到 j 为左子表，i 到表尾部为右子表。对左右两个子表分表递归采用本方法等，直至分割到原子表为止。图 8.14 所示对一个具有 13 个记录表采用中间记录关键字为基准的快速排序分表过程。

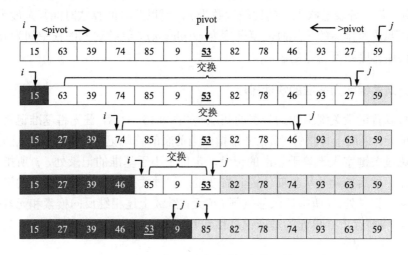

图 8.14　中间记录关键字为基准的快速排序示意

算法程序 8.13

```
void MQuickSort(SeqList &L,int low,int high) //中基准快速排序算法
{//中间记录关键字为分表基准
    if(low>=high) return;
    int i=low;
```

```
        int j=high;
        KeyType pivotkey=L.r[(low+high)/2].key;
        RecType temp;
        while(i<=j) {
            while(L.r[i].key<pivotkey)  i++;
            while(L.r[j].key>pivotkey)  j--;
            if(i<=j) {
                temp=L.r[i];
                L.r[i++]=L.r[j];
                L.r[j--]=temp;
            }
        }
        MQuickSort(L, low, j);
        MQuickSort(L, i, high);
    }
```

　　理想情形下，快速排序方法每次将一个表划分为两个规模大致相同的子表，即所选基准关键字处于中位数附近，划分的平衡性好，则算法大约递归 $\log_2 n$ 层次即可完成排序，由于分表时基准要与表中所有记录比较，在每个分表层次上总的比较次数为 n，而该层次上总的记录交换移动次数要小于 n，故算法在最理想情形下的时间复杂度为 $O(n\log_2 n)$。最坏的情形是每次分表的基准为表元素关键字的极值，每次只能将长度为 len 的表分为一个长度为 1 另一个长度为 len-1 两个子表，显然将造成算法的递归分表深度是 n–1，由于每个分表层次上总的比较次数为 n，所以此时的算法时间复杂度为 $O(n^2)$。

　　可以证明快速排序的平均时间复杂度为 $O(n\log_2 n)$，维持递归的栈空间为 $\log_2 n$ 的线性函数，快速排序是不稳定的。

8.6.2　首记录关键字为基准的快速排序

　　本方法以首记录关键字作为分表的基准。如图 8.15 所示，首先将基准记录复制到下标为 0 的单元，采用下标指针 i 和 j 分别指向当前表的首尾记录，指针 j 先从当前位置向左搜索，跳过关键字大于等于基准的记录，定位于小于基准的记录处，j 所指记录移到位置 i 单元；然后指针 i 从当前位置向右搜索，越过关键字小于等于基准的记录，定位于大于基准的记录处，i 所指记录移位到 j 单元，继续上述相继反向搜索和元素移位直到 $i \geqslant j$ 时为止，将暂存于 0 单元的基准记录移到 i 所指单元。至此，表头到 i–1 为左子表，i+1 到表尾为右子表。

　　首记录关键字作为分表的基准(pivot)的快速排序方法一次分表确定了基准记录的最终位置，所以算法在每一层次分表选定的基准记录不会参与下一层次递归分表排序。对于原表有序或逆有序的情形，采用首记录关键字作为分表的基准将导致最为尴尬的局面，每次只能将长度为 len 的表分为一个长度为 1 另一个长度为 len-1 两个子表，造成算法的递归分表深度不是 $\log_2 n$，而是 n–1，由于分表检索比较次数与表长一致，算法退化为选择排序，此时的算法时间复杂度为 $O(n^2)$。

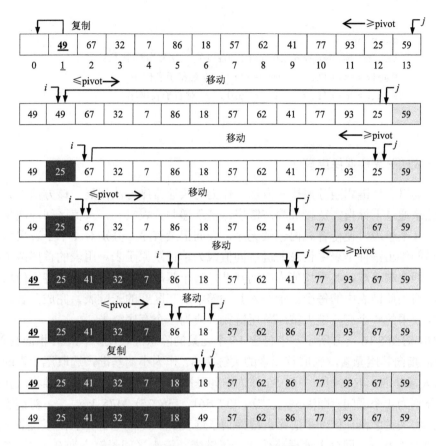

图 8.15　首记录关键字为基准的快速排序示意

首基准快速排序方法的平均时间复杂度仍然为 $O(n\log_2 n)$，且是不稳定的。从本章后面的算法比较实验中将会发现，首基准快速排序算法对大数据量情形适应性差。

算法程序 8.14

```
int Segment(SeqList &L,int low,int high) //以首记录关键字为基准对L分表
{
    L.r[0]=L.r[low];
    KeyType pivotkey=L.r[low].key;
    do {
        while(low<high&&L.r[high].key>=pivotkey) --high;
        L.r[low]=L.r[high];
        while(low<high&&L.r[low].key<=pivotkey)  ++low;
        L.r[high]=L.r[low];
    }while(low<high);
    L.r[low]=L.r[0];
    return low;
}
void FQuickSort(SeqList &L, int low, int high) //首基准快速排序算法
```

```
{
    if(low<high) {
        int mid= Segment(L,low, high);  //分为两个子表
        FQuickSort(L,low,mid-1);     //对左子表排序
        FQuickSort(L,mid+1, high);  //对右子表排序
    }
}
```

8.6.3 链式四分表快速排序算法

作者提出一种链式四分表排序方法，作为对快速排序方法拓展。该方法首先将顺序表中的记录通过下标指针链接成静态链表，基于递归分表机制，按值区间一次将待排序表分割为 4 个子表，使得各表内记录无序，表间记录有序；分别对 4 个子表采用本方法分表，递归终止条件是表中记录关键字同值或为单记录原子表。用表的首尾两个不同关键字作为两个端基准，其平均值为中间基准，3 个基准将待排序表的关键字值域分为 4 个区间，将当前链表中的每个记录归入其关键字所在区间的子链表，完成分表。方法将递归排序获得的 4 个有序链表按序首尾链接合成为一个有序链表。

例如，对图 8.16 上方所示一个包含 15 个元素的静态链表，指针 head 指向其首元素，指针 rear 指向其尾元素，选取首元素的关键字 37 作为小端基准，选取尾元素的关键字 75 作为大端基准，取它们的中值 56 作为中间基准，小、中、大 3 个基准将表元素关键字值域分割为 4 个区间，即[key_{min}, 37)、[37, 56)、[56, 75)、[75, key_{max}]，对链表进行一趟扫描，将关键字落在区间 i 的元素链接到子链表 i 中(1≤i≤4)，区间子链表 i 的首尾指针分别为 h_i 和 r_i。四分表处理获得 4 个子链表，第 1 区间子链表为 9→21→27→15；第 2 区间子链表为 37→41→53→46；第 3 区间子链表为 64→68→59；第 4 区间子链表为 85→78→93→75。

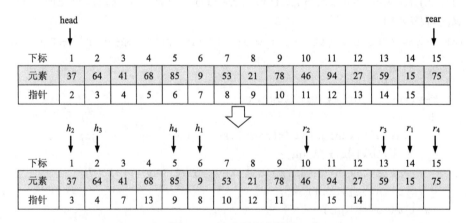

图 8.16 链式四分表示意

链式四分表排序在最理想情形下的平均时间复杂度为 $O(n\log_2 n)$，维持递归的栈空间开销为 $\log_4 n$ 的线性函数；在最坏的情形下算法时间复杂度为 $O(n^2)$。

算法程序 8.15

```
struct Partition {   //分区链表结构
    int head;  //头指针
    int rear;  //尾指针
};
void QuadListSort(RecType *SR, int &head, int &rear) //链式四分表排序递归函数
{
    if(head==rear) return;  //含单个结点即为有序表返回
    Partition SL[4];  //分区链表指针数组
    SL[0].head=SL[1].head=SL[2].head=SL[3].head=-1;
    KeyType Pivot1=SR[head].key;   //首结点关键字作基准1
    KeyType Pivot3=SR[rear].key;   //尾结点关键字作基准3
    if(Pivot1==Pivot3) {  //若队列首尾结点关键字同值
        int i=head;
        while((i=SR[i].next)!=rear&&SR[i].key==Pivot1) ;
        if(i!=rear) Pivot1=SR[i].key; //链表中搜索到不同关键字
        else return ;   //链表中所有结点关键字同值即为有序表返回
    }
    if(Pivot1>Pivot3) {
        KeyType temp=Pivot1;
        Pivot1=Pivot3;
        Pivot3=temp;
    }
    KeyType Pivot2=(Pivot1+Pivot3)/2;   //两结点关键字中值作基准2
    int i=head;
    while(true) {
        if(SR[i].key<Pivot1) { //结点落在第1分区
            if(SL[0].head<0) SL[0].head=i;   //加入首结点
            else SR[SL[0].rear].next=i;      //加入后继结点
            SL[0].rear=i;                    //尾指针指向加入结点
        }
        else if(SR[i].key<Pivot2) { //结点落在第2分区
            if(SL[1].head<0) SL[1].head=i; //加入首结点
            else SR[SL[1].rear].next=i;      //加入后继结点
            SL[1].rear=i;                    //尾指针指向加入结点
        }
        else if(SR[i].key<Pivot3) { //结点落在第3分区
            if(SL[2].head<0) SL[2].head=i;   //加入首结点
            else SR[SL[2].rear].next=i;      //加入后继结点
            SL[2].rear=i;                    //尾指针指向加入结点
        }
        else {  //结点落在第4分区
```

```
            if(SL[3].head<0) SL[3].head=i;      //加入的首结点
            else SR[SL[3].rear].next=i;         //加入的后继结点
            SL[3].rear=i;                        //尾指针指向加入结点
        }
        if(i==rear) break;
        else i=SR[i].next;
    }
    if(SL[0].head>0) QuadListSort(SR, SL[0].head,SL[0].rear);
    if(SL[1].head>0) QuadListSort(SR, SL[1].head,SL[1].rear);
    if(SL[2].head>0) QuadListSort(SR, SL[2].head,SL[2].rear);
    if(SL[3].head>0) QuadListSort(SR, SL[3].head,SL[3].rear);
    for(i=0; SL[i].head<0; i++) ;   //定位第一个非空分区链表
    head=SL[i].head;
    rear=SL[i].rear;
    while(++i<=3) {  //链接后继非空分区链表
        if(SL[i].head>0) {
            SR[rear].next=SL[i].head;
            rear=SL[i].rear;
        }
    }
}
int LinkQuadSort(SeqList &L)//链式四分表排序算法
{
    RecType *SR=L.r;
    for(int i=1; i<=L.length; i++) SR[i].next=i+1;   //构造静态链表
    int head=1;
    int rear=L.length;
    QuadListSort(SR, head, rear);
    SR[rear].next=-1;
    return head;
}
```

8.7 基 数 排 序

8.7.1 基数排序的原理

基数排序(radix sort)是一种利用记录关键字特征的链式分表排序方法,该方法假设待排序记录关键字大于等于 0,如存在负数关键字,则需将表中所有记录关键字值位移到正值区间。基数排序的对象要求以静态链表或动态链表形式组织,其分表依据是记录关键字的位值特征。一般而言,基数排序的基本思想为:对基为 r 的关键字,设置 r 个用于存放记录的箱子,编号为 0 到 $r-1$。首先将待排序表的 n 个记录按关键字最低位值分配到相应的箱中,关键字最低位值为 $i(0 \leqslant i \leqslant r-1)$ 的记录分配到箱子 i 中,同一箱子中的记录关键字的最低位值相同，然后按顺序收集各个箱中从箱底到箱顶的记录组成一个新表。用同样的方法将新表中的记录按关键字的倒数第二位值分配到 r 个箱子中，同一个箱子中记录关键字的倒数第 2 位值相同，然后按顺序收集各个箱中的记录组成一个新表。重复这一过程，直至完成按关键字最高位值的分配与收集，至此即得到有序表。

基数排序的机理核心是分组排序，每轮分组排序建立在上一轮分组排序的基础之上，第 i 轮排序的分配和收集达到的结果等价于以记录关键字后部的 i 位为依据进行的排序，最后一轮排序的分配和收集达到的结果等价于以记录的整个关键字为依据进行的排序。

以 10 进制实数关键字为例，假设表中记录最大关键字为 d 位数（含精度小数位），则算法需要 d 轮分发和收集才能完成排序。基数排序为分表设置编号从 0 到 9 共 10 个箱子，分发到箱子中的记录以链队形式组织，每个箱链队具有 head 和 rear 两个指针，箱底一端对应队列头部，一轮记录分发后按顺序收集获得新的链表。

第 1 轮根据表中记录关键字倒数第 1 位值分配所插入的箱子，若当前记录关键字倒数第 1 位值为 i，则将该记录尾插到第 i 个箱子链队中，此轮分配完成后按顺序将各非空箱子链队首尾链接形成新的链表；第 2 轮根据表中记录关键字倒数第 2 位值分配所插入的箱子，若当前记录关键字倒数第 2 位值为 i，则将该记录尾插到第 i 个子链队中，此轮分配完成后按顺序将各非空箱子链队首尾链接形成新的链表；…，直至第 d 轮链表记录的分配和收集后获得排序结果。图 8.17 给出了关键字为实数（精度 0.01）的 4 轮基数排序过程。

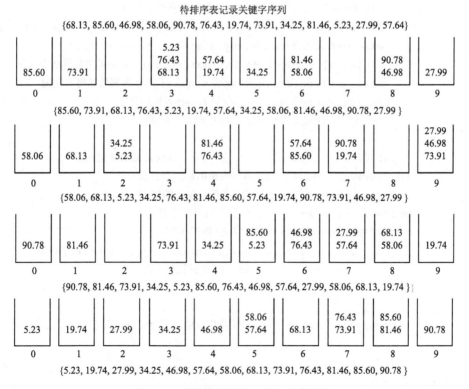

图 8.17　基数排序记录分发与收集过程

8.7.2　基数排序算法

基数排序函数 RadixSort 的形参 digitlen 为含精度位在内的最大记录关键字位数，dec 为采用的精度小数位数，radix 为记录关键字采用的基数，缺省值为 10，函数返回有序静态链表首记录的下标。

算法程序 8.16

```
struct queue {   //基数排序箱子队列类型
    int head;    //箱队列头指针
    int rear;    //箱队列尾指针
};
int RadixSort(SeqList &L, int digitlen, int dec, int radix) //基数排序算法
{
    int scale[15]={1};
    for(int i=1; i<15; i++) scale[i]=10*scale[i-1];
    queue *Box=new queue[radix];   //开辟箱子链队
    for(i=1; i<=L.length-1; i++) L.r[i].next=i+1;  //构造静态链表
    L.r[L.length].next=-1;
    int d, head=1;   // head指向链表首结点
    for(int digit=1; digit<=digitlen; digit++) {   //控制digit轮分配与收集
        for(i=0; i<radix; i++) Box[i].head=-1;  //清空所有箱子
        while(head>0)  {//按关键字的d位数值分量进行分配
            if(digit>dec) d=int(L.r[head].key/scale[digit-dec-1])%10;
            else d=int(L.r[head].key*scale[dec-digit+1])%10;
            if(Box[d].head<0) Box[d].head=head;   //d箱空放其链表头部
            else L.r[Box[d].rear].next=head;  //否则放其链表尾部
            Box[d].rear=head;        //更新箱链表尾指针
            head=L.r[head].next;   //指向下一记录
        }
        for(i=0; Box[i].head<0;  i++) ;   //检索首个非空箱子
        head=Box[i].head;      //本轮收集的第一个记录
        int rear=Box[i].rear;   //当前收集表的尾部
        while(++i<radix)  {      //检索后继非空箱
            if(Box[i].head>0) { //第i箱子非空
                L.r[rear].next=Box[i].head;  //与非空前驱箱尾链接
                rear=Box[i].rear;  //更新收集表的尾部
            }
        }
        L.r[rear].next=-1;    //本轮收集完成，表尾记录指针置空
    }
    delete [] Box;
    return head;
}
```

以常用基数 10 为例分析，基数排序将链表中的个记录分配到 10 个队列中所花费的时间为 $T_1=O(n)$，一次将各箱中的记录收集为新链表的时间为 $T_2=O(10)$，假设包含精度位在内待排序表记录关键字的最大位数为 d 位，则算法需经历 d 轮分配收集完成排序，故算法的时间复杂度为 $O(d×(n+10))$。对 r 进制数据而言，基数排序算法时间复杂度为 $O(d×(n+r))$。

实际影响基数排序性能还有其他因素，首先基数排序是基于链表的排序，链表记录的检索效率明显低于顺序表记录的检索效率；其次是获取关键字位值代价，每轮每个记录关键字需要经过乘/除和取余运算各 1 次和加/减运算 2 次才能获取位值，排序花费的总运算次数为 $4×d×n$。大量实验表明，随着排序数据量变大（超过 100 万），基数排序的性能相比其他时间复杂度为 $O(n\log_2 n)$ 的排序算法有下降趋势，这可能源于基数排序基于静态链表的因素。基数排序方法是稳定的。

8.8　各种排序方法的性能比较

本章介绍直接插入排序、折半插入排序、链式插入排序、Shell 排序、改进 Shell 排序、二叉堆排序、四叉堆排序、中基准快速排序、首基准快速排序、四分表排序、归并排序、显式归并排序、链式归并排序、基数排序共 14 种内部排序方法。下面从不同视角分析这些方法的适应性、优势和局限。

8.8.1　排序算法的性能特征

从适应待排序表的存储结构看，直接插入排序、折半插入排序、Shell 排序、改进 Shell 排序、堆排序、快速排序、归并排序、显式归并排序是基于顺序表的排序方法；链式插入排序、四分表排序、链式归并排序、基数排序是基于静态链表或动态链表的排序方法。

从排序结果的稳定特征看，稳定的排序方法有直接插入排序、链式插入排序、四分表排序、归并排序、显式归并排序和链式归并排序、基数排序，这些算法的排序结果中具有相同关键字记录的先后关系得以保持；不稳定的排序方法有折半插入排序、Shell 排序、改进 Shell 排序、二叉堆排序、四叉堆排序、中基准快速排序、首基准快速排序，这些算法的排序结果中具有相同关键字记录的先后关系可能发生了改变。

从排序算法对辅助空间的依赖性看，完全不依赖辅助存储空间的排序算法有直接插入排序、折半插入排序、Shell 排序、改进 Shell 排序、二叉堆排序、四叉堆排序；依赖辅助存储空间的排序算法有归并排序和显式归并排序，它们对的辅助存储依赖的空间复杂度为 $O(n)$；另外，链式插入排序、四分表排序、链式归并排序、基数排序需要记录指针域空间开销；而采用递归机制算法需要间接占用系统空间，这些排序算法有中基准快速排序、首基准快速排序、四分表排序、归并排序、链式归并排序，其中快速排序间接占用的空间为 $\log_2 n \sim n$ 的线性函数；四分表排序、归并排序、链式归并排序间接占用空间的为 $\log_2 n$ 的线性函数。

从适应待排序表可能具有的有序性特征看，对有序表（关键字由小到大）排序性能表现最佳的方法有直接插入排序、Shell 排序、改进 Shell 排序、中基准快速排序；对有序表排序性能表现最差的方法有二叉堆排序、四叉堆排序、首基准快速排序。对逆有序表(关键字由大到小)的排序性能表现最佳的方法有二叉堆排序、四叉堆排序；对逆有序表排序性能表现最差的方法有插入排序、Shell 排序、改进 Shell 排序和首基准快速排序。归并排序算法对待排序数据的有序性不太敏感。

从处理随机性数据排序问题的时间复杂性角度观察，两种基于顺序表的插入排序算法的时间复杂度均为 $O(n^2)$，其中折半插入排序算法因每次定位插入位置所需的比较次数为 $O(\log_2 n)$，所以性能更好一些，与选择排序、冒泡排序等初级排序算法相比，直接插入排序算法的性能优势还是明显的。Shell 排序的时间复杂度为 $O(n^{1.5})$，采用不同增量序列 Shell 排序和改进 Shell 排序的时间复杂度会有不同程度提升，最好可以达到 $O(n^{1.3})$ 左右，从 8.8.2 节的实验可以看到作者提出的基于最佳增量缩减因子的改进 Shell 排序算法可以达到与归并排序算法相近的性能表现。

时间复杂度为 $O(n\log_2 n)$ 的排序算法中性能靠前的有中基准快速排序、显式归并排序、归并排序、四叉堆排序和二叉堆排序，其中中基准快速排序、显式归并排序对大数据量的适应性很强，归并排序以及改进 Shell 排序对大数据量的适应性也较好。由于静态链表元素的链接搜索访问特点，导致基于静态链表的基数排序、四分表排序、链式归并排序在面对大数量场景时有性能降低的风险，这在后面的排序实验中也得到证实。

表 8.2 列出本章给出排序算法的相关性能指标，时间复杂度包括最好情形下的比较和移动次数、最劣情形下的比较和移动次数以及空间复杂度和稳定性。

表 8.2　各种排序算法性能指标

排序方法	关键字比较次数		元素移动次数		辅助空间	稳定性
	最好情形	最差情形	最好情形	最差情形		
直接插入排序	$O(n)$	$O(n^2)$	$O(1)$	$O(n^2)$	$O(1)$	稳定
折半插入排序	$O(n\log_2 n)$	$O(n\log_2 n)$	$O(1)$	$O(n^2)$	$O(1)$	不稳定
链式插入排序	$O(n^2)$	$O(n^2)$	$O(n)$	$O(n)$	链域开销	稳定
Shell 排序	$O(n^{3/2})$	$O(n^2)$	$n^{3/2}$	$O(n^2)$	$O(1)$	不稳定
改进 Shell 排序	$O(n^{1.3})$	$O(n^2)$	$O(n^{1.3})$	$O(n^2)$	$O(1)$	不稳定
快速排序	$O(n\log_2 n)$	$O(n^2)$	$O(n)$	$O(n^2)$	$O(\log_2 n)\sim O(n)$	不稳定
二叉堆排序	$O(n\log_2 n)$	$O(n\log_2 n)$	$O(n\log_2 n)$	$O(n\log_2 n)$	$O(1)$	不稳定
四叉堆排序	$O(n\log_2 n)$	$O(n\log_2 n)$	$O(n\log_2 n)$	$O(n\log_2 n)$	$O(1)$	不稳定
归并排序	$O(n\log_2 n)$	$O(n\log_2 n)$	$O(n\log_2 n)$	$O(n\log_2 n)$	$O(n)$	稳定
显式归并排序	$O(n\log_2 n)$	$O(n\log_2 n)$	$O(n\log_2 n)$	$O(n\log_2 n)$	$O(n)$	稳定
链式归并排序	$O(n\log_2 n)$	$O(n\log_2 n)$	$O(n\log_2 n)$	$O(n\log_2 n)$	$O(\log_2 n)$+链开销	不稳定
四分表排序	$O(n\log_2 n)$	$O(n\log_2 n)$	$O(n\log_2 n)$	$O(n\log_2 n)$	$O(\log_2 n)$+链开销	不稳定
基数排序	$O(d(n+r))$	$O(d(n+r))$	$O(d(n+r))$	$O(d(n+r))$	$O(dr)$+链开销	稳定

8.8.2 排序算法性能测试实验

通过自动随机产生不同规模的实验数据对上述排序算法的性能进行测试。为直观掌握各算法的排序性能，撇开时间复杂度为 $O(n^2)$ 的 3 种时间依赖型插入排序算法，对其他 11 种排序算法进行性能测试，安排规模从 10 万至 7500 万共 8 个量级的数据排序实验。为顾及实验数据样本的多样性，对各种规模数据的排序实验按各算法在 10 轮排序中的平均耗时统计，每轮实验随机产生相应规模数值范围在 0.0～99999.0 之间的实数，参与测试各排序算法对随机样本数据的各自副本进行排序，基数排序算法的实数精度要求为 0.001。

对基于静态链表的排序算法实验，需要在顺序表的结构描述中增加一个整型下标指针分量 next。所有算法的排序结果均须通过有序性检测和结果一致性检测两项验证。有序性验证函数 OrderVerify(SeqList &L,int p=0) 验证顺序表和静态链表的有序性，验证有序返回 true，否则返回 false。验证顺序有序表时无须参数 p，验证静态链表有序性时，由参数 p 指定首记录位置。有序表一致性检测函数为 Consistency（SeqList &LS, SeqList &LT,int p=0），其中 LS 为标准有序顺序表样本，LT 为待检测顺序表。函数逐个记录比较样本有序表 LS 和待检测记录表 LT 的关键字，若完全相同返回 true，否则返回 false。

算法程序 8.17

```
bool OrderVerify(SeqList &L, int p=0)  //有序性检验
{  //p指向静态链表的首记录，对顺序表该参数缺省
    if(p==0) {  //顺序表有序性检验
        for(int i=1; i<L.length; i++) {
            if(L.r[i].key>L.r[i+1].key)
                return false;  //检验未通过
        }
        return true;  //通过检验
    }
    else {  //静态链表有序性检验
        int count=1;
        int q=L.r[p].next;   //下一记录下标
        while(q!=-1) {
            if(L.r[p].key>L.r[q].key)
                return false;  //检验未通过
            p=q;
            q=L.r[p].next; //下一记录下标
            count++;
        }
        if(count!=L.length) {
            cout<<"表记录存在丢失或冗余!"<<endl;
            return false;  //检验未通过
        }
```

```
        return true;  //通过检验
    }
}
bool Consistency(SeqList &LS, SeqList &LT, int p=0) //一致性检验
{ //p指向静态链表的首记录，对顺序表该参数缺省
    const float eps=1.0e-8;
    if(p==0) {  //顺序表一致性检验
        for(int i=1; i<=LS.length; i++) {
            if(fabs(LS.r[i].key-LT.r[i].key)>eps) return false;//检验未通过
        }
        return true;  //通过检验
    }
    else {   //静态链表一致性检验
        int i=0;
        while(p!=-1) {
            if(fabs(LS.r[++i].key-LT.r[p].key)>eps) return false;//检验未通过
            p=LT.r[p].next; //下一记录下标
        }
        if(i!=LS.length) {
            cout<<"表记录存在丢失或冗余!"<<endl;
            return false;    //检验未通过
        }
        return true; //通过检验
    }
}
```

表 8.3 列出了 11 种排序算法的性能测试统计数据，其中"Shell+"代表改进 Shell 排序算法，"快速·首"代表以首记录关键字为基准的快速排序算法，"快速·中"代表以中间记录关键字为基准的快速排序算法，"归并+"代表显式归并排序算法，"链归并"代表链式归并排序算法。

表 8.3　11 种排序算法性能测试统计数据

数据规模/万	各种排序算法的排序执行时间/ms										
	Shell	Shell+	二叉堆	四叉堆	快速·首	快速·中	四分表	归并	归并+	链归并	基数
10	21	14	17	16	9	12	13	14	9	11	8
50	122	87	96	92	63	54	61	81	57	72	43
100	269	172	207	196	135	112	133	166	117	163	130
500	1640	938	1404	1285	1017	569	1460	894	637	1591	2644
1000	3640	1921	3367	2936	2868	1162	3784	1831	1286	4181	5853
2500	10225	5026	10324	9020	13283	2972	11912	4664	3370	13854	15530
5000	22761	10282	23295	20299	49089	6493	28142	9924	6827	33672	33089
7500	36361	15693	37130	32324	100998	9089	45212	14742	10410	56156	53392

综合性能统计数据可以看出，中基准快速排序和作者提出的显式归并排序是性能最优的两种排序算法，后者的性能表现验证了算法改进的有效性。综合性能紧随其后是归并排序算法和作者提出的基于最佳缩减因子的改进 Shell 排序算法，两种算法对各种规模数据的排序性能表现极为相似，可以看出，改进 Shell 排序算法较常规 Shell 排序算法的性能提升十分显著；在两种堆排序算法中，四叉堆排序算法的性能略优于二叉堆排序算法，对千万以上规模的数据排序，堆排序性能下降较为明显，已接近常规 Shell 排序；在基于静态链表的三种排序算法中，综合性能最优的当属四分表排序，链式归并排序和基数排序随数据规模不同互有优势，其中基数排序算法对 50 万以内数据排序的效率是全部 11 种排序算法中最高的，反映出算法的线性阶时间复杂度特征。但随着数据规模的增大，静态链表对这三种排序算法性能的拖累逐渐显现，导致性能衰减。

首基准快速排序性能的表现具有独特之处，对 10 万以内的数据排序，其性能不亚于中基准快速排序，对 100 万规模以内数据的排序，该算法与中基准快速排序性能差异不大；对 100 万～1000 万规模数据的排序，该算法性能与中基准快速排序相比有逐渐拉大的趋势，特别是当数据规模上升到 1000 万以后，该算法排序性能随数据规模的增长加速变坏，其内在原因有待分析。

8.9　流域离散单元上游集水面积计算中的排序应用

8.9.1　集水面积的概念和计算方法

流域周围分水线与河口断面之间所包围的面积称为流域的集水面积，这一面积范围内的降雨、融冰、融雪等在重力、地形、地质等因素的共同作用下形成地表坡面径流(含大孔隙流)和地下径流，并最终主要以地表径流的形式汇入水网系统，通过水网系统汇流到流域出口。在流域数字水系模型的构建中，主要利用流域数字高程模型(DEM)数据提取河道、河网结构、子流域等水文特征。为提取流域河道，一种方法是先将流域离散化为与流域栅格型 DEM 一致的规则格网，计算流域内每一个栅格单元的上游集水面积，即统计向每个单元汇水的上游栅格单元的面积，离散单元集水面积的计算是识别和提取流域河道以及河网结构的重要基础。

为简化问题，这里假设流域 DEM 数据已经过填洼等适当的前期处理，即除流域出口单元外，流域内每一个栅格单元均存在至少一个高程低于它的邻域单元，这样采用 D8 法就可计算流域内每一个栅格的最陡坡降方向并确定为其径流出流方向，实际计算过程中可将单元出流方向的确定和下游单元集水面积的计算相继进行。为此，首先将流域范围内所有栅格单元的高程及其行列号复制到一个顺序表中，然后采用中基准快速排序法对其进行排序，生成汇流排序索引。以单个栅格单元的面积作为流域内每一个栅格单元集水面积初值，按高程由高到低的顺序寻找每一个栅格单元的最陡坡降方向，该方向的邻域栅格确定为其径流的出流栅格单元，然后将当前栅格单元的集水面积累加到其出流的下游栅格单元的集水面积上，直至计算到流域的出口单元。至此，就完成了流域内所有栅格单元上游集水面积的计算。如果经预先分析计算已确定河道生成所需的集水面积阈值，即可按照按此阈值对流域内所有集水面积大于或等于该阈值的栅格进行提取并确定为河道。

图 8.18 所示为流域 DEM 中一个局部 3×3 格网的中心栅格单元及邻域单元，对中心栅格单元的 8 个邻域单元按东、东南、南、西南、西、西北、北、东北 8 个方向分别编号为 1、2、3、4、5、6、7、8。参照 D8 法，相对于中心栅格单元高程的最大坡降邻域单元确定为中心单元的径流出流单元。

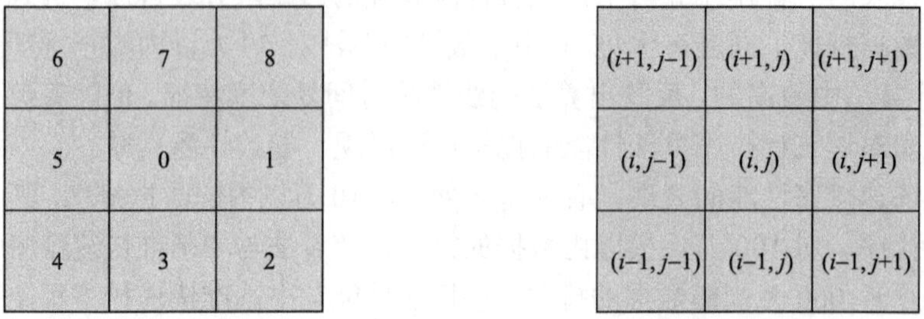

6	7	8
5	0	1
4	3	2

中心栅格及邻域单元编号

$(i+1, j-1)$	$(i+1, j)$	$(i+1, j+1)$
$(i, j-1)$	(i, j)	$(i, j+1)$
$(i-1, j-1)$	$(i-1, j)$	$(i-1, j+1)$

中心栅格及邻域单元行列下标

图 8.18　3×3 格网中心栅格及邻域编号及行列下标

8.9.2　计算单元集水面积算法

本算法中使用的数字高程模型（DEM）二进制文件（*.dem）由固定长度的文件头和后面的高程数据记录组成。文件头由 40 字节的说明信息组成，如表 8.4 所示，包括 DEM 规则格网的行总数、列总数、左下角 x 坐标、左下角 y 坐标、右上角 x 坐标、右上角 y 坐标、栅格单元尺寸、高程最小值、高程最大值、域外标志值等。文件头信息后面接着为 DEM 规则格网的单精度高程数据记录，可以将一个高程数据视作一个记录，也可以将一行的高程数据作为一个记录。

表 8.4　DEM 文件（.dem）文件头信息

字节	类型	用途	信息名
0～3	int32	格网行总数	rows
4～7	int32	格网列总数	cols
8～11	float32	DEM 格网左下角 x 坐标	xmin
12～15	float32	DEM 格网左下角 y 坐标	ymin
16～19	float32	DEM 格网右上角 x 坐标	xmax
20～23	float32	DEM 格网右上角 y 坐标	ymax
24～27	float32	DEM 格网栅格单元尺寸/m	size
28～31	float32	DEM 高程最小值/m	emin
32～35	float32	DEM 高程最大值/m	emax
36～39	float32	域外标志值（–999）	scale

算法首先读入数字高程模型文件的头信息后，根据 DEM 的行列数 rows 和 cols 申请创建相应规格的动态二维数组 DemMat 和集水面积动态二维数组 CatMat，读入 DEM 高程数据到二维数组 DemMat 并对数组 CatMat 的所有单元赋以单个栅格面积作为初值，统计流域内栅格单元数量，并据此申请创建流域内栅格单元高程、行号、列号顺序表 index，其中高程为记录关键字，采用中基准快速排序算法对顺序表 index 进行排序，生成有序索引表。按照上述集水面积计算原理计算得到流域内所有单元的上游集水面积、径流出流方向、出流坡度等，最后以两个二进制文件形式保存计算分析结果，一个为集水面积栅格数据文件，文件结构与 DEM 文件相同，另一个文件存储以表长作为头信息的高程有序索引表，表记录包括高程、行号、列号、出流方向和出流坡度等，记录按高程递减排列，索引表包含的信息可为分布式降雨径流模型的计算提供支持。

算法程序 8.18

```cpp
#include "iostream.h"
#include "stdio.h"
#include "math.h"
#include "sorting.h"   //排序算法头文件
struct DEMHEAD {   //DEM数据文件头信息结构
    int rows;
    int cols;
    float xmin;
    float ymin;
    float xmax;
    float ymax;
    float size;
    float emin;
    float emax;
    float flag;
};
typedef float KeyType;
struct RecType          //索引顺序表记录类型定义
{
    KeyType key;   //关键字
    int row;
    int col;
    int flowto;   //出流方向
    float slope;  //出流坡度
};
struct SeqList  //顺序表类型定义
{
    int length;   //记录数
    RecType *r;   //记录表首地址(创建表时动态申请获得)
};
```

```
void main()
{
    DEMHEAD deminfo; //DEM文件头信息
    SeqList index;    //地形单元高程有序索引表
    int adi[]={0, 0,-1,-1,-1, 0, 1, 1, 1}; //邻域单元行增量
    int adj[]={0, 1, 1, 0,-1,-1,-1, 0, 1}; //邻域单元列增量
    float **DemMat; //数字高程模型二维数组指针
    float **CatMat; //上游集水面积二维数组指针
    FILE *fp=fopen("流域数字高程模型.dem","rb"); //以二进制读方式打开文件
    if(fp!=NULL) {
        fread(&deminfo.rows,sizeof(int),1,fp);  //读DEM文件头信息
        fread(&deminfo.cols,sizeof(int),1,fp);
        fread(&deminfo.xmin,sizeof(float),1,fp);
        fread(&deminfo.ymin,sizeof(float),1,fp);
        fread(&deminfo.xmax,sizeof(float),1,fp);
        fread(&deminfo.ymax,sizeof(float),1,fp);
        fread(&deminfo.size,sizeof(float),1,fp);
        fread(&deminfo.emin,sizeof(float),1,fp);
        fread(&deminfo.emax,sizeof(float),1,fp);
        fread(&deminfo.flag,sizeof(float),1,fp);
        DemMat=new float*[deminfo.rows]; //申请DEM二维数据场
        CatMat=new float*[deminfo.rows]; //申请集水面积二维数据场
        for(int i=0; i<deminfo.rows; i++) {
            DemMat[i]=new float[deminfo.cols];
            CatMat[i]=new float[deminfo.cols];
        }
        index.length=0;
        for(i=0; i<deminfo.rows; i++) {
            for(int j=0; j<deminfo.cols; j++) { //读DEM各行数据
                fread(&DemMat[i][j],sizeof(float),1,fp);
                if(DemMat[i][j]>deminfo.flag) index.length++; //域内单元统计
            }
        }
        fclose(fp);
        index.r=new RecType[index.length+1]; //申请索引顺序表数据场
        int k=1,row,col;
        float cellsize=deminfo.size*0.001f; //栅格单元尺寸(单位千米)
        float cellarea=cellsize*cellsize;    //栅格单元面积(单位平方千米)
        for(i=0; i<deminfo.rows; i++) {
            for(int j=0; j<deminfo.cols; j++) {
                if(DemMat[i][j]>deminfo.flag) { //流域内单元
                    CatMat[i][j]=cellarea;        //单元集水面积初值
```

```
                index.r[k].key=DemMat[i][j]; //高程作为关键字
                index.r[k].row=i;
                index.r[k].col=j;
                k++;
            }
            else CatMat[i][j]=DemMat[i][j]; //域外单元特征值
        }
    }
    MQuickSort(index, 1, index.length); //对流域单元高程快速增序排序
    double diagdist=sqrt(2.0)*deminfo.size; //栅格对角线长度
    for(i=index.length; i>=1; i--) {      //按由高到低次序处理地形单元
        row=index.r[i].row;
        col=index.r[i].col;
        float dropmax=0.0; //最大落差初值
        int steepest=-1;    //最大落差方向初值
        for(int d=1; d<=8; d++) {
            int ia=row+adi[d]; //邻域单元行号
            int ja=col+adj[d]; //邻域单元列号
            if(ia<0||ia>=deminfo.rows) continue; //跳过无效邻域单元
            if(ja<0||ja>=deminfo.cols) continue; //跳过无效邻域单元
            if(DemMat[ia][ja]>deminfo.flag) {
                float drop=DemMat[row][col]-DemMat[ia][ja]; //高程落差
                if(drop>dropmax) {
                    dropmax=drop;
                    steepest=d;
                }
            }
        }
        if(dropmax>0.0) {
            int ia=row+adi[steepest]; //下游邻域单元行号
            int ja=col+adj[steepest]; //下游邻域单元列号
            CatMat[ia][ja]+=CatMat[row][col]; //集水面积向下游累加
            index.r[i].flowto=steepest; //出流方向
            if(steepest%2) index.r[i].slope=atan(dropmax/deminfo.size);
            else index.r[i].slope=atan(dropmax/diagdist); //出流坡度
        }
    }
    float catareamax=CatMat[row][col]; //最大集水面积初值
    float catareamin=CatMat[row][col]; //最小集水面积初值
    for(i=0; i<deminfo.rows; i++) {
        for(int j=0; j<deminfo.cols; j++) {
            if(CatMat[i][j]>deminfo.flag) {
```

```
            if(CatMat[i][j]>catareamax) catareamax=CatMat[i][j];
            if(CatMat[i][j]<catareamin) catareamin=CatMat[i][j];
        }
    }
}
fp=fopen("上游集水面积.cat","wb"); //以二进制写方式打开文件
fwrite(&deminfo.rows,sizeof(int),1,fp);  //写文件头信息
fwrite(&deminfo.cols,sizeof(int),1,fp);
fwrite(&deminfo.xmin,sizeof(float),1,fp);
fwrite(&deminfo.ymin,sizeof(float),1,fp);
fwrite(&deminfo.xmax,sizeof(float),1,fp);
fwrite(&deminfo.ymax,sizeof(float),1,fp);
fwrite(&deminfo.size,sizeof(float),1,fp);
fwrite(&catareamin,sizeof(float),1,fp);
fwrite(&catareamax,sizeof(float),1,fp);
fwrite(&deminfo.flag,sizeof(float),1,fp);
for(i=0; i<deminfo.rows; i++) {
    fwrite(CatMat[i],sizeof(float), deminfo.cols, fp);
}
fclose(fp);
fp=fopen("汇流索引.idx","wb"); //以二进制写方式打开文件
fwrite(&index.length,sizeof(int),1,fp);  //写文件长度信息
for(i=index.length; i>=1; i--) {            //按高程递减顺序存储
    fwrite(&index.r[i].key,sizeof(float),1,fp);
    fwrite(&index.r[i].row,sizeof(int),1,fp);
    fwrite(&index.r[i].col,sizeof(int),1,fp);
    fwrite(&index.r[i].flowto,sizeof(int),1,fp);
    fwrite(&index.r[i].slope,sizeof(float),1,fp);
}
fclose(fp);
delete [] index.r; //释放索引表动态数组
index.length=0;
for(i=0; i<deminfo.rows; i++) { //释放动态二维数组
    delete [] DemMat[i];
    delete [] CatMat[i];
}
delete [] DemMat;
delete [] CatMat;
}
}
```

习　题

一、简答题

1. 在本书介绍的多种排序算法中稳定的算法有哪几种，为什么这些排序算法是稳定的？

2. 在本书介绍的多种排序算法中采用递归机制的算法有哪几种，简述递归排序算法的特点和优点。

3. 在直接插入排序、Shell 排序、中基准快速排序、首基准快速排序、堆排序、归并排序和基数排序等算法中，请列出算法的每轮排序处理结束后均能选出一个元素放到最终位置上的排序算法。

4. 在直接插入排序、Shell 排序、中基准快速排序、首基准快速排序、堆排序、归并排序和基数排序等算法中，对有序数据表现出最优性能和最差性能的排序算法分别有哪些？

5. 在本书介绍的多种排序算法中直接需要辅助空间的排序算法有哪几种，间接需要辅助空间的排序算法有哪几种？

6. 基数排序法为什么能够完成排序？请简述基数排序法实现数据排序的内在机制和原理。

二、解算题

1. 请对记录表的关键字序列{127, 43, 86, 26, 18, 69, 51, 35}进行直接插入递增排序，写出每次(7 次)插入和记录移动的过程。

2. 请对记录表的关键字序列{517, 275, 911, 751, 803, 615, 467, 93, 169, 363, 135, 681}采用 Shell 排序法按 5、3、1 增量序列进行 3 次分组和各组内的递增排序，写出每次分组排序的过程。

3. 请对记录表的关键字序列{19, 38, 61, 25, 9, 77, 56, 83, 96, 44}进行堆排序，使之按关键字递增次序排列。请画出排序过程中创建初始堆的完整过程，给出初始堆关键字序列，给出第一次排序(在初始堆中删除 1 个元素)操作中调整为新堆的过程，以及新堆的关键字序列。

4. 请对记录表的关键字序列{66, 31, 85, 79, 56, 47, 23, 18, 94}的 10 个记录采用快速排序法进行递增排序，请写出以中间记录关键字为基准第一轮将记录表划分为两个子表的过程，列出每次交换后的关键字序列和分表的结果。

5. 请对记录表的关键字序列{29, 83, 16, 55, 92, 39, 78, 51, 84, 47}采用归并排序算法进行递增排序，写出递归分表的过程和有序归并的过程。

6. 请对记录表的关键字序列{22, 71, 43, 87, 8, 56, 18, 69, 78, 51, 60, 36}采用基数排序法进行递增排序，写出两轮分配和收集的排序过程。

三、算法题

分别采用直接插入排序、Shell 排序、改进 Shell 排序、中基准快速排序、四叉堆排序、归并排序、显式归并排序、基数排序等排序算法对一次随机产生的 10 万～1000 万规模实型数据的备份数据进行增序排序。对这 8 种排序算法的排序结果做有序性验证，列出各种排序算法的运行时间。要求在程序中使用头文件 time.h 及其 clock() 函数获取各算法运行的起止时间和算法排序用时。

主要参考文献

严蔚敏, 吴伟民. 2001. 数据结构（C 语言版）. 北京: 清华大学出版社.

陈本林, 陈佩佩, 吉根林. 1998. 数据结构. 南京: 南京大学出版社.

殷人昆. 2017. 数据结构（C 语言版）. 2 版. 北京: 清华大学出版社.

翁惠玉, 俞勇. 2017. 数据结构: 思想与实现. 2 版. 北京: 高等教育出版社.

徐孝凯. 2004. 数据结构实用教程（C/C++描述）. 北京: 清华大学出版社.

Sahni S. 2016. 数据结构、算法与应用. 王立柱, 刘志红译. 北京: 机械工业出版社.

Weiss M A. 2016. 数据结构与算法分析. 冯舜玺, 陈越译. 北京: 机械工业出版社.

邵维忠, 杨芙清. 2006. 面向对象的系统分析. 2 版. 北京: 清华大学出版社.

谭浩强. 1997. C 程序设计. 北京: 清华大学出版社.

宛延闿. 1999. C++语言和面向对象的程序设计. 北京: 清华大学出版社.

龚健雅. 1992. 一种基于自然数的线性四叉树编码. 测绘学报, 21(2): 90-99.

谢顺平, 冯学智, 王结臣, 等. 2009. 一种基于优势属性存储的四叉树结构及其构建算法. 武汉大学学报·
    信息科学版), 34(6): 663-666.

Guttman A. 1984. R-trees: A dynamic index structure for spatial searching[C]//Proceedings of the 1984 ACM
    SIGMOD International Conference on Management of Data, Boston, USA, Jun 18-21, 1984. New York,
    USA: ACM, 47-57.

张明波, 陆锋, 申排伟, 等. 2005. R 树家族的演变和发展. 计算机学报, 28(3): 289-300.

谢顺平, 都金康, 王腊春. 2005. 利用 DEM 提取流域水系时洼地与平地的处理方法. 水科学进展, 16(4):
    535-540.